László Mérö

Optimal entschieden?

*Spieltheorie und
die Logik unseres Handelns*

Aus dem Englischen von Anita Ehlers

Birkhäuser Verlag
Basel · Boston · Berlin

Die ungarische Originalausgabe erschien 1996 unter dem Titel „Mindenki másképp egyforma" bei Tericum Kiadó, Budapest, Ungarn.

© Copyright 1996 Mérö László

Die Deutsche Bibliothek – CIP-Einheitsaufnahme

Mérö László:
Optimal entschieden? : Spieltheorie und die Logik unseres Handelns / László Mérö. Aus dem Engl. von Anita Ehlers. – Basel ; Boston ; Berlin : Birkhäuser, 1998
 Einheitssacht.: Mindenki másképp egyforma <dt.>
 ISBN 3-7643-5786-X

Dieses Werk ist urheberrechtlich geschützt. Die dadurch begründeten Rechte, insbesondere die des Nachdrucks, des Vortrags, der Entnahme von Abbildungen und Tabellen, der Funksendung, der Mikroverfilmung oder der Vervielfältigung auf anderen Wegen und der Speicherung in Datenverarbeitungsanlagen, bleiben, auch bei nur auszugsweiser Verwertung, vorbehalten. Eine Vervielfältigung dieses Werkes oder von Teilen dieses Werkes ist auch im Einzelfall nur in den Grenzen der gesetzlichen Bestimmungen des Urheberrechtsgesetzes in der jeweils geltenden Fassung zulässig. Sie ist grundsätzlich vergütungspflichtig. Zuwiderhandlungen unterliegen den Strafbestimmungen des Urheberrechts.

© 1998 der deutschsprachigen Ausgabe: Birkhäuser Verlag, Postfach 133, CH-4010 Basel, Schweiz
Umschlaggestaltung: Atelier Jäger, Kommunikations-Design, Salem
Gedruckt auf säurefreiem Papier, hergestellt aus chlorfrei gebleichtem Zellstoff.
TCF ∞
Printed in Germany
ISBN 3-7643-5786-X

9 8 7 6 5 4 3 2 1

Inhalt

Vorwort 11

Moralische Spiele

1 Auktionen und Imponierkämpfe 13

Drei kritische Punkte bei der Dollarauktion 14
Ergebnisse psychologischer Experimente 16
Auktionen, bei denen es um mehrere Millionen Dollar geht 19
Dollarauktionen im Alltagsleben 21
Dollarauktionen in der Tierwelt 22
Imponieren für zufällig bestimmte Zeitspannen . . . 24

2 Das Scheusal als Held 29

Das gemeinsame Interesse und ein Würfel 31
Eine Marsbevölkerung 33
Der Auftritt des Hauptdarstellers 35
Die Spieltheorie 36
Reine und gemischte Strategien 38
Optimale gemischte Strategien 41
Wer optimiert und wozu? 44

3 Das Gefangenendilemma 47

Zwei logische Lösungen 49
Zum Wesen der Logik 50
Alltägliche Gefangenendilemmata 52
Gefangenendilemmata mit vielen Personen 56
Iterierte Gefangenendilemmata 59

Axelrods Wettbewerbe 61
Die „Charakterzüge" der Programme 62
TFT bei Stichlingen 66
Psychologische Versuche mit dem Gefangenendilemma 67
Die Bedeutung der Situationsbeschreibung 70

4 Die Goldene Regel 73
Die Goldene Regel und die Logik 75
Der kategorische Imperativ 77
Der kategorische Imperativ und die Vielfalt 79
Der Kampf der Geschlechter als Spiel 82
Die Grundformen von Zweipersonenspielen mit gemischter Motivation 85
Das Spiel Chicken 88
Asymmetrische Spiele 91
Dollarauktion und ethische Grundsätze 92
Über die Begriffe Kooperation und Rationalität . . . 95

5 Der Bluff 99
Die Welt des Pokers 101
Ein einfaches Pokermodell 103
Die Evolution des Pokerface 106
Die Analyse des Pokermodells 107
Nur ein großer Bluff lohnt sich 111
Der Bluff als kognitive Strategie 113
Wie die Natur blufft 115

Die Quellen der Vielfalt

6 Die Spieltheorie John von Neumanns 119
Die schizophrene Schnecke 120
Der mathematische Hintergrund von Neumanns Satz 124
Das Rationalitätsprinzip 125
Rationale Spieler 127

Der Spielwert	129
Das Spiel Papier – Stein – Schere	130
Verallgemeinerungen von Neumanns Theorem	135
Spiele mit Handikap	139
Der Teil und das Ganze	141
7 Wettbewerb um ein gemeinsames Ziel	**145**
Rein kooperative Spiele	146
Gegenseitige Schicksalskontrolle	150
Theoretische Überlegungen	151
Experimentelle Ergebnisse	153
Asynchrone Entscheidungen	155
Wie wichtig es ist, informiert zu sein	158
Die logische Begründung der Ausgangssperre	159
Über das Wesen psychologischer Gesetze	161
Zusammenarbeit durch Wettbewerb	163
8 Falken und Tauben	**165**
Die Theorie der Gruppenselektion	168
Die Theorie der Genselektion	170
Die Konkurrenz der beiden Theorien	172
Der Kampf zwischen Falken und Tauben	176
Der Rationalitätsbegriff in der Theorie des egoistischen Gens	178
Der Begriff der Rationalität in der Theorie der Gruppenselektion	180
Komplexe Strategien	182
9 Sozialismus und freier Wettbewerb	**185**
Wirtschaft und Evolution	187
Die unsichtbare Hand	190
Gleichgewichtstheorien	192
Die Planwirtschaft	195
Die Vielfalt der Mischökonomien	199
Zur Logik der Evolution	201

10 Die Spiele der Elementarteilchen 205
Die Doppelnatur des Lichts 207
Doppelspalt-Experimente 210
Auf dumme Fragen gibt es keine Antworten 214
Die Schrödinger-Gleichung 215
Wahrscheinlichkeitsfrösche 218
Der Zufall als ordnende Kraft 221
Die Suche nach der Großen Vereinheitlichten Theorie 225
Das große Spiel der Natur 229

Die Psychologie der Rationalität

11 Liebt mich, liebt mich nicht 233

Schrödingers Katze 234
Ein Ausflug in „poetische" Gedanken 236
Die Zufälligkeit menschlicher Begriffe 239
Noch einmal Papier-Stein-Schere 241
Der mogelnde Wirt 243
Quasi-Rationalität 245
Das Auszupfen der Blütenblätter 246
Distanzierung 250

12 Intelligente Irrationalität 253

Richtige Entscheidungen aufgrund unangemessener
Methoden 254
Die Zufälligkeit des Bewußtseins 256
Die Methoden rationaler Entscheidungsfindung . . . 259
Meditative Verfahren 262
Wissenschaftliche Grundlagen meditativer Verfahren 265
Ideomotorische Techniken 267
Heute so, morgen so 269
Logik und Intuition 270

13 Kollektive Rationalität ... 275

Die Analyse des Spiels von *Science 84* ... 277
Das Ergebnis des Eine-Million-Dollar-Spiels ... 279
Die verborgenen Ziele des Spiels ... 282
Versteckte Lotterie ... 284
Die kleinste Einzelzahl gewinnt ... 288
Die Mittel der kollektiven Rationalität ... 291

14 Die Vielfalt des Denkens ... 295

Logisch isomorphe Aufgaben ... 298
Über die Rolle der Rationalität ... 300
Descartes' Irrtum ... 303
Wo ist der Sitz unserer Rationalität? ... 306
Spiele der Erwachsenen ... 310
Weitere Aspekte von Spielen ... 313

15 Viele Wege führen ins Nirwana ... 317

Das Wesen der rationalen Erkenntnis ... 319
Das Wesen der mystischen Erkenntnis ... 322
Rationalität als ein Verfahren der Distanzierung ... 326
Jenseits der Rationalität ... 327
Die beiden Komponenten des Denkens ... 330
Das Spiel als Gesamtheit ... 332
Das Nirwana ... 334

Zitatquellen ... 339

Literatur ... 341

Index ... 343

Vorwort

In diesem Buch geht es um Rationalität, obwohl es so etwas vielleicht gar nicht gibt. Es gibt viele Anzeichen dafür, daß menschliches Denken im Grunde nicht rational ist, und zwar nicht einmal dann, wenn die Methoden der reinen Logik optimal eingesetzt werden könnten, um bestimmte Probleme zu lösen. Wir werden das Thema aus der Sicht erörtern, die uns John von Neumanns Spieltheorie erschlossen hat.

Ich sage nichts über das mathematische Niveau dieses Buches, weil es keines hat. Es enthält keine einzige Gleichung, wohl aber gelegentlich Gedanken, die ihren Ursprung in der Mathematik haben. Zum Verständnis dieses Buchs brauchen Sie nicht mehr als die vier Grundrechenarten. Trotzdem verspreche ich nicht, daß die Lektüre einfach sein wird. Ich kann mich mit den Worten von Frigyes Karinthy, dem Vater der ungarischen Satire, verteidigen: „Nicht ich bin kompliziert, sondern das, wovon ich rede."

Das Buch ist in Essayform gehalten, denn mir lag vor allem daran, daß es gut lesbar ist. Teilweise ist es durchaus für Vorlesungen geeignet, obwohl ich mich nicht an die Grundregel für Lehrbücher gehalten habe, wonach der Stoff leicht zu lernen, einfach zu lehren und gut zu prüfen sein sollte, auch wenn die Darstellung dadurch etwas langweilig wird. Vielmehr hatte ich die Ansprüche eines Lesers im Sinn, der ein geistiges Abenteuer sucht.

Das Buch hat drei Teile. Im *ersten* Teil werden die Grundbegriffe der Spieltheorie vorgestellt und auch mehrere Spiel- und Lebenssituationen geschildert, die Gedanken und charakteristische Ansätze zu den betreffenden psychologischen und moralischen Fragen veranschaulichen. Der *zweite* Teil ist vermutlich schwieriger zu lesen als der erste oder dritte. In ihm wird an fünf Zweigen der Wissenschaft (Mathematik, Psychologie, Evolutionsbiologie, Volkswirtschaft und Quantenphysik) gezeigt, wie unterschiedlich sich die Gedanken der Spieltheorie ausdrücken können. Im *dritten* Teil laufen die Gedankenstränge zusammen. In diesem Teil geht es ausschließlich um Psychologie, besonders um rationales Denken, was nicht das gleiche ist wie logisches Denken.

Für die Hilfe und die Gedanken, Vorschläge und kritischen Anmerkungen, die sie zu diesem Buch beisteuerten, danke ich Csaba Andor, László Antal, Éva Bányai, Miklós Barabás, Nóra Bede, Anikó Bódi, Judit Bokor, Ferenc Bródy, Zsuzsa Csányi, István Czigler, Andrea Dúll, Péter Futó, Éva Gartner, Csilla Greguss, János Herczeg, Mónika Holcsa, Györgyi Hosszú, Sándor Illyés, András Joó, Zsuzsa Káldy, Ildikó Király, Erika Kovács, Éva Kovácsházy, Kriszta Mády, Csaba Mérö, Katalin Mérö, Vera Mérö, Nóra Nádasdy, Balázs Nagy, János Pataki, Ferenc Pintér, Júlia Sebö, István Siklósi, Endre Somos, Dóra Speer, Eszter Szabó, Judit Szabó, Péter Tátray, Enikö Tegyi, Róbert Urbán, Zoltán Ülkei, Tibor Vámos, Katalin Varga, Zoltán Vassy und Zsuzsa Votisky. Die Vorbereitung dieses Buchs wurde zu einem großen Teil vom OTKA-Grant T-006845 unterstützt.

Budapest, im März 1996

Ein herzliches Dankeschön möchte ich auch Gabor Szász für sein großes Engagement bei der Erstellung der deutschen Ausgabe aussprechen.

László Mérö, im Februar 1998

Moralische Spiele

1 Auktionen und Imponierkämpfe

Boxen ist ein Sport, bei dem auch der Sieger gehörige Prügel bezieht.

Martin Shubik hat sich ein Spiel ausgedacht, bei dem ein Dollar versteigert wird. Das Mindestgebot ist ein Prozent, also ein Cent. Wer soviel bietet, kann den Dollar haben, solange keiner ihn überbietet. Das Spiel läuft nach den bei Versteigerungen üblichen Regeln ab, mit einer Ausnahme. Die Sonderregel sagt, daß das Geld nicht nur vom letzten Bieter bezahlt werden muß, sondern auch vom vorletzten. Wer am höchsten bietet, zahlt, was er geboten hat, und erhält den Dollar, während der Spieler, der das vorletzte Gebot macht, zahlt, was er geboten hat, aber nichts bekommt.

Shubik veröffentlichte sein Spiel 1971. Er berichtete, der 1-Dollar-Schein habe bei Partys nach seiner Erfahrung durchschnittlich für 340 Cents den Besitzer gewechselt. Shubik aber kassierte nicht nur das Geld des Bieters, der den Zuschlag bekam, sondern auch den Betrag des vorletzten Gebots. So konnte er fast 7 Dollar einstecken. Seitdem hat dieses Spiel bei mehreren sorgfältig geplanten psychologischen Experimenten zu sehr ähnlichen Ergebnissen geführt.

Die Spielregeln mögen künstlich wirken: Es erscheint sinnlos, daß auch der Bieter zahlt, der den Zuschlag nicht erhält, denn er geht ja leer aus. Trotzdem haben erwachsene und intelligente Menschen sich auf dieses Spiel eingelassen und waren – freiwillig und aufgrund ihrer bewußten Entscheidung – bereit, für einen Dollar drei bis vier Dollar zu zahlen. Nicht etwa für einen Gegenstand, der einen Dollar wert ist, dessen subjektiver Wert aber beliebig hoch sein könnte, sondern für einen ganz gewöhnlichen Dollarschein.

Drei kritische Punkte bei der Dollarauktion

Für den gesunden Menschenverstand ist das Verhalten der Spieler schwer verständlich. Shubik schreibt: „Es ist wünschenswert, daß viele Menschen mitmachen. Meiner Erfahrung nach spielt man das Spiel am besten auf einer Party, wenn die Stimmung gut ist und der Gedanke, einmal nachzurechnen, erst dann aufkommt, wenn mindestens zwei Gebote gemacht wurden." Am besten erhöht man den Einsatz jeweils um höchstens 10 Cents, damit niemand das Spiel verdirbt, indem er sofort 99 Cents bietet, was weitere Gebote sinnlos machen würde, weil nach diesem Gebot niemand mehr gewinnen kann. Selbst in einem solchen Fall will gelegentlich jemand den Spielverderber ärgern und bietet 100 Cents für den Dollar, weil er hofft, daß der Spielverderber 99 Cents verliert. Das Spiel kommt auch so in Gang, beginnt aber gleich auf einem höheren Niveau. Gewöhnlich gibt es im Lauf des Spiels drei kritische Punkte.

Der erste kritische Punkt ist, ob das Spiel überhaupt in Gang kommt. Auf einer Party passiert das fast immer, wenn der Anstifter (wir nennen ihn „Auktionator") vorschlägt, das Spiel zu spielen, die Regeln erklärt und etwas herumalbert: „Möchte jemand einen Dollar für einen Cent kaufen? Also, du bietest einen Cent. Möchte vielleicht jemand zwei lächerliche Cents für einen Dollar zahlen?"

Wenn erst einmal zwei Gebote gemacht wurden, läuft das Spiel von selbst. Möglicherweise denken die Spieler: „Warum soll ich meine 20 Cents, die ich für den Dollar geboten habe, verschenken, wenn ich den Dollar für 22 Cents bekommen könnte?" Aber der Gegner denkt ähnlich: „Lieber zahle ich 23 Cents für einen Dollar, als 21 Cents zu verlieren."

Der zweite kritische Zeitpunkt kommt, wenn das Gebot 50 Cents erreicht hat. Jetzt muß der nächste Spieler mindestens 51 Cents bieten. Vermutlich kommt ihm der Gedanke, daß der Auktionator auf jeden Fall gewinnt, falls er weiter steigert, aber gewöhnlich vertreibt er diesen düsteren Gedanken wieder, indem er sich sagt, er mache ja immer noch ein gutes Geschäft. An diesem Punkt kann es helfen, wenn der Auktionator etwas drängt, aber meistens ist das nicht mehr nötig. Wenn die Spieler einmal 50 Cents überboten haben, steigen die Gebote fast immer auf 99 Cents.

Der dritte kritische Punkt wird dann erreicht, wenn jemand bereit ist, 100 Cents für den Dollar zu zahlen. An diesem Punkt glaubt er vielleicht noch, ohne Verlust davonzukommen. Aber sein Gegner weiß, daß er 99 Cents verliert, wenn er jetzt aufgibt, und nur 1 Cent, wenn er 101 Cents bietet und den Zuschlag erhält. Er weiß, daß er irrational handelt und daß der Auktionator das Spiel gewinnt (das ist schon der Fall, seit die Grenze von 50 Cents überschritten wurde) und der Bieter es verliert. Aber immerhin verliert er nur 1 Cent und nicht 99, falls die Mitspieler endlich zur Vernunft kommen und nicht weiterbieten. Nach dem Gebot von 101 Cents befindet sich der Partner in einer ähnlichen Lage: Wenn er aufhört, verliert er einen Dollar, aber wenn er 102 Cents bietet, verliert er möglicherweise nur 2 Cents. Das geht gewöhnlich – zum größten Vergnügen der Zuschauer – munter weiter, wenn es auch den beiden Kontrahenten nicht unbedingt soviel Spaß macht.

Einmal entzündete sich bei einer Auktion ein Ehekrach, und die Ehepartner fuhren schließlich in zwei Taxis nach Hause. Bei einer anderen Gelegenheit zahlte der „Sieger" zwanzig Dollar für den Dollarschein, und der andere hörte nur deswegen auf zu bieten, weil er nicht mehr Geld bei sich hatte.

Ergebnisse psychologischer Experimente

Wissenschaftliche psychologische Experimente werden nicht auf Partys durchgeführt, sondern in schlicht eingerichteten Labors mit nüchternen Versuchspersonen unter reproduzierbaren Bedingungen. Trotzdem haben wissenschaftliche Experimente Ergebnisse erbracht, die viel Ähnlichkeit mit Shubiks Gesellschaftsspiel aufweisen. Auch hier übte der Experimentator zunächst sanften Druck auf die Spieler aus. Er sagte dazu immer denselben festgelegten Standardtext, so daß das Verhalten der Versuchspersonen nicht von Improvisationen abhing. Sowie die ersten beiden Gebote gemacht wurden, lief alles weiter wie bei Shubiks Partys.

Ein solches psychologisches Experiment wirft mehrere methodologische und ethische Probleme auf. Es ist in Ordnung, wenn man auf einer Party seinen Freunden ein paar Dollar abknöpft, aber es gehört sich nicht, Versuchspersonen auszunehmen oder etwa alte Freunde gegeneinander aufzuwiegeln. Am Ende des Spiels mag es dem Psychologen gelingen, die aufgewühlten Seelen dadurch zu beruhigen, daß jeder sein Geld zurückerhält. Doch vielleicht haben die Versuchspersonen von vornherein damit gerechnet, das Spiel deshalb nicht ernst genommen und sich im Labor also nicht genauso verhalten wie im wirklichen Leben? Wir gehen nicht im einzelnen darauf ein, wie die Wissenschaftler es gelernt haben, diese Probleme zu vermeiden, sondern stellen fest, daß die Ergebnisse sehr unterschiedlicher experimenteller Anordnungen einander sehr ähnlich waren und gut mit Shubiks Ergebnissen bei Partys übereinstimmten. Wir dürfen es also wagen, daraus einige weiterreichende Schlüsse zu ziehen.

Sowohl bei Shubiks Partys als auch bei den Experimenten beteiligten sich zu Beginn des Spiels gewöhnlich mehrere Spieler an der Auktion, aber am Schluß blieben immer nur zwei Kontrahenten übrig. Je größer die Zahl der Spieler, um so größer war die Chance, daß das Spiel in Gang kam; bei mehr als zehn Personen gelang es fast immer. Eine Versuchsreihe beispielsweise wurde mit vierzig Gruppen von Studenten durchgeführt; in allen vierzig Fällen gingen die Studenten über die Ein-Dollar-Grenze hinaus, und in mehr als der Hälfte aller Fälle hörte das Bieten erst auf, als ein Spieler für den einen Dollar alles Geld geboten hatte, das er bei sich hatte, und der andere auch das überbot.

Die Versuchspersonen, die durch ihre Gebote den Preis in die Höhe schraubten, zeigten deutliche Gefühlsregungen. Sie schwitzten, blickten verzweifelt umher, und einige schrien sogar. In einem Versuch wurden Apparate (zur Messung des Stromwiderstands der Haut, des Herzschlags usw.) eingesetzt, wie sie bei der Messung von seelischen Belastungen gebräuchlich sind. Wenn die Versuchspersonen die Ein-Dollar-Grenze überschritten, kam es im allgemeinen zu Veränderungen, die für starke Spannung charakteristisch sind – ähnlich wie sie bei Fallschirmspringern kurz vor dem Absprung aus dem Flugzeug beobachtet werden; beispielsweise verlangsamte sich plötzlich ihr Puls.

Bei den Nachgesprächen sagten die meisten Versuchspersonen, ihr Gegner sei ja wohl völlig durchgedreht; denn es sei doch nicht normal, für einen Dollar mehr zu bieten als einen Dollar, erwähnten aber fast nie, daß sie selbst das gleiche getan hatten. Mehrere Studenten, die schon früher bei einer solchen Auktion zugegen gewesen waren, damals aber nicht geboten hatten, stiegen erst später ein und boten mehr als einen Dollar – obwohl sie gesehen hatten, was in der früheren Gruppe vorgegangen war. Später sagten sie, es wäre ihnen niemals in den Sinn gekommen, daß ihnen das gleiche passieren könnte.

Wenn die Experimente mit nur zwei Versuchspersonen durchgeführt wurden, stieg das Gebot in fast der Hälfte aller Fälle über einen Dollar, und noch häufiger kämpften die Versuchspersonen bis zum letzten Cent. Die Situation war ähnlich, wenn nicht ein Geldschein, sondern ein Gegenstand versteigert wurde. In diesen Fällen erwies sich der Augenblick, in dem das Gebot über den subjektiven Wert des Gegenstands hinausging, als psychologisch besonders kritisch. Von da an führte kein Weg mehr zurück (wie beim Fallschirmspringer unmittelbar vor dem Sprung): Wenn jemand erst einmal mehr geboten hatte als den Wert, war ihm der Gegenstand jede Summe wert. Man hat dieses aufregende Phänomen, das sich bei jedem solchen Experiment einstellte, Macbeth-Effekt genannt, weil der schottische König Macbeth in Shakespeares Stück sagt: „Ich bin einmal so tief in Blut gestiegen, /Daß, wollt ich nun im Waten stille stehn, /Rückkehr so schwierig wär als durchzugehn."

Selbst bei Versuchen mit lediglich zwei Personen lernten die Spieler nur wenig aus ihren Fehlern. Bei einem der Versuche mußte jede Versuchsperson an zwei Auktionen teilnehmen, wobei man Personen, die das Spiel zum ersten Mal spielten, mit Spielern paarte, die schon über einen Dollar hinausgegangen waren. In anderen Fällen spielten „erfahrene" Versuchspersonen gegeneinander. Nur wenige der Spieler, die schon einmal hereingelegt worden waren, vermieden die Falle beim zweiten Mal. Das verlorene Geld wurde erst nach der zweiten Sitzung zurückgegeben, aber wie sich bei den Nachgesprächen herausstellte, war es den Versuchspersonen gar nicht in den Sinn gekommen, daß sie ihr Geld zurückbekommen würden.

Bei der Dollarauktion boten relativ mehr Männer als Frauen mehr als einen Dollar. Bevor wir jedoch daraus voreilige Schlüsse ziehen, möchte ich erwähnen, daß wir in Kapitel 3 ein Spiel kennenlernen werden, bei dem vorzugsweise Frauen in eine ähnlich vertrackte Falle hineintappten. Wir wissen nicht, worauf dieser Geschlechterunterschied beruht. Das Phänomen ist statistisch signifikant, aber nicht annähernd vergleichbar mit der Genauigkeit von Chromosomentests. Es gibt einen kleinen, aber deutlichen Unterschied zwischen den Mittelwerten beider Geschlechter.

Bei einem der Versuche wurde das Spiel vor jedem Gebot so lange unterbrochen, bis die Spieler einen kurzen Fragebogen ausgefüllt hatten. Die Spieler waren auch dann nicht ernüchtert, wenn ihnen vor jedem Gebot derselbe Fragebogen unter die Nase gehalten wurde und sie erst weitermachen durften, wenn sie ihn ausgefüllt hatten: Auch bei diesem Versuch stieg das Gebot meistens über einen Dollar, oft sogar deutlich.

Die Gründe, die die Spieler im Fragebogen für ihr Verhalten angaben, änderten sich im Verlauf der Versteigerung beträchtlich. Zu Beginn boten die meisten Spieler, um Geld zu gewinnen, während ihnen andere Aspekte nicht sehr wichtig waren. Später, als das Bieten weiterging, wurde ihnen das Geld weniger wichtig als der Wettbewerb: „Ich will beweisen, daß ich besser bin" – „Der andere soll mich doch nicht für dumm halten" usw. Im Lauf der Versteigerung erhielt das Spiel für die Spieler einen anderen Sinn.

Auktionen, bei denen es um mehrere Millionen Dollar geht

Als Wissenschaftler den Inhalt der Reden analysierten, die US-Präsident Lyndon B. Johnson zwischen 1964 und 1968 zum Vietnamkrieg gehalten hatte, fanden sie, daß sich seine Argumentationsweise mit der Eskalation des Kriegs drastisch veränderte. Zu Beginn nannte der Präsident als Kriegsziele Begriffe wie „Demokratie", „Freiheit" und „Gerechtigkeit". Später sprach er überwiegend von der Ehre, davon, daß der Ausbreitung des Kommunismus Einhalt geboten werden müsse, daß die USA nicht schwach erscheinen dürften usw. Die Art der Veränderung ähnelt fast gespenstisch den Wandlungen der Motivation, die die Versuchspersonen im Verlauf des Bietens bei der Dollarauktion zeigten.

Shubiks erster Artikel zur Dollarauktion erschien 1971, als der Vietnamkrieg am bittersten und hoffnungslosesten war, und Shubik führte das Spiel als Modell für die sinnlose Eskalation des Vietnamkriegs ein, obwohl er später sagte, nicht der Krieg habe ihn zur Entdeckung des Spiels geführt. Er war nicht einmal sicher, ob er das Spiel allein erfunden hatte oder gemeinsam mit einigen seiner verspielten Kollegen. Shubik wollte damals die Mechanismen des Suchtverhaltens erfassen mit einem einfachen, abstrakten Spiel, das sich gut unter theoretischen Gesichtspunkten erforschen ließ.

Wir wissen aus Erfahrung, daß in der Wissenschaft eine gute Frage oft wertvoller ist als zehn gute Antworten. Shubiks ursprüngliche Frage führte zu grundlegenderen Ergebnissen, als er es erwartet hatte. Es stellte sich bald heraus, daß das Phänomen sehr universell ist und sich keineswegs beschränkt auf das Dollarauktionspiel. Der Amerikaner A.I. Teger faßte das Wesentliche zusammen, als er seinem Buch den Titel gab: „Zu spät zum Aufhören".

Man nennt dieses Phänomen auch die „Concorde-Falle". Die Kosten der Concorde, des von Briten und Franzosen gemeinsam entwickelten Überschallflugzeugs, stiegen im Lauf der Entwicklung steil an. Schon als erst ein kleiner Teil der ursprünglich geplanten Entwicklungskosten verbraucht waren, stellte sich heraus, daß dieses Unternehmen niemals einen Gewinn abwerfen würde. Trotzdem wurden die englische und die französische Regierung immer mehr hineingezogen in das Projekt, das am Ende ein Vielfaches der ursprünglich geplanten Summe kostete. Es wäre sogar billiger gewesen, das Unternehmen mit dem Festziehen der letzten Schraube zu beenden, denn seither hat die Concorde immer nur Verluste gemacht. Aber das Flugzeug war ein Prestigeobjekt geworden und gilt immer noch als etwas, auf das Engländer und Franzosen stolz sein können. Hier sind die gleichen psychologischen Phänomene am Werk, die auch beim Dollarauktionspiel wirken.

Das Beispiel der Concorde entspricht allerdings der Logik des Dollarauktionspiels nur von der Seite eines Spielers, des Investors. Für den anderen Spieler, den sogenannten Entwickler, ist es eine vernünftige Strategie, die Kosten zu erhöhen, also weiterzubieten. Dieser Spieler übernimmt zum Teil die Rolle des Auktionators – beispielsweise liegt es in seinem Interesse, das Mindestgebot so niedrig wie möglich zu halten. Je mehr investiert wird, um so mehr gleicht das Verfahren jedoch schließlich der Dollarauktion. Die psychologischen Mechanismen der Eskalation lassen sich am Beispiel des Dollarauktionspiels in ihrer fast völlig reinen Form erforschen, weil das Spiel äußerst einfach und abstrakt ist.

Dollarauktionen im Alltagsleben

Wenn ich meinen Freunden von der Dollarauktion erzähle, sagen sie, daß sie sich auf etwas so Verrücktes nie einlassen würden. Ich bezweifle aber, daß meine Freunde Shubiks Partygästen überlegen sind: Unter ähnlichen Umständen wären viele von ihnen sicherlich auch in das Bieten verwickelt worden. Tatsächlich haben wir uns alle schon oft in einer ähnlichen Lage befunden, denn unzählige alltägliche Situationen laufen nach der Logik der Dollarauktion ab.

Je länger wir auf den Bus warten, um so schwieriger wird es, ein Taxi zu nehmen, selbst wenn wir ernsthaft erwogen hatten, ein Taxi zu rufen, bevor wir zur Bushaltestelle gingen, weil wir es eilig hatten. Je länger wir uns einen gräßlichen Film anschauen, um so eher sehen wir ihn bis zum Ende, obwohl es immer weniger wahrscheinlich wird, daß im Rest des Films etwas Interessantes passiert. Die Programmplaner beim Fernsehen wissen das und zeigen gegen Ende eines Films mehr Werbung als zu Beginn, weil die Zuschauer dann während der Unterbrechung mit viel weniger Wahrscheinlichkeit auf einen anderen Kanal umschalten.

Auch Streiks funktionieren nach der Logik der Dollarauktion. Oft kostet der durch den Streik angerichtete Schaden mehr, als wenn die Forderungen der Streikenden gleich erfüllt worden wären, und oft ist auch der Verdienstausfall höher als der Zugewinn, den die Erfüllung der Forderungen selbst in Jahrzehnten erbringen könnte. Trotzdem versucht jede Seite, etwas länger auszuhalten als die andere, weil der Verlierer sonst für den vom Streik angerichteten Schaden und für den Verdienstausfall keinen Pfennig bekäme. Bei den meisten Streiks läßt sich gut beobachten, wie sich die Debatte von Geldfragen zu Grundsatzfragen hin verschiebt – ähnlich wie das Wertesystem der Spieler bei der Dollarauktion. Gegen Ende des Streiks könnten die Parteien ziemlich leicht eine Übereinkunft über finanzielle Fragen erreichen, aber das befriedigt inzwischen niemanden mehr, weil es gar nicht mehr darum geht.

In diesen Fällen kann ein geschickter Vermittler von unschätzbarer Hilfe sein. Ein altbewährtes Verfahren der Unterhändler besteht darin, eine neue Grundsatzfrage aufzuwerfen, die für den Streik bisher völlig unwichtig war und an die weder die Arbeitgeber noch die Arbeitnehmer zuvor gedacht hatten. Beispielsweise kommt er in einem geeigneten Moment auf die Frage neuer Arbeitskleidung. Darüber können sich die Parteien nach einer kurzen Debatte einigen, und danach können sie beide den Streik ohne Gesichtsverlust beenden.

Auch Ausschreibungen für Architekturwettbewerbe laufen nach der Logik des Dollarauktionspiels ab: Alle Teilnehmer investieren die Arbeit, die nötig ist, um das Material für den Wettbewerb zu erstellen. Je mehr Arbeit in das Material gesteckt wird, um so besser sind die Aussichten, den Zuschlag zu erhalten. Doch: Nur ein Bewerber gewinnt, die anderen haben umsonst gearbeitet.

Das Prinzip, nach dem die Dollarauktion abläuft, hält viele Menschen an einem unangemessenen Arbeitsplatz fest oder auch in einer schlechten Ehe gefangen. Auch eine Schlägerei ist im wesentlichen eine Dollarauktion; andernfalls ist es keine Schlägerei, sondern ein Verdreschen.

Dollarauktionen in der Tierwelt

Tiere, die beispielsweise um den Besitz eines Weibchens oder eines Territoriums wetteifern, fallen nicht gleich übereinander her, sondern stehen sich oft lange in Imponierhaltung gegenüber. Schließlich zieht sich ein Tier zurück, und dadurch gewinnt das andere das begehrte Gut. Diese Methode der Konfliktlösung ist nicht ungewöhnlich bei Tieren, die in einer streng hierarchischen „Gesellschaft" leben, kommt aber auch bei solchen vor, die nicht in Gruppen leben, einander nur selten begegnen und sich wenig oder gar nicht an das Ergebnis früherer Kämpfe erinnern können. Sie ist besonders häufig bei gutgepanzerten Tieren, bei denen die Verletzungsgefahr gering ist. Bei ihnen ist ein Kampf „einer gegen einen" nicht sehr sinnvoll, weil es meist vom Zufall abhängen würde, wer der Sieger ist, und weil eine Verletzung bei solchen Tieren tödlich sein könnte. Auch Tiere mit zu starken Angriffswaffen lösen ihre Dispute eher durch Droh- und Imponiergehabe als im offenen Kampf, der für beide Tiere zu gefährlich sein könnte.

Tiere, die nicht in Gruppen leben, zahlen für solche Imponierkämpfe mit der Zeit, die sie dafür aufbringen. Auch wenn der Wert des begehrten Guts hoch ist, kann es sich kein Tier erlauben, zuviel Zeit auf das Imponieren zu verwenden, weil es andere wichtige Dinge zu tun gibt. Beispielsweise müssen Kohlmeisen in jeder halben Minute einmal Futter für ihre Nestlinge finden. Deshalb ist für sie jede Sekunde des Tags kostbar. Sie haben keine Zeit für Imponiergehabe, sondern tragen ihre Dispute im – für beide Gegner viel gefährlicheren – offenen Kampf aus.

Unabhängig davon, welches Tier den Imponierkampf gewinnt, zahlen also immer beide Kontrahenten, weil sie das Imponieren Zeit kostet. Imponierkämpfe folgen also genau den Regeln der Dollarauktion. Der Spieler, der in der letzten Sekunde bietet, gewinnt den ganzen Einsatz, der andere geht leer aus, zahlt aber bis auf diese letzte Sekunde genausoviel wie der Gewinner.

Oft laufen die Dinge in der Natur also so ab wie bei der Dollarauktion, die doch zunächst so künstlich wirkte. Wenn man das weiß, überrascht es nicht mehr, daß sich dieses Spiel als ein so allgemeines und fruchtbares Modell erwiesen hat.

Tiere, die sich auf einen Imponierkampf einlassen, könnten sich entschließen, ihren Streit zu beenden, indem sie eine Münze werfen, statt sich auf das ermüdende und zeitaufwendige Imponieren zu verlegen; kein Auktionator wird versuchen, sie davon abzuhalten, den Streit durch Verständigung beizulegen. Aber diese Lösung ist verboten, denn sie wird durch die Naturgesetze untersagt, und nicht, weil Stichlinge keine Münzen werfen können. (Auch Stichlinge, die Lieblingsfische der Verhaltensforscher, lösen ihre Dispute durch Imponieren.) Wenn das Überleben der Stichlinge von Losentscheiden abhinge, dann hätte die natürliche Auslese schon vor langer Zeit eine Stichlingart entwickelt, die Losentscheide herbeiführte. Aber das Mittel der natürlichen Auslese ist eben der Kampf: Das Individuum, das seine Tauglichkeit beim Kampf beweist, wird Besitzer des Guts. Der Kampf muß deshalb hart sein und Opfer fordern, auch wenn er keine körperlichen Verletzungen hervorruft.

Nehmen wir einen Augenblick lang an, jedes Individuum könnte den Wert des Streitobjekts messen und ihn in Zeit für das Imponiergehabe umrechnen. Es zieht dann alle wichtigen Aspekte in Betracht, berücksichtigt die Bedeutung des Streitobjekts für das Überleben, dazu die eigene Kondition, den Zeitaufwand, den es sich leisten kann, und viele andere Dinge, und kommt schließlich zu dem Ergebnis, daß es soundsoviel Zeit in das Gewinnen investieren kann. Längeres Drohimponieren lohnt sich nicht; das Tier ist ja kein Mensch, der sich solche Irrationalität leisten kann. Warum können wir Menschen sie uns leisten? Das gerade ist das Hauptthema dieses Buches.

Wenn unter gleichen Gegnern jeder genau dann mit dem Imponiergehabe aufhört, wenn es sich nicht länger lohnt, verlassen beide Spieler das Feld im selben Moment und bekommen nichts für ihre Mühe. Deshalb könnte es sich lohnen, etwas länger zu drohen. Aber auf die Dauer lohnt sich auch das nicht, weil eine Art bald aussterben würde, deren Individuen sich immer auf Spiele einließen, die mit einem Defizit enden. Diese Strategie scheint in einer Pattsituation zu enden: Man sollte nicht für weniger als den Wert der Güter imponieren, weil das einen sicheren Verlust bedeutet, aber auch nicht für mehr oder gleich viel.

Imponieren für zufällig bestimmte Zeitspannen

Mathematiker können den Stichlingen (und anderen Tieren, die sich auf Imponieren verlassen) einen raffinierten Vorschlag unterbreiten, wie sie aus der Sackgasse herausfinden. Im wesentlichen besteht der Trick darin, die auf das Imponieren verwendete Zeit mehr oder weniger zufällig zu bestimmen. Beide Parteien sollten danach vor jedem Kampf mit Hilfe des Zufalls festlegen, wieviel Zeit sie auf das Imponieren verwenden werden. Auf diese Weise *imponiert jedes Tier jedesmal für eine Zeitspanne, die nicht vorhergesagt werden kann.* Wenn der Gegner sich innerhalb dieses Zeitraums zurückzieht, gewinne ich, aber wenn die festgelegte Zeit verstrichen ist, gebe ich plötzlich auf. Die Kampfdauer kann also vor Kampfbeginn nicht vorhergesagt werden, aber der Zufallsgenerator sollte so geeicht werden, daß sie im Mittel dem wirklichen Wert des begehrten Guts entspricht. Ein Geschäftsmann würde zweifellos auch noch einen Profit einkalkulieren, aber bei biologischen Kämpfen geht es hauptsächlich ums reine Überleben.

Ein Vorteil dieser von Mathematikern vorgeschlagenen Strategie besteht darin, daß streitende Parteien mit ihrer Hilfe die Falle der Dollarauktion vermeiden können und mit großer Wahrscheinlichkeit keinen unrealistisch hohen Preis zahlen. Wenn das Streitobjekt – etwa ein Weibchen – fünf Minuten Imponieren wert ist, droht jedes Tier eine vorbestimmte Zeit, vielleicht nur drei bis vier Minuten oder sechs oder acht oder genau fünf.

Mathematiker schlagen dieses Verfahren vor, weil sie erkannt haben, daß sich – zumindest theoretisch – ein interessantes Gleichgewicht einstellen kann, wenn Tiere die Dauer des nächsten Imponierkampfes richtig festlegen. Dieses Gleichgewicht wird durch eine mathematische Gleichung bestimmt, die die Wahrscheinlichkeit beschreibt, mit der wir eine bestimmte Zeitdauer wählen sollten. Wenn jedes Tier einer Art sich so verhält, erlangt diese Art einen Selektionsvorteil vor jeder anderen Art, die ihre Imponierkämpfe anders beilegt – natürlich nur, falls alle anderen Faktoren gleich sind.

Wenn sich also einmal eine Art entwickelt, die diese von den Mathematikern vorgeschlagene Strategie befolgt, sollten auch alle rivalisierenden Arten zu dieser Verhaltensweise übergehen, sonst sind sie bei der Selektion im Nachteil. Wenn die rivalisierende Art länger droht, als es dem Wert des umstrittenen Guts entspricht, verlieren auf Dauer selbst die Gewinner; wenn diese nur kürzer drohen, gewinnen sie selten, und wenn sie genausoviel imponieren, wie es dem Wert entspricht, ist ihr Verhalten allzu leicht vorhersagbar, und sie verlieren deshalb. Wenn die rivalisierende Art eine andere als die von uns beschriebene Zufallsstrategie wählt, ist sie auf Dauer im Nachteil.

Wir haben bis jetzt nur über Fälle gesprochen, in denen das fragliche Gut jedem Individuum einer Art gleich viel wert war. Das aber trifft im allgemeinen nicht zu. Einem starken Tier kann ein Gut mehr Imponierzeit wert sein als einem schwächeren, weil das Tier beim Kampf weniger ermüdet und es die Zeit, die es deshalb nicht für die Beutesuche verwenden kann, besser wiedergutzumachen vermag. Dieses Tier hat einen Vorteil bei der Selektion, und der muß sichtbar werden. Für die Zufallsstrategie des Imponierens bedeutet dies, daß das stärkere Individuum es sich leisten kann, mit größerer Wahrscheinlichkeit ein länger anhaltendes Imponiergehabe zu wählen.

Auch andere Faktoren können die gewählte Dauer des Imponierens beeinflussen. Ein Weibchen könnte einem älteren Männchen mehr wert sein, besonders, wenn es das Gefühl hat, es sei seine letzte Chance, Nachkommen zu zeugen. Und ein Territorium kann jemandem, der sich dort schon eingerichtet hat, mehr wert sein als einem Eindringling.

Zu Beginn des Kampfes wissen die Parteien womöglich nicht genau, wieviel das jeweilige Gut dem anderen wert ist. Nach der auf Zufall beruhenden Strategie brauchen sie das auch nicht zu wissen: Es genügt, wenn sie beide die eigene Lage kennen und die zufällig gewählte Dauer ihres Imponierens daran ausrichten. Auch dann stellt sich ein Gleichgewicht ein.

Man fragt sich natürlich, ob Stichlinge das wissen. Anders gesagt: Kämpfen die Tiere bei ihrem alltäglichen Imponieren nach dieser Strategie um das begehrte Gut, oder sind diese Gleichung und das sich ergebende Gleichgewicht nur mathematisch interessant und im übrigen lebensfremd? Uns beschäftigen hier noch nicht die Fragen, ob Stichlinge eine solche komplexe mathematische Formel überhaupt kennen können oder wie sie die Dauer eines Kampfes unter den gegebenen Umständen willkürlich wählen können. Falls die von den Mathematikern vorgeschlagene Strategie das tatsächliche Verhalten der Tiere richtig beschreibt, kommen wir der Naturerkenntnis einen Schritt näher, und dann werden diese sonst „absurden" technischen Fragen sinnvoll. Zunächst fragen wir, ob diese mathematische Aussage, oder besser, diese biologische Theorie, das Imponierverhalten von Tieren und die darauf verwendeten Zeitspannen richtig beschreibt oder nicht.

Um diese Frage zu beantworten, ist es ratsam, das Verhalten der Tiere zu beobachten. Die beobachteten Tiere haben keine Ahnung, welche Theorie wir uns über sie gebildet haben oder wie wir die Gültigkeit dieser Theorie überprüfen. Sie kämpfen lediglich um das begehrte Gut. Wir können jedoch beobachten, ob ein Tier ähnlich starken Gegnern unter ähnlichen Umständen unterschiedlich lange droht. Mit Tiermodellen können Forscher gleich starke Gegner nachahmen. Bei den Experimenten hat sich gezeigt, daß die Dauer des Imponierens wirklich von einem Kampf zum anderen schwankt, und zwar ziemlich willkürlich. Die nächste Frage ist, ob die Dauer des Imponierens wirklich der mathematischen Formel entspricht.

Die Beantwortung dieser Frage ist schwieriger als die Beobachtung der einfachen Tatsache, daß eine Strategie, die auf Zufall beruht, wirklich in der Tierwelt vorkommt. Wir müßten dazu den Wert des gegebenen Guts für den einzelnen kennen – und da liegt der Haken, denn wir können kaum einen genauen Wert erhalten. Wohl aber können wir eine grobe Schätzung machen, und sie könnte zumindest zeigen, ob sich die Tiere völlig anders verhalten, als die Theorie es vorhersagt. Das tun sie nicht: Selbst grobe Schätzungen des Wertes liefern überraschend gute Vorhersagen des Verhaltens der Tiere – zwar nicht für konkrete Situationen, wohl aber für längere Zeiträume.

Tiere lösen also Situationen, die nach der Logik der Dollarauktion ablaufen, rationaler als Menschen. Die Wahrscheinlichkeit ist gering, daß sie mehr als einen Dollar für etwas zahlen, das einen Dollar oder weniger wert ist: Sie zahlen gewöhnlich gerade soviel, wie die Sache wert ist. Die Schwächeren, die Verlierer, gehen ein, sie bekommen nichts. Nur die Gewinner zählen, sie sichern den Fortbestand der Art.

Auch uns Menschen ist die Möglichkeit gegeben, auf der Grundlage vernünftigen Urteilens, bewußten Denkens und vielleicht gegenseitiger Übereinstimmung wesentliche Güter billiger zu bekommen. Wir können ohne Kampf zu einem Konsens gelangen, und wenn es diese Möglichkeit nicht gibt, können wir ethische Grundsätze entwickeln, die dem Allgemeinwohl besser dienen als ein brutaler Kampf. Gelegentlich tun wir das auch, zu anderen Zeiten jedoch sind wir – wie Spiele von der Art der Dollarauktion zeigen – bereit, unrealistisch hohe Preise zu zahlen. Es ist, als ob der Preis für die Fähigkeit, gelegentlich moralisch zu handeln, mit dem Verlust unserer tierischen Rationalität einhergeht, also der faszinierenden Nüchternheit jener Strategien, die die natürliche Auslese in Gang setzte.

2 Das Scheusal als Held

Wenn alle gleich dächten, wären Pferderennen sinnlos.

Douglas R. Hofstadter hat einmal für die Leser des *Scientific American* einen Preis von einer Million Dollar ausgeschrieben. Genauer: Der Preis hing von der Zahl der Bewerber ab. Hätte es nur einen Teilnehmer gegeben, wäre der Millionär geworden. Bei zwei Teilnehmern sollte einer von beiden durch das Los zum Gewinner von einer halben Million Dollar werden. Unter drei Teilnehmern würden 333 333,33 Dollar ausgelost und so weiter. Bei einer Million Teilnehmern wäre der eine glückliche Gewinner um einen einzigen Dollar reicher.

Ähnlich wie die Dollarauktion hat auch dieses Spiel – trotz seiner Einfachheit – einen Dreh, der es zu einem Modell für komplexe Phänomene macht. Es ist zwar bei einem Wettbewerb um Preise, deren Höhe festliegt, immer so, daß die Gewinnchance für den einzelnen Teilnehmer um so kleiner ist, je mehr Teilnehmer es gibt, aber im allgemeinen erhält der Gewinner den vollen Preis, unabhängig davon, wie viele nichts gewonnen haben. Zwar vermindert jeder Teilnehmer die Gewinnchancen der anderen, aber er verdirbt nicht die Freude des Gewinners. Bei Hofstadters Spiel jedoch trübt jeder Teilnehmer die Freude des Gewinners. Je mehr teilnehmen, um so weniger erhält der Gewinner. Das gilt sogar für den Gewinner selbst, nur hätte in diesem Fall jemand anders gewonnen. Bei diesem Spiel ist also jeder Teilnehmer ein Spielverderber. Moralisch vertretbar ist offenbar nur die Nichtteilnahme an einem solchen Spiel. Jeder Teilnehmer ist ein Spielverderber und kommt zu Recht in Verruf.

Wenn aber jeder so denkt und auf die Teilnahme verzichtet, um die Chancen auf einen großen Gewinn nicht zu mindern, dann verstreicht die günstige Gelegenheit ungenutzt. Dann kann sich jeder vor Wut in den Bauch beißen: Er hat sich die Chance seines Lebens selbst vermasselt!

Solche Spiele dienen als Modelle dafür, wie naturgegebene Ressourcen und Möglichkeiten optimal genutzt werden können und wie sie von Menschen zunichte gemacht werden. Die Rolle des *Scientific American* entspricht der Rolle der in der Umwelt vorhandenen Rohstoff- und Nahrungsvorräte. Die durch das Preisausschreiben entstandene Situation ist im Alltagsleben nicht ungewöhnlich. Es gibt großartige Gelegenheiten, etwas zu gewinnen, was einer Million Dollar entspricht, die sich aber sofort in Luft auflösen, sobald jeder sie zu nutzen versucht.

Wenn es in einer Stadt keine Taxis gibt, können einige wenige Taxifahrer in kürzester Zeit reich werden, sobald aber alle die günstige Gelegenheit erkennen und jeder mit dem Taxifahren beginnt, kann keiner mehr davon leben. In diesem Fall kann die Stadtverwaltung für das Recht, ein Taxi zu fahren, eine behördliche Genehmigung fordern und nicht mehr Genehmigungen herausgeben, als sie für vernünftig hält. In anderen Fällen stellen Patentrechte oder Copyrights sicher, daß die großartige Chance großartig bleibt, aber nur für die Urheber der Idee.

Die Einwanderungsbehörde der USA vergibt seit einiger Zeit jährlich einige tausend Aufenthalts- und Arbeitsgenehmigungen im Losverfahren. Bei der Zuteilung der „Grünen Karten" werden also nicht die Verdienste der Bewerber in Betracht gezogen, sondern die Auswahl bleibt dem blinden Zufall überlassen. Diese

Lösung hat Ähnlichkeit mit dem Vorgehen, das Mathematiker für das Problem der Imponierkämpfe anbieten. Das „Land der unbegrenzten Möglichkeiten" hat diese Lösung gewählt, damit nicht die Masse der Einwanderer die große Chance zunichte macht, aber doch sichergestellt ist, daß einzelne die günstige Gelegenheit wahrnehmen können. Das Losverfahren ist insofern gerecht, als alle, die gern in die USA einwandern möchten, die gleiche Chance haben – eine Behörde kann die Fähigkeiten der Bewerber nicht angemessen beurteilen, und außerdem ist es sowieso nicht klar, welche Fähigkeiten verlangt werden sollten.

Wenn die Einwanderungswilligen ihren Antrag direkt bei der Einwanderungsbehörde stellen müßten, würde ihre Bewerbung vermutlich abgelehnt. Wer sich um eine Einwanderungsgenehmigung bewirbt, muß also die Zuständigkeit der Behörde anerkennen und beim Wettbewerb mitmachen. Beim Spiel des *Scientific American* jedoch gibt es keine solche Behörde, und es kann sie auch nicht geben. Es gibt auch keine einschlägigen gesetzlichen Vorschriften, die bestimmen, wer bei dem Wettbewerb mitmachen kann und wer nicht. Es bleibt nur die souveräne Entscheidung des einzelnen, und folglich ist jeder, der mitmacht, automatisch ein Spielverderber.

Das gemeinsame Interesse und ein Würfel

Ein anständiger Mensch macht also bei dem vom *Scientific American* angekündigten Preisausschreiben von vornherein nicht mit. Es liegt jedoch im gemeinsamen Interesse der Leser, daß eine solch günstige Gelegenheit nicht versäumt wird, denn sonst wäre die Gesamtheit der Leser um eine Million Dollar ärmer.

Das gemeinsame Interesse erfordert, daß es jemanden gibt, der bei dem Eine-Million-Dollar-Preisausschreiben mitmacht, obwohl er als Spielverderber geächtet würde, aber es sollte nur ein einziger sein. Es fragt sich, ob es ein solches gemeinsames Interesse geben kann oder ob es nur ein schöner Traum ist. Was ist das für ein gemeinsames Interesse, wenn ein Mensch riesige

Geldmengen gewinnt, während sich die anderen vornehm zurückhalten und nur beobachten, wie der Glückliche reich wird? Warum diese Person und nicht ich? Wo bleibt da ein *gemeinsames* Interesse?

Wenn alle Leser des *Scientific American* wirklich von einem gemeinsamen Interesse geleitet werden (wenn davon überhaupt die Rede sein kann), entscheidet jeder aufgrund der gleichen Überlegungen, ob er bei dem Preisausschreiben mitmacht oder nicht. Wenn jeder demselben gemeinsamen Interesse dienen will, macht bei dem Preisausschreiben am Ende jeder mit oder keiner. Beides läuft auf das gleiche hinaus: Niemand gewinnt, und der *Scientific American* lacht sich ins Fäustchen.

Es ist also weder klug, sich an dem Preisausschreiben zu beteiligen, noch, sich nicht zu beteiligen. Aber es ist ebenfalls unmöglich, überhaupt nicht mitzumachen. Jeder, der auch nur einen Gedanken daran verschwendet, ob er mitmachen soll oder nicht, wird automatisch zum Mitspieler und trifft sogar dann eine Entscheidung, wenn er nur ausruft: „Das ist ja alles Quatsch" und nicht mitmacht. Wir stecken in der gleichen Sackgasse wie damals, als wir über die Dollarauktion nachdachten und sich herausstellte, daß es sich, unabhängig vom Wert des begehrten Guts, nicht lohnt, mehr zu bieten oder weniger oder soviel, wie es wert ist. Man konnte das Spiel nicht aufgeben, weil irgendwie über das, was auf dem Spiel stand, entschieden werden mußte.

Auch in diesem Fall haben Mathematiker einen raffinierten Vorschlag, um die Pattsituation zu lösen. Er ähnelt dem Kniff, der sich beim Dollarauktionspiel als nützlich erwiesen hat, und läuft im wesentlichen auf das folgende hinaus: Wenn keine übergeordnete Instanz das Los zieht, zieht eben jeder Leser selbst eines.

Nehmen wir an, 100 000 Menschen hätten Hofstadters Ankündigung gelesen und überlegt, ob sie mitmachen sollen, wodurch sie automatisch zu Mitspielern avanciert wären. Jeder Spieler könnte seine Entscheidung auf das folgende Verfahren gründen: Er wirft einen Würfel mit 100 000 Seiten und macht mit, wenn er die Zahl 100 000 wirft, sonst nicht. Wenn wir einmal annehmen, daß alle 100 000 Leser das tun, können wir drei Aussagen machen:

- *Jeder Spieler nimmt mit der gleichen Wahrscheinlichkeit teil wie jeder andere.* Diese Wahrscheinlichkeit ist für jeden Spieler genau 1 zu 100 000.

- *Jeder Spieler fällt die Entscheidung, ob er teilnimmt oder nicht, aufgrund des gleichen Prinzips.* Auf diese Weise kann keiner dem Gewinner mangelnde Fairneß vorwerfen.

- *Vermutlich gibt es nur einen Bewerber; der erhält den größtmöglichen Gewinn, nämlich eine Million Dollar.* Auf diese Weise nutzen die Spieler in ihrer Gesamtheit am besten die große Chance, die ihnen der *Scientific American* geboten hat.

Der dritte kursiv gedruckte Satz trifft genau zu, nicht aber – wie wir in Kürze sehen werden – die anschließende Bemerkung. Trotzdem veranschaulicht sie den Grundgedanken der Lösung. Das gemeinsame Interesse der Leserschaft – der Gewinn soll für den Sieger so groß sein wie möglich – kann sich durchsetzen. Nachdem wir eine *theoretische* Lösung gefunden haben, die im Interesse der Gemeinschaft liegt, ist es nicht mehr unvernünftig, wenn wir von einem gemeinsamen Interesse sprechen.

Eine Marsbevölkerung

Das tatsächliche Ergebnis von Hofstadters Spiel wird in Kapitel 13 dargestellt. Hier betrachten wir dieses Spiel zunächst weiter als theoretisches Modell.

Stellen wir uns einen Augenblick lang vor, wie die Welt aussähe, wenn es zum menschlichen Denken dazugehörte, daß Entscheidungen in ähnlichen Situationen nach dem oben beschriebenen Verfahren gefällt werden. Zunächst einmal lassen wir die berechtigte Frage beiseite, wie man es fertig bringen könnte, einen guten Würfel mit 100 000 Seiten herzustellen, und nehmen einfach an, es würde uns im Kindergarten gezeigt oder die Fähigkeiten dazu würden vererbt. Auch wenn dieser Gedanke absurd erscheint, sollte er nicht sofort abgetan werden, denn schließlich haben noch seltsamere Gedankenspiele zur Entdeckung von Naturgesetzen geführt.

Wie absurd muß es seinerzeit erschienen sein, daß eine Eisenkugel theoretisch genausoviel Zeit braucht, um zu Boden zu fallen, wie eine Feder. Man sieht doch mit dem bloßen Auge, daß die Eisenkugel rasch fällt, während die Feder langsam hinunterschwebt. Trotzdem legte dieser absurde Gedanke die Grundlage der klassischen Physik.

Die erste Frage ist, wie die Menschheit es erreichen könnte, daß jeder den gemeinsamen und vernünftigen Grundsatz der Entscheidungsfindung respektiert, daß also jemand, der keine 100 000 würfelt, auch wirklich nicht beim Preisausschreiben mitmacht und nicht mit der Ausrede, es habe „gebrannt" oder „der Würfel sei ihm aus der Hand gefallen", noch einmal würfelt. Das bleibt eine Frage der persönlichen Moral, denn man muß die Zuwiderhandlungen mit dem eigenen Gewissen vereinbaren. Ähnlich wie bei Verletzungen der Sittengesetze kann die Gesellschaft nur auffallend grobe Verstöße sanktionieren. Die Natur kann helfen, indem sie ein „Gewissensgen" entwickelt – wenn Menschen, die mit solchen ethischen Grundsätzen und einem solchen Gewissen ausgestattet sind, sich als erfolgreich erweisen, sorgt die natürliche Auslese für den Rest.

Wenn die Denkweise, die die Lösung durch Würfeln impliziert, allgemeine Verbreitung findet, kann das weitreichende Folgen haben. Man stelle sich nur vor, daß es beispielsweise irgendwo, etwa auf dem Mars, eine Gesellschaft gibt, in der das Prinzip des Würfelns das Denken als Sittengesetz tief durchdrungen hat. Auf diesem Mars gibt es womöglich keinen *Scientific American*, aber wahrscheinlich gäbe es ähnliche Einrichtungen wie die, die der *Scientific American* bei unserem Spiel symbolisiert. Was würde ein Erdling sehen, der nichts über die in der Psyche verankerte Ethik der Marsianer weiß? Er würde sehen, daß es dort viele anständige und ehrliche Wesen gibt, die bei dem Preisausschreiben nicht mitmachen, und ein Scheusal, ein aggressives Biest, das – die Anständigkeit der anderen ausnutzend – den großen Batzen abstaubt. Unser Erdling wäre sicherlich tief entrüstet über eine solche Unverschämtheit und könnte nicht verstehen, daß die Marsianer nicht einmal mit der Wimper zucken.

Diese Marswesen könnten äußerst effizient handeln. Sie würden die von der natürlichen Umwelt gebotenen Möglichkeiten so gut wie möglich nutzen und zugleich bewahren. Außerdem würden die Marsianer dem Gewinner das Geld wahrscheinlich nicht neiden, weil sie genau wüßten und im Innersten spürten, daß dieses glückliche Wesen nicht durch dubiose Machenschaften oder Manipulation zu dieser Riesensumme kam. Sie würden fühlen, daß das gemeinsame Interesse – wonach irgend jemand, aber vorzugsweise nur ein einzelner, die große Chance wahrnehmen sollte – *aufgrund blinden Zufalls* von dieser Person verkörpert wird. Es liegt im Wesen des Spiels, daß es nur einen Gewinner gibt, und deshalb ist es im Interesse der Allgemeinheit, daß der Sieger auch viel gewinnt. Heute bin ich dran, morgen du.

So klug, effizient und gerecht die Lösung mit dem 100 000seitigen Würfel auch sein könnte, so wirklichkeitsfern scheint sie gleichzeitig zu sein. Menschen fällen ihre Entscheidungen gewöhnlich auf der Grundlage von Pro und Kontra, Gefühlen und Stimmungen, und sie überlassen die Entscheidung, was sie tun sollten, nur selten dem blinden Zufall. Aber vielleicht ist genau das der Grund, warum sich die Stimmungen, Gefühle, die Empfänglichkeit für verschiedene Pros und Kontras so häufig verändern. Vielleicht ist eben das der beste Weg zu der auf dem Zufall beruhenden Entscheidung, die vermutlich die vernünftigste ist. Bis sich uns diese Folgerung ganz erschließt, liegt aber noch ein weiter Weg vor uns.

Der Auftritt des Hauptdarstellers

Das Problem, so günstige Gelegenheiten, wie sie etwa der *Scientific American* bot, zu verpassen – wenn entweder niemand die Gelegenheit wahrnimmt oder jeder –, wird in der Natur nicht durch Würfeln gelöst, sondern durch Vielfalt. Der Würfel der

Natur besteht aus den grundlegenden genetischen, quantenphysikalischen, wirtschaftlichen und psychologischen Mechanismen. Bei uns Menschen übernehmen unsere Stimmungen die Rolle des Würfels; gelegentlich fassen wir Mut, werden wir unsicher, verändern wir spontan unsere Sichtweise. Der Marsianer, der einen echten Würfel in der Hand hält, muß sich kein Herz fassen, um gegen die Verachtung gewappnet zu sein, die ihm entgegenschlägt, wenn er sich an dem Preisausschreiben beteiligt, falls er die Gewinnzahl 100 000 würfelt. Nach seinen ethischen Normen ist es in solchen Fällen seine Pflicht, das zu tun. In uns Erdlingen jedoch kämpfen widersprüchliche Kräfte um die Entscheidung, ob wir uns beteiligen sollen oder nicht.

Es sind nicht nur keine zwei Menschen gleich, sondern auch im einzelnen Menschen gibt es Vielfalt. Es widerspricht unseren allgemeinen ethischen Normen, uns an dem Preisausschreiben zu beteiligen, und wir fürchten mit Recht, in Verruf zu geraten, aber trotzdem ist die Versuchung groß, und oft ist wirklich der Zufall das Zünglein an der Waage. Wer beim Preisausschreiben mitmacht, wird verachtet, aber als einziger Teilnehmer ist er auch ein Held, der die Menschheit davor bewahrt hat, eine große Gelegenheit zu verpassen. Oft bestimmt wirklich der blinde Zufall, wer letztlich ein Held wird.

Die Spieltheorie

Die Spieltheorie ist eine rein mathematische Disziplin, die im mittleren Drittel des 20. Jahrhunderts entwickelt wurde, vor allem auf der Grundlage der Arbeit John von Neumanns. Die Gedankenwelt der Spieltheorie läßt sich gut anhand der von der Mathematik angeregten Lösungen für die Probleme des Dollarauktionsspiels und des Eine-Million-Dollar-Spiels darstellen. Aber solche Spiele sind eher eine Anwendung der Denkweise der Spieltheorie als ihr Ursprung.

John von Neumann glaubte an die Macht der Vernunft. Er meinte, es müsse eine Möglichkeit geben, mit den wichtigen

Spielen in unserem Leben rein rational umzugehen; zumindest doch mit jenen, die sich in Form von abstrakten und eindeutigen Regeln beschreiben lassen – wie das Dollarauktionspiel, das Eine-Million-Dollar-Spiel oder Schach, Monopoly und Poker. Aber es ist überhaupt nicht offensichtlich, ob dieses Vertrauen in die Macht der Vernunft begründet ist. Es gibt viele Anzeichen dafür, daß rationales Nachdenken über die meisten unserer Spiele zu unendlichen Gedankenketten wie „Ich denke, daß er denkt, daß ich denke, daß ..." führen würde. Wir spüren in solchen Fällen, daß es für diese Spiele unmöglich ein völlig rationales Verfahren geben kann; das beste, das wir tun können, ist, diese Gedankenkette soweit wie möglich zu verfolgen. Es sieht so aus, als ob ein durch und durch vernünftiger Mensch niemals eine Entscheidung treffen könnte – das kann nur ein Mensch mit begrenzter Vernunft.

Ein nicht so brillanter Mathematiker hätte es wahrscheinlich dabei belassen, würde wie Hamlet seufzen: „Es gibt mehr Dinge im Himmel und auf Erden, als eure Schulweisheit sich träumen läßt" und wäre zu gewöhnlichen mathematischen Fragen zurückgekehrt. John von Neumann jedoch erkannte in diesem Teufelskreis die Grundlagen einer neuen mathematischen Disziplin und begann, sie mit mathematischer Exaktheit auszuarbeiten. Er bewies 1928, daß es bei vielen Arten von Spielen möglich ist, völlig rational zu spielen; wir brauchen dazu keine unendlichen Gedankenschleifen zu durchschauen und benötigen auch kein ausgezeichnetes Einfühlungsvermögen oder gründliches psychologisches Wissen, sondern es genügen ein Würfel und ein bißchen Rechnen.

Diese Behauptung ist weder übertrieben noch Augenwischerei. Wie wir in Kapitel 6 sehen werden, brauchen wir in vielen Fällen wirklich einen Würfel, wenn wir vollkommen rational spielen wollen. Die Spieltheorie und ihre Folgen haben unsere Gedanken über den Begriff der Rationalität, über die Motive menschlichen Denkens und sogar über die Gründe und den Sinn der Vielfalt in der Welt radikal verändert.

Neumanns Satz schuf einen brandneuen Zweig der Mathematik, in dem es um die Möglichkeiten der Verallgemeinerung und Begriffsbildung in verschiedenen Lebenssituationen geht. Die daraus entstandene Spieltheorie erwies sich nicht nur als eine fruchtbare und aufregende mathematische Disziplin, sondern auch als eine außerordentlich effiziente Methode zum Umgang mit Dilemmata, wie sie bei der Entscheidungsfindung in Konfliktsituationen und in Zwickmühlen auftreten, in die jemand geraten kann, dessen Interessen mit denen der Gesellschaft nicht im Einklang sind. So ist es kein Wunder, daß der Nobelpreis für Wirtschaft 1994 an drei hervorragende Wissenschaftler – J. F. Nash, J. C. Harsányi und R. Selten – verliehen wurde, die auf eben diesem Gebiet forschen. Der Ansatz hat sich nicht nur in den Wirtschaftswissenschaften als fruchtbar erwiesen, sondern auch in Biologie, Sozialpsychologie, Politikwissenschaft und anderen Bereichen.

Ähnlich wie bei anderen großen wissenschaftlichen Entdeckungen dringt die Terminologie der Spieltheorie zunehmend in unsere alltägliche Begriffswelt ein: „Nichtnullsummenspiele", „gemischte Strategien" oder „Gefangenendilemma" gehören schon fast zu unserer Alltagssprache, genau wie die Begriffe „Energie", „Evolution" oder „das Unbewußte". Mir begegnete einer dieser Begriffe aus der Spieltheorie ohne weitere Erklärung zuerst im *Economist*, aber seither habe ich sie auch in *Newsweek*, dem *Spiegel* und der ungarischen Zeitschrift *Heti Világgazdaság* (Weltwirtschaftswoche) gelesen.

Reine und gemischte Strategien

Die Grundbegriffe der Spieltheorie werden in den Lehrbüchern für Studenten der Mathematik, der Wirtschaftswissenschaften und der Soziobiologie gewöhnlich nach dem herkömmlichen „Ritual" erarbeitet, mit vielen Definitionen und einem ziemlich anspruchsvollen mathematischen Apparat. Wir folgen diesem Weg hier nicht, auch wenn dadurch die mathematischen Feinheiten der Spieltheorie verborgen bleiben. Die Grundgedanken der Spieltheorie werden so aber wahrscheinlich deutlicher, und wir können anschließend die Phänomene anderer Wissenschaften, besonders der Psychologie, besser unter die Lupe nehmen. Wir haben nicht die Absicht, die Spieltheorie systematisch darzustellen, und wollen nicht einmal den Begriff des Spiels selbst definieren, sondern verwenden diese Begriffe intuitiv. Wir sprechen also ganz einfach und natürlich über Zwei- und Mehr-Personen-Spiele oder über Spiele mit vollständiger und unvollständiger Information, ohne sie streng zu definieren. Wir kommen jedoch nicht ohne eine Bestimmung der Begriffe der reinen und der gemischten Strategie aus.

Wir sagen, daß ein Spieler eine *reine Strategie* verfolgt, wenn er sein Vorgehen auf der Grundlage eines *Prinzips* festlegt und wenn in einer gegebenen Situation nach diesem Prinzip immer der gleiche Schritt folgt. Wer beispielsweise immer, unter allen Umständen, ohne jede Einschränkung dem Gebot „Du sollst nicht töten" gehorcht, befolgt eine reine Strategie. Der Fußballspieler dagegen, der den Ball in ähnlichen Situationen je nach Lust und Laune einmal dem einen, ein anderes Mal einem anderen Mitspieler zuspielt, befolgt keine reine Strategie. Beim Spiel des *Scientific American* führt der Gedankengang „Ich wäre verrückt, wenn ich mich nicht an dem Preisausschreiben beteiligte, schließlich geht es ja um eine Million Dollar" zu einer reinen Strategie. Menschen, die so denken, werden sich an jedem Preisausschreiben beteiligen. Sie verfolgen also eine reine Strategie.

Wir nennen eine Strategie *gemischt*, wenn der Spieler zunächst jeder Handlungsmöglichkeit einen Wahrscheinlichkeitswert zuschreibt und dann auf der Grundlage dieser Wahrscheinlichkeiten handelt. *Die Entscheidung selbst wird vom Zufall bestimmt*, den verschiedenen Wahlmöglichkeiten aber wird nicht notwendig die gleiche Wahrscheinlichkeit zugeschrieben. Spieler, die über ihre Teilnahme am Eine-Million-Dollar-Spiel entscheiden, indem sie einen Würfel mit 100 000 Seiten werfen, befolgen eine gemischte Strategie mit den folgenden Wahrscheinlichkeiten:

- 1. reine Strategie: „Ich mache mit!" – Wahrscheinlichkeit = 0,00001

- 2. reine Strategie: „Ich mache nicht mit!" –
  Wahrscheinlichkeit = 0,99999

Ein Fußballspieler wendet eine gemischte Strategie an, wenn er einen Strafstoß mit einer Wahrscheinlichkeit von fünfzig Prozent nach links, von dreißig Prozent nach rechts und von zwanzig Prozent in die Mitte schießt. Genauer: Dieser Spieler wendet eigentlich nur dann eine gemischte Strategie an, wenn er die Entscheidung, wohin er den Ball schießt, vor jedem Strafstoß zufällig trifft. Wenn dieser Fußballspieler davon überzeugt ist, daß seine Chancen, ein Tor zu erzielen, am besten sind, wenn er eine gemischte Strategie anwendet, sollte er am besten einen zehnseitigen Würfel werfen und den Ball dann, wenn der Würfel höchstens fünf Augen zeigt, nach links schießen, wenn er sechs, sieben oder acht Augen zeigt, nach rechts, und bei neun oder zehn in die Mitte zielen. Nur so kann er garantieren, daß er die gewählte gemischte Strategie befolgt und er nicht durch Täuschungsmanöver des Torhüters, die eigene Stimmungslage oder das Gepfeife der Zuschauer davon abgebracht wird.

Unsere Strategie für das Dollarauktionsspiel – die, wie sich gezeigt hat, von Tieren, die ihre Kämpfe durch Drohimponieren austragen, recht genau befolgt wird – bezieht sich nicht auf einen bestimmten Augenblick des Spiels, sondern auf das ganze Spiel. Der Spieler entscheidet also nicht von einem Augenblick zum anderen, ob er weiterbieten soll oder nicht, sondern beschließt von vornherein, wie weit er gehen soll. Er fällt diese Entscheidung auf der Grundlage seiner gemischten Strategie. Die gemischte Strategie kann also sowohl auf den jeweiligen Zug als auch auf das ganze Spiel angewendet werden.

Manche Strategien kann man weder rein noch gemischt nennen. Wenn beispielsweise jemand beschließt: „Ich lasse mir mein Horoskop für dieses Jahr erstellen und entscheide dann, was ich machen soll", befolgt er keine der beiden Strategien. Er befolgt keine reine Strategie, weil das Horoskop ihm in der gleichen Situation vorschreiben kann, sich in diesem Jahr so und im nächsten Jahr anders zu entscheiden. Aber er befolgt auch keine gemischte Strategie, weil ihn die Laune des Zufalls bei der gemischten Strategie dazu bringen könnte, sich heute so und morgen anders zu entscheiden – wenn er aber die Weisung seines Horoskops befolgt, darf er seine Meinung nur am Silvesterabend ändern.

Die Spieltheorie beschäftigt sich nur mit reinen und gemischten Strategien, andere sprengen ihren Rahmen. Natürlich ist auch die Entscheidungsfindung aufgrund von Horoskopen sehr menschlich und wahrscheinlich gar nicht selten. Die Psychologie interessiert sich für diese Arten von Entscheidungsfindung auch deshalb, weil sie natürliche menschliche Verhaltensweisen sind. Die Spieltheorie jedoch wurde speziell zu dem Zweck entwickelt, rationale Entscheidungen zu verstehen und zu erforschen; Entscheidungen, die auf Horoskopen und ähnlichen Methoden beruhen, liegen also außerhalb ihres Interessenbereichs. Angesichts dessen ist es bemerkenswert, daß gemischte Strategien noch zum Bereich der Rationalität gehören. Die Dollarauktion und das Eine-Million-Dollar-Spiel waren erste Beispiele für gemischte Strategien in der Spieltheorie.

Optimale gemischte Strategien

Als wir über gemischte Strategien sprachen, haben wir nicht gesagt, es sei verboten, gewissen reinen Strategien die Wahrscheinlichkeit Null zuzuordnen. Das wäre auch sinnlos gewesen. Wenn ein Fußballspieler eine gemischte Strategie verfolgt, schreibt er der Möglichkeit, den Ball ins eigene Tor zu schießen, sicherlich die Wahrscheinlichkeit Null zu (ob er das in die Tat umsetzen kann oder nicht, ist eine andere Frage). Wenn ein Spieler eine gemischte Strategie verfolgt, jedem Zug bis auf einen die Wahrscheinlichkeit Null zuschreibt und dem einen verbleibenden hundert Prozent, befolgt er letztlich eine reine Strategie. Reine Spielstrategien lassen sich also als Sonderfälle gemischter Strategien betrachten. Der Begriff der gemischten Strategie ist eine Verallgemeinerung des Begriffs der reinen Strategie.

Wenn alle 100 000 Spieler eine gemischte Strategie befolgen und wenn sie alle einen Würfel werfen, der 100 000 Seiten hat, könnte es der Zufall wollen, daß zwei oder mehr Spieler eine 100 000 werfen und der Gewinner nur eine halbe Million Dollar oder weniger erhält. Aber es könnte auch passieren, daß niemand die Zahl 100 000 würfelt und der *Scientific American* ungeschoren davonkommt – das ist sogar gut möglich, denn die Wahrscheinlichkeit, daß niemand eine 100 000 wirft, beträgt, wie man leicht berechnen kann, etwa 37 Prozent!

Wenn die Spieler das Ziel verfolgen, ihr gemeinsames Interesse zu verwirklichen, geht es allen darum, den erwarteten Betrag für den Gewinner zu maximieren. Dann ist es aber nicht die beste Strategie, einen Würfel mit 100 000 Seiten zu werfen, denn wenn der Würfel etwas weniger Seiten hat, ist zwar die Wahrscheinlichkeit, daß zwei oder mehr Spieler in den Wettbewerb einsteigen, größer, aber gleichzeitig ist die Gefahr, daß niemand mitmacht, kleiner. Wenn man die Zahl der Seiten weiter verkleinert und jeweils den erwarteten Verlust für den *Scientific American* berechnet, stellt man fest, daß der Verlust eine Zeitlang zunimmt, wenn aber der Würfel zuwenig Seiten hat, wird die Wahrscheinlichkeit, daß mehr als ein Spieler gewinnt, zu groß, und damit nimmt der erwartete Verlust für die Zeitschrift wieder ab. Man kann berechnen, daß der erwartete Verlust für den *Scientific American* am größten ist, wenn die Spieler einen Würfel mit 64 532 Seiten verwenden. Die optimale gemischte Strategie für unsere fiktiven Marsianer besteht also darin, beim Preisausschreiben einen solchen Würfel zu werfen und jeden mitmachen zu lassen, der 64 532 wirft. (Die Zahl ist beliebig, sie könnte genausogut 137 sein, darauf kommt es nicht an – aber jeder Spieler muß seine eine Gewinnzahl vorher festlegen.)

Man kann diese Strategie als *optimale* gemischte Strategie bezeichnen, weil der erwartete Gewinn für die Gesamtheit der Spieler in diesem Fall am größten ist. Da bei einem Spiel nur einer gewinnen kann, ist dieses System auf Dauer auch das, bei dem *jeder einzelne* Spieler am meisten gewinnt.

Es stellt sich die Frage, wie die Marsianer wissen können, wie viele Seiten der Würfel haben sollte, wenn sie bei ihrer Teilnahme beispielsweise die Umweltbedingungen berücksichtigen wollen. Selbst wenn sie vom Konzept der gemischten Strategie und den daraus folgenden ethischen Grundsätzen zutiefst durchdrungen sind, können wir nicht von jedem von ihnen erwarten, daß er die mathematische Fähigkeit hat, die optimale Seitenzahl des zu verwendenden Würfels zu berechnen.

Auf diese Frage gibt es zwei Antworten: Erstens genügt es, wenn nur ein einziger Spezialist diese Zahl berechnet und die anderen darüber informiert. Diese Information muß natürlich durch vertrauenswürdige Medien übermittelt werden, und die anderen Marsianer müssen der Information ohne Vorbehalt glauben. Die zweite Antwort verdanken wir der Evolutionstheorie. Von den rivalisierenden Arten der Marsianer werden sich jene als die effizientesten herausstellen und folglich überleben, die ihren Artgenossen garantieren können, daß sie mehr oder weniger die optimale Größe des Würfels wählen. Sie können das garantieren, indem sie einige wenige Spezialisten ausbilden und vertrauenswürdige Massenmedien entwickeln oder indem sie in jedem ihrer Artgenossen ein hinreichend hohes Niveau allgemeiner mathematischer Intuition herausbilden. Diese mathematische Intuition kann auf einfachen Vorschriften beruhen, wie etwa auf der Regel, die aus dem Eine-Million-Dollar-Spiel hergeleitet werden kann: „Wenn wir viele sind und am besten nur einer gewählt werden sollte, sollten wir einen Würfel verwenden, dessen Seitenzahl etwa zwei Dritteln unserer Bevölkerungszahl entspricht."

Die Menschheit hat etwas Ähnliches getan, als sie fast alle ihrer Mitglieder zu vielen Jahren Mathematikunterricht verdonnerte. Es wäre aber wichtiger, daß wir ein Gespür für andere Bereiche als für die Mathematik entwickeln. Unsere mathematische Intuition ist ziemlich fehlbar. Selbst wenn wir davon überzeugt sind, daß unsere Gewinnchancen besser stehen, wenn wir einen Würfel mit 64 532 Seiten werfen als einen mit 100 000 Seiten, gibt es wohl nur wenige Menschen, die das von Anfang an intuitiv gespürt und eine solche Lösung erwartet hätten.

Wer optimiert und wozu?

Wenn wir nur an das Wohl der Gemeinschaft denken, kommt es beim Eine-Million-Dollar-Spiel für Marsianer oder Erdlinge nicht nur dann zum besten Ergebnis, wenn die optimale gemischte Strategie befolgt wird. Letztlich genügt es, wenn es immer einen Spieler gibt, der sich entschließt, beim Preisausschreiben mitzumachen, während die anderen es nicht tun. Das läßt sich auch mit anderen Mitteln erreichen als mit individuell gemischten Strategien, auch ohne die Einführung einer Autorität. Man stelle sich nur vor, die Natur hätte ein Gen entwickelt, dessen zwei Allele dem Individuum vorschreiben, ob es beim Preisausschreiben mitmachen soll oder nicht. Wenn die Ressourcen für das Überleben einer Spezies nur durch Eine-Million-Dollar-Spiele gewonnen werden können, wird die Population, deren Gene die Teilnahme nicht zulassen, früher oder später aussterben, weil ihre Mitglieder niemals zu den lebenswichtigen Ressourcen Zugang erhalten. Aber auch die Population, die zu viele solche Gene besitzt, bleibt erfolglos.

Am wahrscheinlichsten überlebt die Population, die einige von den gemeinschaftsfeindlichen Genen bewahrt, bei der sich aber die Lebensbedingungen der Nichtspieler so entwickeln, daß sie von den Gewinnern mehr oder weniger erfolgreich eine Art Lösegeld einfordern können. Das Lösegeldverfahren und die Art des Freikaufs könnten durch andere Gene bestimmt werden – aber das liegt außerhalb unseres Themas. Damit überhaupt ein Lösegeld zur Verfügung steht, müssen zunächst die von der Natur angebotenen Ressourcen erfolgreich genutzt werden.

Wir können auch dann von optimalen gemischten Strategien sprechen, wenn das „gemeinschaftsfeindliche" Verhalten als solches durch Gene bestimmt wird. In diesem Fall ist es jedoch nicht der einzelne, der die optimale gemischte Strategie spielt, sondern die Natur selbst, indem sie die beiden Gene entwickelt und willkürlich verteilt. Anschließend kann nur der Mechanismus der Evolution für die Entstehung der Art sorgen, in der sich die Häufigkeiten der beiden Gene den Proportionen der optimalen gemischten Strategie nähern.

Offensichtlich ist unser Modell zu abstrakt: Es ist nicht realistisch, daß nur Situationen von der Art des Eine-Million-Dollar-Spiels Zugang zu Ressourcen verschaffen, die das Überleben ermöglichen. Es gibt viele Spiele, durch die man Zugang zu den lebenswichtigen Ressourcen erhalten kann, und für jedes von ihnen könnte eine andere Strategie optimal sein. Den meisten dieser Spiele ist jedoch gemeinsam, daß eine gemischte Strategie effizienter sein kann als eine reine.

Kurzum, eine gemischte Strategie kann entweder vom einzelnen gespielt werden oder von der Natur. Innerhalb dieses Rahmens können sowohl der einzelne als auch die Natur die Strategien vielfältig mischen. Der einzelne kann einen Würfel werfen, wobei er mit Hilfe seiner mathematischen Intuition entscheidet, wie viele Seiten der Würfel haben soll, aber er kann auch eine gemischte Strategie verwirklichen, indem er seine Launen, Einstellungen, Vorlieben usw. spontan ändert, sich also von seinen momentanen Gefühlen, Eingebungen und Stimmungen beeinflussen läßt. Die Natur kann die Vielfalt von Individuen durch Mutationen beeinflussen, die auf Zufall beruhen, oder Wesen erzeugen, in denen fortwährend unterschiedliche Handlungsstrategien miteinander rivalisieren.

3 Das Gefangenendilemma

Wenn du vor dir Gitterstäbe siehst, bedeutet das nicht, daß du gefangen bist. Vielleicht bist du draußen.

Das Gefangenendilemma ist der „Beißknochen" der Spieltheorie – man kann endlos auf ihm herumkauen. Tausende von Mathematikern, Psychologen, Politologen, Philosophen und Volkswirtschaftlern haben sich mit ihm beschäftigt und versucht, das Dilemma zu lösen, und trotzdem ist es noch immer so geheimnisvoll und verblüffend wie 1950, als Merrill Flood und Melvin Drescher es vorstellten. Seinen Namen erhielt es von Albert W. Tucker, der 1951 die erste Arbeit darüber schrieb. Tucker kleidete das Problem in Form eines kurzen Krimis – jeder, der seither darüber geschrieben hat, hat es in anderen Farben ausgemalt. Hier ist eine Fassung:

Die Polizei fängt ein langgesuchtes Duo, dem ein schweres Verbrechen angelastet wird. Die Polizei hat keine direkten Beweise für die Schuld der beiden Männer und kann ihnen lediglich Fahren mit überhöhter Geschwindigkeit nachweisen. Der Untersu-

chungsrichter möchte den Fall abschließen und unterbreitet dazu jedem der Gefangenen, die er in getrennte Zellen legen ließ, den folgenden Vorschlag:

„Wenn Sie das Verbrechen gestehen und uns dadurch helfen, den Fall zu klären, lasse ich Sie frei, und wir vergessen die Sache mit dem zu schnellen Fahren. Ihren Komplizen lochen wir dann für zehn Jahre ein, und die Sache ist für immer erledigt. Das Angebot gilt jedoch nur, falls Ihr Komplize das Verbrechen nicht gesteht und uns also bei der Aufklärung nicht hilft. Wenn er ebenfalls gesteht, ist Ihr Geständnis nicht viel wert, weil wir dann ohnehin Bescheid wissen. In diesem Fall werden Sie beide zu je fünf Jahren Gefängnis verurteilt. Wenn keiner von Ihnen gesteht, ist das Ihre Sache, aber in dem Fall wird diese fürchterliche Raserei streng geahndet werden, und Sie kommen beide für ein Jahr hinter Schloß und Riegel. Noch etwas: Ihrem Komplizen habe ich das gleiche gesagt wie Ihnen. Ich erwarte Ihre Antwort morgen früh um zehn Uhr – um elf Uhr können Sie frei sein."

Wir fassen die Situation in einer Matrix zusammen:

		Der andere Komplize	
		gesteht	gesteht nicht
Der erste Komplize	gesteht	$\underline{-5}$, -5	$\underline{0}$, -10
	gesteht nicht	$\underline{-10}$, 0	$\underline{-1}$, -1

Die erste, unterstrichene Zahl in jedem Feld zeigt das „Ergebnis" für den ersten Komplizen, die zweite das für den anderen. Da es schlimmer ist, zehn Jahre abzusitzen als fünf, müssen die Haftjahre „negativ" gezählt werden. In der gegebenen Situation ist Null das bestmögliche Ergebnis.

Zwei logische Lösungen

Die beiden Komplizen hegen keinerlei Gefühle füreinander, ihre Zusammenarbeit war rein zufällig. Beide haben lediglich das Ziel, so billig wie möglich davonzukommen. Was ist für sie die logische Lösung: gestehen oder nicht?

Versetzen wir uns in die Rolle eines der Komplizen, und versuchen wir, aus seiner Sicht logisch zu denken: Wenn mein Partner singt, kann ich entweder auch singen und muß fünf Jahre brummen, oder ich gestehe nicht und muß zehn Jahre absitzen. Wenn mein Komplize gesteht, gestehe ich also besser auch.

Wenn mein Komplize nicht gesteht, gibt es wieder zwei Möglichkeiten: Ich gestehe und bin morgen frei, oder ich gestehe nicht und sitze ein Jahr ab. Wenn mein Komplize nicht gesteht, gestehe ich besser.

Ich komme also unabhängig davon, was mein Komplize macht, besser weg, wenn ich gestehe. Ich habe keine andere Wahl, weil mein Komplize nur zwei Möglichkeiten hat. Also befiehlt mir die Logik zu gestehen.

Die Logik diktiert dem anderen Gefangenen das gleiche. Weil nun beide logisch denken, gestehen sie beide – und jeder wird zu einer Haftstrafe von fünf Jahren verdonnert, obwohl sie mit nur einem Jahr davongekommen wären, wenn jeder dichtgehalten hätte. Das ist das *Gefangenendilemma*. Die Frage ist, ob diese Logik irgendwo fehlerhaft ist oder ob sie dieses für beide unangenehme Ergebnis erzwingt. In anderen Worten: Schließt die Logik rationale Zusammenarbeit der beiden Gefangenen aus?

Die folgende Gedankenkette ist genau so logisch wie die vorangehende.

Ich mag meinen Komplizen nicht besonders, bin ihm also gefühlsmäßig nicht verbunden. Andererseits weiß ich, daß er genauso intelligent ist wie ich und genauso logisch denkt. Sonst hätte ich mich niemals mit ihm verbündet. Ich weiß auch, daß er in der gleichen schwierigen Lage ist wie ich. Auch er mag mich nicht besonders, und er hat das gleiche Angebot erhalten wie ich. Er wird seine Entscheidung auf das eigene Interesse und auf Logik gründen, genau wie ich.

Die Logik garantiert, daß man immer zum gleichen Ergebnis kommt, wenn man das gleiche tut. Zwei und zwei sind immer vier, ganz gleich, wer addiert. Mein Komplize wird also zu der gleichen Entscheidung kommen wie ich, unabhängig davon, was sie sein wird. Wenn ich mich folglich entschließe zu gestehen, kann ich sicher sein, daß er zum gleichen Schluß kommt und auch gesteht. Wenn ich aber aufgrund meiner Überlegungen nicht gestehe, werden ihn seine Überlegungen zum gleichen Ergebnis führen.

Wenn ich mich zu einem Geständnis entschließe (und er sich auch), werde ich zu fünf Jahren Gefängnis verurteilt (und er auch, aber das kann mir egal sein); wenn ich dichthalte (und er auch), werden wir für ein Jahr eingebuchtet. Ein Jahr hinter schwedischen Gardinen ist besser als fünf. Also werde ich nicht gestehen.

Diese Überlegung scheint genauso logisch zu sein wie die vorherige. Aber wie können zwei gleich logische Gedankengänge zu entgegengesetzten Ergebnissen führen? Ist einer von ihnen falsch? Oder stimmt etwas nicht mit der Logik?

Zum Wesen der Logik

Ein sorgfältiger Vergleich der beiden Gedankengänge zeigt, daß der erste die gleichen elementaren logischen Schritte enthält wie der zweite, der zweite aber eine zusätzliche Überlegung anstellt, nämlich daß die Gedankengänge der beiden notwendigerweise zu demselben Schluß führen, unabhängig davon, wer ihn zieht. Nur dieser Schritt also konnte zum Widerspruch führen.

Die Lösung ist: Was *insgesamt* aus den beiden Gedankengängen wirklich folgt, ist, daß es Gefangenendilemmata gar nicht geben kann. Genauer gesagt, folgt dieser Schluß allein aus der Annahme des ersten Schritts der zweiten Gedankenkette. Der erste Gedankengang enthielt nur Schritte, die auch im zweiten System zugelassen sind. Deshalb können wir den zweiten Gedankengang fortsetzen, indem wir einfach den ersten hinzufügen. Auf diese Weise kommen wir zu einem Widerspruch. Folglich muß nach den Regeln der Logik die Aussage („Es gibt ein Gefangenendilemma"), die am Anfang stand, unmöglich sein.

Wenn es Situationen wie das Gefangenendilemma nicht gibt, läßt sich aus ihnen alles herleiten, wenn man sie als existent annimmt, denn eine wichtige Grundregel der Logik besagt, daß man aus falschen Aussagen alles mögliche folgern kann. Wenn es keine Hexen gibt, sind die Aussagen „Hexen reiten auf Hexenbesen" und „Hexen reiten nicht auf Hexenbesen" logisch gleich wahr. Zunächst klingt das vielleicht merkwürdig, aber es ist harmloser Unsinn, wenn man sagt, daß alle der null Hexen auf Besen reiten. Aber die Logik wird dann, wenn wir sie nicht so konstruieren – solchen harmlosen Unsinn also nicht für wahr halten –, selbst widerspruchsvoll und deshalb nutzlos. Die Logik ist eben so.

Wenn es Gefangenendilemmata überhaupt nicht gibt, ist ein Geständnis in einer solchen Lage genauso logisch wie das Gegenteil. Zufällig führte unser erster Gedankengang zum ersten Ergebnis und der zweite zum zweiten.

Wie Gödels Satz (1931) mit rein logischen Methoden zeigte, gibt es kein System, in dem alle Wahrheiten, die sich innerhalb des gegebenen Systems formulieren lassen, innerhalb dieses Systems bewiesen werden können. Der erste Gedankengang benutzte lediglich die üblichen Regeln der Logik. Das schließt jedoch weder aus, daß die zusätzliche Bedingung des zweiten Gedankengangs wahr ist, noch, daß sie falsch ist. Keine von beiden Möglichkeiten läßt sich innerhalb dieses Systems herleiten.

Die gewöhnliche Logik enthält nicht die zusätzliche Bedingung des zweiten Gedankengangs. Deshalb schließt dieses System die Zusammenarbeit der beiden Gefangenen in der Situation des Gefangenendilemmas aus, nicht aber die Existenz einer Welt, in der es überhaupt kein Gefangenendilemma gibt. Das ist vorerst nur eine abstrakte Möglichkeit, aber in Kapitel 4 werden wir konkrete Beispiele für solche Mechanismen kennenlernen, die eine Welt verwirklichen, in der es überhaupt kein Gefangenendilemma gibt. In einer solchen Welt könnte der Untersuchungsrichter die beiden Gefangenen nicht in eine solche Klemme bringen, und wenn er es könnte, wären die beiden Gefangenen einfach nicht imstande, die Situation als Gefangenendilemma wahrzunehmen. Dazu ein Beispiel.

Merrill Flood, einer der Entdecker des Gefangenendilemmas, bot einer Sekretärin seines Instituts einmal 100 Dollar an und sagte, er würde ihr auch 150 Dollar geben, aber dann müsse sie sich mit ihrer Kollegin einigen, wie sie sich das Geld teilen würden. Der anderen Sekretärin bot Flood kein Geld an. Flood wollte damit herausfinden, auf welche Weise und nach welchen Prinzipien die beiden Sekretärinnen die zusätzlichen 50 Dollar aufteilen würden. Zu seiner Überraschung kamen die beiden Sekretärinnen bald darauf zu ihm, um sich jeweils 75 Dollar geben zu lassen, obwohl die erste Sekretärin ohne weiteres 100 Dollar hätte erhalten können, ohne es der anderen Sekretärin sagen zu müssen. Die Sekretärinnen jedoch sahen die Sache als ein kooperatives Spiel und vermieden auf diese Weise (entgegen den Erwartungen von Flood) den Wettbewerb um das zusätzliche Geld.

Für jemanden, der so denkt, gibt es auch dann kein Gefangenendilemma, wenn der Untersuchungsrichter eine solche Lage herbeiführen möchte. Die Logik schließt zwar aus, daß die Gefangenen zusammenarbeiten, falls es Situationen mit Gefangenendilemma gibt, aber sie schließt nicht aus, daß es eine Welt gibt, in der es Situationen wie das Gefangenendilemma nicht gibt und nicht geben kann. Vielleicht wäre es schön, in einer solchen Welt zu leben. Wir wissen jedoch aus Erfahrung, daß es in unserer Welt sehr wohl Gefangenendilemmata gibt. Von ihnen soll jetzt die Rede sein.

Alltägliche Gefangenendilemmata

Die Besitzer zweier unmittelbar benachbarter Tankstellen müssen an jedem Monatsanfang festlegen, wie teuer ihr Benzin für die nächsten vier Wochen sein soll; das Gesetz läßt während des Monats keine Preisänderung zu und fordert, daß der neue Preis am ersten Tag des Monats genau um Mitternacht angezeigt wird.

Der Besitzer der einen Tankstelle überlegt am Monatsende: Mit dem Preis des letzten Monats habe ich einen kleinen Profit gemacht, keinen großen. Wenn es die andere Tankstelle nicht gäbe, würde ich meinen Umsatz verdoppeln und einen Riesengewinn einheimsen, denn die Betriebskosten würden sich kaum erhöhen. Das wäre vielleicht sogar ein kleines Opfer wert. Wie wäre es, wenn ich meinen Preis etwas senke? Dann verdiene ich zwar an einem Liter Benzin etwas weniger, verkaufe aber fast doppelt soviel, und das lohnt sich bestimmt.

Nach komplizierten Kalkulationen kommt der Tankstellenbesitzer zu dem Ergebnis, daß sein Profit dann, wenn er seinen Preis senkt und auf diese Weise nur die Hälfte der Kunden der anderen Tankstelle für sich gewinnt, von jetzt einer Einheit auf vier Einheiten steigt. Ihm kommen jedoch Zweifel: Was, wenn der Besitzer der anderen Tankstelle genauso denkt und auch seinen Preis senkt? In diesem Fall würde sein Umsatz überhaupt nicht steigen! Besorgt stellt er neue Berechnungen an und findet heraus, daß sein Geschäft im nächsten Monat mit dem niedrigeren Preis überhaupt keinen Profit machen würde. Die Preissenkung lohnt sich also nicht. Da die Zweifel einmal geweckt sind, stellt er noch weitere Berechnungen an. Was würde passieren, wenn er seinen alten, höheren Preis beibehielte, während der Nachbar seinen Preis senkte? Das Ergebnis ist niederschmetternd: Die Betriebskosten sind so hoch, daß sein Defizit bei halbem Umsatz auch dann drei Einheiten betragen würde, wenn er den höheren Preis wählte.

Mitternacht naht, er muß den neuen Preis anschlagen, wenn er den alten ändern will. Für alle Fälle bereitet er die Anzeigetafel mit dem niedrigeren Preis vor – falls der Nachbar seinen Preis senkt, kann er rasch das gleiche tun (um den Verlust von drei Einheiten zu vermeiden, der seinen Bankrott bedeuten würde). Zögernd geht er um Mitternacht nach draußen und sieht seinen Rivalen ebenso besorgt mit einer Tafel herauskommen. Als sie gerade miteinander sprechen wollen, sehen sie den gefürchteten staatlichen Ordnungshüter, der herumschnüffelt und beobachtet, was um Mitternacht mit den Preisen passiert. Es bleibt keine Zeit für Verhandlungen, beide Tankwarte müssen sofort entscheiden, ob sie den alten Preis ändern oder lassen. Im entscheidenden Augenblick, um Mitternacht, sieht keiner, was der andere tut. Sie müssen sich beide für einen Preis entscheiden, ohne die Entscheidung des anderen zu kennen.

Auch diese Situation läßt sich in einer Matrix zusammenfassen:

		Der andere Besitzer	
		senkt den Preis	senkt den Preis nicht
Der erste Besitzer	senkt den Preis	<u>0</u>, 0	<u>4</u>, −3
	senkt den Preis nicht	<u>−3</u>, 4	<u>1</u>, 1

Man kann aus der Matrix ablesen, daß die Logik der Situation genau die gleiche ist wie beim Gefangenendilemma. Der erste Tankwart ist – unabhängig davon, was der andere macht – besser dran, wenn er den Preis senkt. Wenn der andere Tankwart den Preis senkt, kann der erste einen Verlust vermeiden, wenn der andere den Preis nicht senkt, kann der erste seinen Profit vervierfachen. Um Mitternacht sprechen Gier und Verlustangst also dafür, den Preis zu senken, aber wenn sie es beide tun, verlieren sie auch beide den ganzen Profit.

Auch einfaches Kaufen und Verkaufen kann zu einem Gefangenendilemma führen, besonders auf dem Schwarzmarkt, wo man keine Garantie hat, den anderen am nächsten Tag wiederzufinden. Dort gibt es keine Zeit zum Überprüfen. Ich kann mit Falschgeld bezahlen, und der Verkäufer kann mir schlechte Ware andrehen. Sobald wir die Ware in Händen haben, sind wir in jedem Fall besser dran, wenn wir mit Falschgeld zahlen. Sobald der Verkäufer das Geld hat, ist er besser dran, wenn er uns schlechte Ware angedreht hat. Aber wenn wir das beide tun, hat niemand einen Gewinn gemacht, während wir aus einem ehrlichen Handel beide Vorteile hätten ziehen können.

Puccinis Oper *Tosca* veranschaulicht ein typisches Gefangenendilemma. Toscas Geliebter Cavaradossi wird vom korrupten Hauptmann Scarpia zum Tod verurteilt. Scarpia ist jedoch von Tosca hingerissen und bietet ihr einen Handel an: Falls sie mit ihm schläft, wird das Hinrichtungskommando Cavaradossi nur zum Schein erschießen. Tosca sagt, Scarpia könne sie haben, aber erst, nachdem er diesen Befehl unwiderruflich gegeben habe; sie selbst jedoch wählt nicht die kooperative Lösung, sondern erstickt Scarpia bei der Umarmung. Wie sich sofort herausstellt, war auch Scarpia nicht zur Kooperation bereit, denn er hatte den Befehl vorgetäuscht. Cavaradossi bricht im Kugelhagel tot zusammen. Wie könnte es in einer Oper anders sein: Die Logik des Gefangenendilemmas herrscht auch ohne konkrete Zahlen.

Auch die Logik der Rüstungsspirale erinnert an ein Gefangenendilemma. Zwischen den beiden Supermächten kann sich ein Gleichgewicht entwickeln, wenn sich beide von Kopf bis Fuß bewaffnen oder wenn beide nur mäßig aufrüsten. Das billigere Gleichgewicht ist für beide Parteien besser als ein teureres. Jetzt sieht die Matrix so aus:

		Die Strategie der anderen Supermacht	
		viel Aufrüstung	mäßige Aufrüstung
Die Strategie der einen Supermacht	viel Aufrüstung	<u>2</u>, <u>2</u> (teures Gleichgewicht)	<u>4</u>, 1 (Überlegenheit)
	mäßige Aufrüstung	<u>1</u>, 4 (Wehrlosigkeit)	<u>3</u>, <u>3</u> (billiges Gleichgewicht)

Die Zahlen geben hier lediglich die Reihenfolge wieder. Der Wert 1 bedeutet das schlechteste mögliche Ergebnis, 4 das beste. Ein teures Gleichgewicht ist besser als Wehrlosigkeit, Überlegenheit ist besser als ein billiges Gleichgewicht. Diese Werteordnung kann und sollte angezweifelt werden, aber zweifellos wird sie häufig befolgt, besonders, wenn die Überlegenheit in direkte wirtschaftliche Vorteile umgesetzt werden kann. Die Spieltheorie nimmt an, daß die Spieler sich ihrer eigenen (subjektiv wahrgenommenen) Interessen und der Rangfolge ihrer Werte deutlich bewußt sind. Es ist nicht die Aufgabe der Spieltheorie, einen Wandel in der Präferenzordnung zu bewirken, aber die Spieltheorie kann – eben wegen ihrer Abstraktheit – deutlich darauf hinweisen, wie notwendig Veränderung ist, beispielsweise, indem sie aufzeigt, daß eine bestimmte Präferenzordnung eindeutig zum Gefangenendilemma mit all seinen Folgen führt.

Beim Gefangenendilemma geht es vor allem um Kooperation, um ihre offensichtliche Notwendigkeit und ihre oft unvermeidlichen Schwierigkeiten. Bei allen unseren Beispielen war eine der Strategien kooperativ, die andere nicht. Der Gefangene, der nicht gesteht, der Tankstellenbesitzer, der den Preis nicht heruntersetzt, die Großmacht, die nicht aufrüstet, sind alle kooperativ. Wenn beide Parteien ähnlich denken, kann mit diesem Verhalten ein besseres Ergebnis erreicht werden. Die nichtkooperative Strategie wird „kompetitiv" genannt, obwohl dieses Wort nicht immer das Wesentliche ausdrückt. Auf Tosca angewendet, ist es sicher keine glückliche Wahl.

Gefangenendilemmata mit vielen Personen

Die obigen Beispiele haben gezeigt, daß Kooperation gewöhnlich Verzicht bedeutet. Es kann daher leicht passieren, daß man in die Lage eines Gefangenen kommt. Das geht nach folgendem Muster: Man nehme eine Versuchung, die zu einer Katastrophe führt, wenn ihr jeder erliegt. Das genügt aber noch nicht: Außerdem muß das Wertesystem auf ganz bestimmte Weise angeordnet sein, damit ein Gefangenendilemma entsteht. Es gibt andere schwere Dilemmata, auf die sich die Schlüsse, die sich aus dem Gefangenendilemma ziehen lassen, nicht oder schlecht anwenden lassen. So ist das Eine-Million-Dollar-Spiel des *Scientific American* nicht als Gefangenendilemma zu verstehen, obwohl es ebenfalls in Versuchung führt und keinen guten Ausgang nimmt, wenn ihr jeder erliegt. Der Unterschied liegt in der Tatsache, daß der rivalisierende Spieler beim Gefangenendilemma den kooperativen Spielern Schaden zufügt, während der kooperative Spieler beim Eine-Million-Dollar-Spiel nur rivalisierenden Spielern schadet, nicht aber jenen, die zur Zusammenarbeit bereit sind.

Gefangenendilemmata mit mehreren Personen werden auch als *Problem der Gemeindewiese* bezeichnet und durch das folgende Beispiel illustriert:

Zehn Bauern eines Dorfs, die je eine Kuh haben, lassen alle zehn Kühe auf der Gemeindewiese grasen. Die Kühe werden schön fett, wobei die Weide mehr oder weniger kahlgefressen wird. Die Bauern werden reicher, und manche von ihnen können sich bald zwei Kühe leisten. Als der erste Bauer seine zweite Kuh auf die Weide schickt, ist praktisch keine Veränderung zu beobachten. Vielleicht finden die Kühe etwas weniger Nahrung, vielleicht werden sie etwas weniger fett. Auch wenn der zweite und der dritte Bauer jeweils eine zweite Kuh auf die Weide schicken, gibt es noch keine großen Probleme. Obwohl die Kühe sichtbar schlanker werden, ist jede von ihnen noch wohlgenährt und gesund. Als jedoch auch der siebte Bauer seine zweite Kuh kauft, leiden offensichtlich alle Kühe unter Hunger, und der Wert aller siebzehn Kühe zusammen erreicht nicht den der ursprünglichen zehn Kühe. Als schließlich alle zehn Bauern zwei Kühe haben, verhungern alle Kühe. Zunächst sind also zwei Kühe immer mehr wert als eine, deshalb ist es für jeden Bauern vorteilhaft, eine zweite Kuh zu kaufen – bis alle verhungern.

Schon die Situationsbeschreibung legt nahe, daß der Verlauf dieses Spiels Ähnlichkeit mit dem Gefangenendilemma hat, aber Vorsicht: Nicht alle Zwickmühlen sind Gefangenendilemmata. Wir überzeugen uns durch einen Blick auf die Spielmatrix davon, daß diese Zwickmühle wirklich einem Gefangenendilemma entspricht.

	Die Mehrheit	
	kauft eine zweite Kuh	kauft keine zweite Kuh
Ich — kaufe eine zweite Kuh	<u>2</u>, 2 Ich habe zwei sehr dünne Kühe	<u>4</u>, 1 Ich habe zwei ziemlich fette Kühe
Ich — kaufe keine zweite Kuh	<u>1</u>, 4 Ich habe eine sehr dünne Kuh	<u>3</u>, 3 Ich habe eine sehr fette Kuh

Diese Matrix ist wieder nur nach dem Nutzen geordnet, den das Ergebnis bringt. Der beste Fall erhält vier Punkte, der schlechteste einen. Die zweiten Zahlen der Zahlenpaare geben jeweils an, wie es den anderen Bauern in der gegebenen Situation im Mittel ergeht. Wenn man das Spiel exakt analysieren wollte, müßte man eine vollständigere Matrix erstellen, die das Verhalten jedes Bauern einzeln berücksichtigt. Aber diese kleine Matrix, die das Verhalten von nur einem Bauern hervorhebt, faßt den Inhalt der großen, komplexen Matrix gut zusammen. Die Zahlen in der Matrix dieses Spiels sind die gleichen wie in der Matrix, die zum Wettrüsten gehört, also stimmt die Grundsituation wirklich mit der des Gefangenendilemmas überein. Diese Matrix ist gültig, bis alle Kühe verhungert sind. Wenn das passiert ist, ändern sich die Zahlen in der Matrix, dann aber ist es zu spät für die Erkenntnis, daß wieder einmal das Gefangenendilemma am Werk war.

Ein weiteres typisches Beispiel für ein Gefangenendilemma mit vielen Personen ist eine Paniksituation, wie sie beispielsweise dann eintritt, wenn in einem Raum mit vielen Menschen ein Feuer ausbricht. In dem gut vorstellbaren Sonderfall, in dem die Tür des Zimmers nach innen aufgeht, würde kooperatives Verhalten erfordern, daß jeder zwei oder drei Schritte zurücktritt, denn dann ließe sich die Tür leicht öffnen, und alle könnten gerettet werden. Im allgemeinen aber drängt jeder zur Tür, und die Menschen quetschen einander zu Tode.

Iterierte Gefangenendilemmata

Das ursprüngliche Gefangenendilemma beschreibt eine besonders kritische Situation, in der alles von einer einzigen Entscheidung abhängt. Wenn ich, als einer der Komplizen, einmal nicht kooperiere und mein Partner den Fehler begeht, den Versuch zur Kooperation zu unternehmen, kann er mir mindestens zehn Jahre lang keine Vorwürfe machen. Falls auch er nicht kooperiert, kann er mir nichts vorwerfen, wenn wir fünf Jahre später aus dem Gefängnis entlassen werden.

Die Lage ist etwas anders, wenn abzusehen ist, daß wir mit demselben Partner mehrere Male in eine ähnliche Situation kommen. In diesem Fall müssen wir in Kauf nehmen, daß wir uns dann, wenn wir einmal nicht kooperieren, selbst zu ewigem Wettbewerb verdammen, weil ein Partner, den wir einmal übers Ohr gehauen haben, uns wohl kaum wieder vertrauen wird und vermutlich gar nicht daran denkt, sich jemals wieder kooperativ zu verhalten.

Der Fall der beiden Tankstellenbesitzer ist ein iteriertes Gefangenendilemma, weil die beiden am letzten Tag des nächsten Monats wieder vor dem gleichen Dilemma stehen, falls nicht der einseitig kooperierende Partner in der Zwischenzeit Pleite gemacht hat. Ein anderer Fall des iterierten Gefangenendilemmas liegt vor, wenn es während einer Dürreperiode verboten ist, den Rasen zu sprengen. In diesem Fall besteht das kooperative Verhalten in der Befolgung der Anordnung, das kompetitive Verhalten dagegen darin, den Garten heimlich zu wässern und sich dadurch einen persönlichen Vorteil zu verschaffen, zugleich aber möglicherweise den Trinkwasservorrat der Gemeinschaft aufs Spiel zu setzen. Im Zusammenhang mit der Umweltverschmutzung lassen sich ähnliche Beispiele finden.

Die Überlegung, die zur Konkurrenz führt, gilt nur für die erste Runde, ist also in einer Situation mit vielen Runden nicht vollständig. Wenn das Spiel über mehrere Runden geht, stehen nicht nur die alternativen Strategien Kooperation und Konkurrenz zur Wahl, sondern auch komplexe Langzeitstrategien. Man könnte beispielsweise kooperieren, solange der Partner kooperiert, aber nie wieder, wenn er einmal nicht kooperiert. Es wäre auch möglich, immer zu kooperieren und zu hoffen, daß der Gegner früher oder später zur Vernunft kommt. Oder ich kann, unabhängig davon, was mein Partner tut, jedes zweite Mal kooperieren. Es gibt unzählig viele solche Strategien.

Nicht nur bei menschlichen Interaktionen ergeben sich Situationen wie beim Gefangenendilemma. Besonders interessant ist das Verhalten von Stichlingen, denen sich ein großer Fisch nähert. Die Stichlinge wissen nicht im voraus, ob der große Fisch sie fressen will oder nicht. Wenn sie vor jedem großen Fisch die Flucht ergreifen würden, wäre ihr Leben eine einzige Flucht, und es bliebe ihnen kaum Zeit für andere lebenswichtige Tätigkeiten. Aber die fatalistische Lösung: „Wir warten ab, was der große Fisch tut" ist ebenfalls gefährlich, weil ein unerwarteter Angriff einen ganzen Schwarm von Stichlingen vernichten kann. Die Stichlinge verhalten sich deshalb so: Ein Spähtrupp schwimmt langsam auf den großen Fisch zu, schwimmt ihm entgegen, hält eine Weile inne, schwimmt wieder einige Zentimeter näher, hält an und so weiter. Wenn die Kundschafter dem großen Fisch so nahe kommen, daß er sie leicht fangen könnte, und dennoch nichts passiert, kehren sie zum Schwarm zurück und setzen ihre gewohnte Tätigkeit fort. Wenn der große Fisch jedoch einen Kundschafter fängt, rasen die anderen zurück und alarmieren den Schwarm.

Die Situation des Gefangenendilemmas ergibt sich im Spähtrupp. Solange nur ein oder zwei Stichlinge aufgeben und umkehren, sind sie als Einzeltiere sicher, wenn aber alle Kundschafter umkehren, könnten alle Stichlinge dem großen Fisch zum Opfer fallen, auch die Deserteure und ihre Nachkommen. Wenn die anderen Kundschafter nicht umkehren, sind sie als einzelne gefährdeter als zuvor, denn die Chance, erwischt zu werden, ist um so größer, je kleiner der Spähtrupp ist, falls sich herausstellt, daß der große Fisch Stichlinge frißt. Die Logik der Situation ist die gleiche wie bei der Gemeinschaftswiese. Wir werden bald zu der Strategie zurückkehren, die die Stichlinge in diesem Fall anwenden.

Axelrods Wettbewerbe

Der amerikanische Politikwissenschaftler Robert Axelrod untersuchte theoretisch das Problem, ob sich in einer Welt, in der jeder sich selbst der nächste ist, Kooperation herausbilden kann. Dazu bat er 1979 mehrere bekannte Wissenschaftler, von denen viele schon Arbeiten über das Gefangenendilemma veröffentlicht hatten, an einem Wettbewerb teilzunehmen und die Strategie einzusenden, die ihrer Meinung nach die beste Lösung des iterierten Gefangenendilemmas darstellt. Da die eingesandte Strategie die Form eines Computerprogramms haben sollte, ließ Axelrod bei einem Turnier jedes Programm gegen jedes andere 200 Züge spielen. In jeder der 200 Runden des Turniers wurden die Programme entsprechend der folgenden Matrix ausgewertet:

		Programm 2	
		kooperiert	konkurriert
Programm 1	kooperiert	$\underline{3}$, 3	$\underline{0}$, 5
	konkurriert	$\underline{5}$, 0	$\underline{1}$, 1

Das Programm mit der insgesamt höchsten Punktzahl war der Gewinner des Turniers. Axelrod hatte nicht im voraus gesagt, wie viele Runden gespielt werden würden, deshalb blieb die Spielsituation eines unendlich iterierten Gefangenendilemmas bis zur letzten Runde gewährleistet.

Die vierzehn eingesandten Programme, die von sehr einfachen bis zu sehr komplizierten reichten, wurden durch ein fünfzehntes ergänzt, das nach einem Zufallssystem kooperierte und konkurrierte. Gewonnen hat das Programm des renommierten Sozialpsychologen Anatol Rapoport. Es war das einfachste von allen:

1. Kooperiere in der ersten Runde.
2. Tu das, was der Gegner in der vorigen Runde tat.

Rapoport nannte dieses Programm „Tit for Tat" – „Wie du mir, so ich dir". Es wird in der Literatur der Spieltheorie mit TFT abgekürzt.

Was ist an dieser überraschend einfachen Strategie so genial, daß sie selbst die superkomplexen Programme der besten Experten haushoch schlagen konnte? Einige dieser Programme versuchten sogar, die Gegner zu durchschauen mit Hilfe eines komplizierten Begriffssystems, das ein Juwel der künstlichen Intelligenz sein könnte.

Die „Charakterzüge" der Programme

Die Analyse der Programme gab Axelrod Gelegenheit, psychologische Begriffe auf eine völlig neuartige Weise zu untersuchen. Weil die Programme, anders als Menschen, leicht durchschaubar waren, ließ sich bestimmen, in welchem Ausmaß jedes Programm gewissen psychologischen Begriffen entsprach, falls diese psychologischen Begriffe hinreichend gut definiert waren, um dann zu prüfen, wie Programme mit bestimmten „Charakterzügen" beim Wettbewerb abschnitten. Welche Persönlichkeitsmerkmale helfen, in Situationen von der Art eines Gefangenendilemmas zu überleben?

Zwei Charakterzüge erwiesen sich zweifelsfrei als Teil der besten Programme. Das erste Merkmal war *Freundlichkeit*. Axelrod nannte ein Programm freundlich, wenn es niemals als erstes rivalisierte. Das bedeutet nicht, daß ein freundliches Programm nie konkurriert, sondern nur, daß es nie mit der Konkurrenz beginnt. Der andere Begriff war *Nachsichtigkeit*. Axelrod nannte ein Programm nachsichtig, wenn es nach einem „Vergehen" des Gegners bereit war, zur Kooperation zurückzukehren, sobald der Gegner kooperativ war. Fast alle Programme in der vorderen Hälfte des Feldes wiesen diese Merkmale auf, aber keines in der zweiten. Die siegreiche TFT-Strategie hatte beide Merkmale.

Axelrod versuchte dann, eine neue Strategie zu erfinden, die den Wettbewerb gewonnen haben könnte. Er konnte drei solche

Strategien konstruieren, von denen eine weder freundlich war noch nachsichtig. Aber auch diese Strategie hätte gewonnen. Sie unterscheidet sich von TFT nur dadurch, daß sie Rivalität nicht sofort, sondern erst nach zwei rivalisierenden Zügen mit Rivalität vergalt. Die Ergebnisse des Turniers mußten also in zweierlei Hinsicht überprüft werden: Einerseits war es fraglich, ob es wirklich die Merkmale *Freundlichkeit* und *Nachsichtigkeit* sind, die bei einem iterierten Gefangenendilemma das Überleben begünstigen, und andererseits wäre es möglich, daß es sich lohnt, noch „nachsichtiger" zu sein als selbst TFT.

Axelrod kündigte 1982 einen zweiten Wettbewerb an, der aufregend zu werden versprach, weil alle Teilnehmer die Ergebnisse des ersten Wettbewerbs und Axelrods Analyse kannten: Jeder wußte, daß es sich lohnt, freundlich und nachsichtig zu sein, aber eben das könnte aufgrund der Logik des Gefangenendilemmas möglicherweise von einem unfreundlichen und unnachsichtigen Programm leicht ausgenutzt werden. Aber auch das wußte jeder ...

Beim zweiten Wettbewerb wurden 62 Programme aus sechs Ländern und aus mindestens acht wissenschaftlichen Disziplinen eingereicht. Außerdem nahmen alle Programme daran teil, die in der ersten Runde hätten gewinnen können – wenn sie teilgenommen hätten.

Anatol Rapoport sandte wieder sein TFT-Programm ein, und wieder war es der Gewinner! Ein Programm, das doppelt so freundlich war wie TFT, kam auf Platz 21; das unfreundliche Programm, das beim ersten Wettbewerb gewonnen hätte, lag jetzt in der zweiten Hälfte des Feldes.

Rapoports sozialpsychologische Intuition bewährte sich also ausgezeichnet. Nichts hatte garantiert, daß TFT beim zweiten Wettbewerb gewinnen würde, und die Vertreter der anderen wissenschaftlichen Disziplinen hatten das nicht vermutet. Der Erfolg einer Strategie hängt stark von den Strategien der anderen ab: TFT kann beispielsweise niemals eine einzige Auseinandersetzung gewinnen, weil es sich zunächst einmal ausbeuten läßt und dem Gegner erst vergibt, wenn der kooperativ ist.

Auch jetzt überprüfte Axelrod die Persönlichkeitsmerkmale aller 62 Programme. Wieder stachen *Freundlichkeit* und *Nachsichtigkeit* heraus. 14 der vorne plazierten 15 Programme trugen diese Merkmale, aber weniger als die Hälfte der Programme insgesamt. Axelrod fand drei weitere Merkmale, deren Träger zumeist auf den vorderen Plätzen lagen. Das dritte Merkmal war *Provozierbarkeit,* was bedeutet, daß das Programm auf einen konkurrierenden Gegner mit großer Wahrscheinlichkeit mit Konkurrenz reagiert. Das vierte nützliche Merkmal, das zu einem guten Ergebnis führte, war *Reziprozität*; es bezieht sich darauf, daß die Reaktion des Programms weitgehend von der Strategie des Gegners abhängt. Das fünfte Merkmal, das mit einiger Aussicht zum Erfolg führte, war *Verständlichkeit.* Axelrod maß dieses Merkmal einfach an der Länge des Programms. Obwohl die Computerwissenschaft umfassendere und aussagekräftigere Komplexitätsmaße kennt, erfüllte dieses einfache Maß seinen Zweck vollkommen.

Die TFT-Strategie weist alle fünf Merkmale im größtmöglichen Ausmaß auf. Dennoch ist die fast lupenreine Demonstration dieser fünf Merkmale ein wichtiges Ergebnis, denn TFT weist trotz seiner Einfachheit viele andere Merkmale auf, die bei einer Situation, wie sie im iterierten Gefangenendilemma vorliegt, nicht wesentlich zum Erfolg beitragen (obwohl sie auch nicht schaden). Die Tatsache, daß dieses die fünf wichtigsten Merkmale sind, wurde nicht von TFT bewiesen, sondern von allen anderen Programmen. Das Geheimnis des Erfolgs von TFT besteht wahrscheinlich gerade in der Tatsache, daß es diese fünf Merkmale in einem so bemerkenswerten Ausmaß vereinen konnte. Man könnte das für selbstverständlich halten, aber Axelrod überprüfte auch viele andere Merkmale, die man intuitiv als charakteristisch für kooperative Persönlichkeiten betrachten würde und die vielen der führenden Programme fehlten, wohl jedoch Programmen eigen waren, die auf den hinteren Plätzen lagen, sich also nicht als die wirklichen Träger der Zusammenarbeit erwiesen.

Anatol Rapoport – dem wir unseren Respekt zollen, nicht nur, weil er zweimal mit seinem Programm siegte, sondern auch, weil er den Mut hatte, ein zweites Mal seinem sozialpsychologischen Gespür nachzugeben und die gleiche unverschämt einfache Strategie noch einmal einzusenden – warnt davor, TFT überzubewerten. Er sagt, TFT reagiere gelegentlich auf ihm zugefügte Kränkungen zu schroff, indem es sich immer sofort rächt. Nach einem „unverschuldeten Fehlverhalten" beispielsweise können sich die Gegner in einen hoffnungslosen Wettbewerb verstricken, und dem läßt sich nur abhelfen, wenn die Spieler sich gelegentlich „außer der Reihe" vergeben.

Theoretisch läßt sich TFT leicht verbessern. Es genügt, ein Programm zu schreiben, das im allgemeinen TFT spielt, während es fortwährend beobachtet, ob der Gegner auf seine Züge überhaupt reagiert. Wenn der Gegner nicht reagiert (sondern beispielsweise rein zufällig kooperiert oder konkurriert), wird TFT zu einem konsequent kompetitiven Verhalten übergehen, weil das gegen einen solchen Gegner die effizienteste Strategie ist.

An dem Wettbewerb beteiligten sich viele solche Programme, aber sie kamen nicht auf vordere Plätze. Diese Programme sind natürlich weder freundlich (sie neigen dazu, auch dann zu rivalisieren, wenn der Gegner nicht rivalisiert) noch transparent (sie sehen lange Zeit wie TFT aus). Obwohl ihre Erfolglosigkeit uns aufgrund unseres jetzigen Wissens nicht wundert, ist es doch seltsam, daß diese Art höchst raffinierter Intelligenz so wenig effizient ist. Die von Axelrod gefundenen fünf einfachen, nicht sehr intellektuellen Merkmale scheinen in einer Welt voller Gefangenendilemmata wirksamer zu sein als der berechnende Verstand.

Die wichtigste Lehre, die wir aus Axelrods Ergebnissen ziehen können, lautet: Es ist theoretisch nicht ausgeschlossen, daß sich in einer total egoistischen Umwelt stabile Zusammenarbeit herausbildet. Die Programme waren gewinnorientiert und wurden deshalb offensichtlich lediglich von egoistischen Absichten geleitet und nicht etwa von Altruismus oder komplexen moralischen Prinzipien. Wenn sich in einem Lebewesen erst einmal das Gen für TFT (oder wenigstens die obigen fünf Charakterzüge, einschließlich der Provozierbarkeit!) entwickelt hat, ist es selbst dann zu zuverlässiger Zusammenarbeit in der Lage, wenn seine Ziele im übrigen völlig egoistisch sind.

TFT bei Stichlingen

Der Spähtrupp der Stichlinge nähert sich dem großen Fisch allmählich. Der Grund dafür könnte sein, daß das Gefangenendilemma-Spiel mehrere Runden haben soll und nicht nur eine, denn es ist sehr schwierig, in einer einzigen Runde Zusammenarbeit zu entwickeln; dann sind Axelrods Ergebnisse nicht gültig. Die Erfahrung zeigt, daß ein Spähtrupp zusammenhält und unkooperatives Verhalten – also Rückzug – nur selten vorkommt. Die Frage bleibt offen, wie Stichlinge in dieser Situation – die eindeutig ein Gefangenendilemma ist – Zusammenarbeit entwickeln konnten. Ob sie etwa TFT kennen? Und wenn nicht, wie sonst?

Der deutsche Ethologe Manfred Milinski hat sich zur Beantwortung dieser Frage ein genial einfaches Experiment ausgedacht. Er stellte ein Aquarium mit einem großen Fisch an ein Ende eines großen rechteckigen Aquariums, an dessen anderem Ende ein Stichling schwamm. Dann gaukelte er dem Stichling einen Gefährten vor, indem er an der Längsseite des Stichlingaquariums einen Spiegel anbrachte. Der Stichling erkannte nicht, daß sein Gefährte ein Spiegelbild war, und schwamm dem großen Fisch entgegen. Der erste Zug war also Kooperation, wie es TFT entspricht. Wegen des Spiegels bewegte sich sein „Gefährte" natürlich mit. Soweit modelliert der Versuch die Situation, in der der andere kooperiert. Der Spiegel war jedoch verstellbar; und der Experimentator drehte den Spiegel von Zeit zu Zeit um 45 Grad. Der Stichling sah dann, während er zum großen Fisch hinschwamm, wie sein Gefährte zurückschwamm, also nicht kooperierte. Der Stichling schwamm dann ebenfalls zurück. Wenn der Spiegel so eingestellt war, daß der Gefährte sich einmal auf den großen Fisch zu- und einmal von ihm wegbewegte, folgte der Stichling der TFT-Strategie – mit gelegentlichen Ausnahmen – ziemlich genau. Manchmal schwamm der Stichling trotz des „Verrats" des Gefährten vorsichtig auf den großen Fisch zu, wie Stichlinge es tun, wenn sie allein sind und eine mögliche Gefahr bemerken.

Psychologische Versuche mit dem Gefangenendilemma

Es ist fast unglaublich, wie viele wichtige psychologische Begriffe sich durch eine so einfache Formel wie das Gefangenendilemma veranschaulichen lassen. Der Konflikt zwischen gemeinsamem und individuellem Interesse, die Motive von Vertrauen und Verrat, Gier und Angst, Rache und Vergebung lassen sich in diesem Rahmen alle in Reinform deuten. Kein Wunder also, daß sich experimentelle Sozialpsychologen darauf gestürzt haben wie Genetiker auf Drosophila – das Erbgut der Fruchtfliege läßt sich sehr genau abbilden, und ihre Merkmale sind einfach genug, um unterscheidbar zu sein, aber komplex genug, um allgemeine Schlüsse zu erlauben.

Mittlerweile sind in Fachzeitschriften weit über tausend Arbeiten erschienen, die sich mit den Ergebnissen experimenteller Untersuchungen des Gefangenendilemmas beschäftigen. Sie lassen sich unmöglich in allen Einzelheiten darstellen, zumal die Ergebnisse einander oft widersprechen. Die Versuchsbedingungen waren von Labor zu Labor sehr unterschiedlich; beispielsweise spielten die Versuchspersonen um Spielsteine, die Ehre oder sogar relativ hohe Geldsummen. Die Ergebnisse waren nicht immer miteinander verträglich, was – über die Komplexität des Phänomens hinaus – an den Unterschieden in den Versuchsbedingungen gelegen haben mag. Trotzdem lassen sich aus den vielen Experimenten einige allgemeine Schlüsse ziehen.

So ließen sich die Reaktionen der Versuchspersonen auf Veränderungen des Experiments beobachten. Beispielsweise konnten die Forscher die Werte in der Matrix verändern und dadurch den Unterschied zwischen dem gemeinsamen Optimum und dem gemeinsamen Verlust oder aber die Versuchung zu kompetitivem Verhalten modifizieren (also den Gewinn des Konkurrenten variieren, dessen Partner kooperativ ist) oder auch den Verlust des sogenannten „Sucker" (also des Trottels, der sich um Zusammenarbeit bemüht, obwohl sein Partner rivalisiert). Die Ergebnisse entsprachen meist dem gesunden Menschenverstand. Wenn der Wert der Versuchung erhöht wurde, nahm die Zahl der kooperativen Reaktionen ab, und ähnlich sank der Anteil der kooperativen Reaktionen, wenn der Verlust der „Suckers" größer wurde. Die Neigung der Menschen, in einer Situation von der Art des Gefangenendilemmas zu rivalisieren, wird anscheinend zu etwa gleichen Anteilen von Habgier und der Angst vor Verrat durch den anderen (also Mißtrauen) bestimmt.

Die Forscher variierten auch die Möglichkeit der Verständigung unter den Partnern. Jede Möglichkeit der Verständigung verbesserte – wenn auch nur wenig – die Chancen zur Zusammenarbeit. Wenn sich die Partner darüber unterhalten konnten, worauf es bei dem Spiel ankam und was getan werden sollte, oder wenn sie sogar zu einer Übereinkunft kommen durften, stieg der Anteil an kooperativen Reaktionen ein wenig an (etwa von vierzig auf fünfzig Prozent). Die Übereinkommen waren natürlich nicht verpflichtend: Jeder mußte für sich allein, in seiner eigenen Isolierzelle entscheiden, ob er kooperieren wollte oder nicht. Wenn die Spieler sich verständigen durften, wurde ihnen nicht nur ihr gemeinsames Interesse bewußt, sondern sie empfanden auch stärker das Gefühl, in Versuchung geführt zu werden und wehrlos zu sein.

Die Forscher untersuchten auch, wie sich die Persönlichkeit der Versuchspersonen auswirkte. Auf diesem Gebiet waren die Ergebnisse am widersprüchlichsten. Einige Forscher fanden deutliche Hinweise darauf, daß gewisse Persönlichkeitsmerkmale (besonders solche, die Ähnlichkeit mit jenen hatten, die Axelrod gefunden hatte) die Wahrscheinlichkeit der Zusammenarbeit vergrößerten, andere fanden keinen solchen Zusammenhang. Manchmal, wenn das Gefangenendilemma von Gruppen gespielt wurde, die schon lange Bestand hatten, zeigte sich, daß die Spieler in gewissem Maß die Dominanzbeziehungen innerhalb der Gruppe widerspiegelten: Die in der Gruppe übergeordneten Personen neigten dazu, zu rivalisieren, die untergeordneten waren eher kooperativ, die dominanten konnten ihre Untergebenen fast „ausbeuten".

Man fand auch einigermaßen stabile *Geschlechtsunterschiede*. Männer waren bei diesem Spiel mehr zur Zusammenarbeit bereit als Frauen. Bei einem Versuch, der dem klassischen Gefangenendilemma mit vielen Runden entsprach, arbeiteten fast 60 Prozent der männlichen Paare zusammen, bei Frauen jedoch weniger als 35 Prozent. Gemischte Paare kooperierten in etwa 50 Prozent der Fälle, aber hier gab es keinen Unterschied in den Anteilen der Kooperation von Männern und Frauen. Mit anderen Worten: Es gab so viele kooperierende Männer wie rivalisierende Frauen und umgekehrt.

Dieses Ergebnis ist besonders interessant, wenn wir es mit dem Dollarauktionspiel vergleichen, bei dem Frauen mehr zur Zusammenarbeit neigten und sich weniger in die Versteigerung hineinziehen ließen als Männer. Die Bewertung der Ergebnisse bezüglich der Geschlechtsunterschiede ist noch umstritten. Einige Forscher fanden, daß Geschlechtsunterschiede vom Geschlecht des Experimentators abhängen. Wenn Frauen den Versuch leiteten, waren die Geschlechtsunterschiede weniger ausgeprägt, diese nahmen aber zu, wenn die Forscher den Verlust des „Sucker" vergrößerten. Das könnte ein Hinweis darauf sein, daß Frauen Konkurrenzverhalten im Fall des Gefangenendilemmas eher als eine vorsichtige Strategie betrachteten, mit der sie das schlimmste Ergebnis vermeiden können.

Beim Gefangenendilemma mit nur einer Runde kam es in etwa vierzig Prozent der Fälle zur Zusammenarbeit, wobei hier die Daten von Untersuchungen zusammengefaßt werden, die unter unterschiedlichen experimentellen Bedingungen durchgeführt wurden. Es ist Geschmackssache, ob man diesen Anteil für hoch oder niedrig hält. Eine mögliche Interpretation wäre: Kooperation ist glücklicherweise nicht selten, selbst wenn die Logik anderes diktiert. Eine andere: Bedauerlich wenige Menschen verhalten sich entsprechend dem gemeinsamen Interesse.

Man könnte denken, daß Zusammenarbeit beim iterierten Gefangenendilemma langfristig erheblich zunimmt. Axelrod beschreibt das anschaulich, wenn er sagt: Die Zukunft wirft ihre Schatten voraus. Die Möglichkeiten sind subtiler, man kann sich rächen, aber auch guten Willen zeigen. Bei Spielen mit mehreren Runden nahm der Gesamtanteil der Zusammenarbeit wirklich zu, überstieg aber niemals sechzig Prozent. Oft steckten die

Teilnehmer am Ende „im Wettbewerb fest", wenn sie nach einer Weile nur noch rivalisierten.

Bei Spielen, die über mehrere Runden gingen, kam es oft zu einer TFT-Strategie, aber niemals in Reinform. Vielleicht ist das gut, weil das, was wir über die Vorteile von TFT sagten, nur dann gilt, wenn TFT von Anfang an in seiner Reinform gespielt wird. Wenn die Spieler sich beispielsweise entscheiden, nach anfänglichem Wettbewerb reines TFT zu spielen, bleiben sie im Wettbewerb stecken, denn in solchen Fällen kann nur Vergebung außer der Reihe helfen.

Obwohl Stichlinge TFT nicht in seiner reinsten Form spielten, erreichten sie ein hohes Maß an Zusammenarbeit. Stichlinge waren nicht nur im Dollarauktionspiel, sondern auch beim Gefangenendilemma zu viel vernünftigerem Verhalten fähig als Menschen.

Die Bedeutung der Situationsbeschreibung

Die Sozialpsychologen wollten mit Spielen von der Art des Gefangenendilemmas vor allem herausfinden, wie Menschen am besten zur Zusammenarbeit angehalten werden können. Unter den zahllosen Variationen der experimentellen Bedingungen erwies sich die geschickte Umformulierung der Situation als besonders wirksam. Das Gefangenendilemma läßt sich auch so formulieren:

Beide Spieler erhalten die folgende Anweisung: „Wenn du diesen Knopf drückst, kooperierst du und gibst deinem Partner zwei Einheiten und dir selbst eine Einheit. Wenn du jenen Knopf drückst, gibst du dir selbst zwei Einheiten und deinem Partner keine. Dein Partner hat die gleichen Möglichkeiten." Das ist in der Matrix links zusammengefaßt. Die Matrix rechts ist das ursprüngliche Gefangenendilemma, allerdings geben die Zahlen die Reihenfolge der Vorteile der Möglichkeiten an: 4 bedeutet das beste Ergebnis, 1 das schlechteste. Diese Matrix ist die gleiche wie für das Wettrüsten auf Seite 55.

	Für dich	Für den Partner
Kooperation	1	2
Konkurrenz	2	0

Man

Der andere

	kooperiert	konkurriert
kooperiert	3, 3	1, 4
konkurriert	4, 1	2, 2

Die Logik unseres jetzigen Spiels ist genau die gleiche wie die des Gefangenendilemmas, wenn die Zahlen in der rechten Matrix als konkrete Ergebnisse gesehen werden. Wenn beispielsweise ein Spieler kooperiert und der andere rivalisiert, gibt der erste Spieler sich selbst einen Punkt und seinem Partner zwei Punkte, während der andere sich selbst zwei Punkte gibt und dem anderen keinen. Insgesamt erhält also der erste Spieler einen Punkt und der andere vier Punkte, genau wie in der Matrix rechts. Es läßt sich leicht sehen, daß die Lage in den anderen Fällen die gleiche ist.

Diese Umformulierung des Gefangenendilemmas läßt uns *das gleiche Spiel* völlig anders sehen. Wir können auch sagen, die beiden Spiele seien *logisch isomorph*, also logisch ununterscheidbar. Wenn nämlich ein logischer Gedankengang beim einen Spiel zur Zusammenarbeit (oder zum Wettbewerb) führt, führt er notwendigerweise auch beim anderen Spiel dazu. Aber aus ihrer logischen Ununterscheidbarkeit folgt nicht, daß sie psychologisch die gleichen sind; es ist möglich, daß eines der Spiele Menschen wesentlich häufiger kooperativ handeln läßt als das andere.

Die nächste Matrix ist eine Variante desselben Spiels:

	Für dich	Für den Partner
Kooperation	0	3
Konkurrenz	1	1

Man kann leicht berechnen, daß dieses Spiel nur eine andere Fassung des Gefangenendilemmas ist. Es ist logisch isomorph.

Psychologische Versuche haben gezeigt, daß die letzte Form des Spiels wesentlich mehr Kooperation unter den Spielern bewirkt als die ursprüngliche Form des Gefangenendilemmas, während die Matrix oben auf der vorhergehenden Seite zu weniger Zusammenarbeit führt. Wieder ist die Interpretation der Ergebnisse Geschmackssache. Wahrscheinlich löst die letzte Matrix deshalb so effizient Kooperation aus, weil diese Form sehr deutlich zeigt, daß wir *nur* dann viel gewinnen können, wenn der andere uns dazu verhilft, oder anders gesagt, wenn der andere kooperiert. Diese Variante des Spiels ist anscheinend jene, bei der Zusammenarbeit fast unvermeidbar ist.

4 Die Goldene Regel

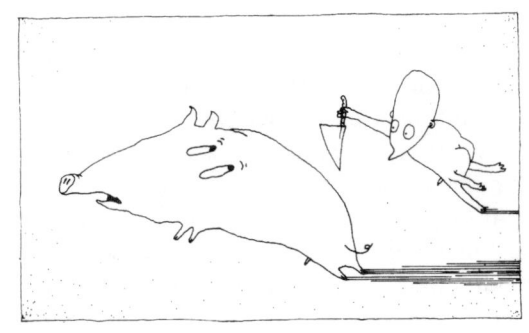

Wenn einer dies tut und der andere das, tun sie vielleicht doch das gleiche.

Die Welt, in der wir leben, ist nicht besonders erfreulich. Wir konnten nicht einmal ein so einfaches Problem wie das Gefangenendilemma befriedigend lösen. So witzig, klug und manchmal vielleicht auch erfolgreich die Umformulierung des Problems am Ende des vorigen Kapitels gewesen sein mag, sie nimmt dem Gefangenendilemma nicht wirklich den Stachel. Verrat und Konkurrenz sind nicht ausgeschlossen, und man muß bei jedem Schritt mit ihnen rechnen.

Logisches Denken war uns keine Hilfe bei der Suche nach einer annehmbaren Lösung für das Gefangenendilemma, denn es hat zu einer schlechten Lösung geführt, nämlich zur Verweigerung der Zusammenarbeit. Der einzige Hoffnungsschimmer war die Erkenntnis, daß Logik zwar in Fällen wie dem Gefangenendilemma die Zusammenarbeit ausschließt, nicht aber, daß es eine Welt geben könnte, in der solche Situationen nicht vorkommen können. Die Überlegungen des vorigen Kapitels ließen diese Möglichkeit zu, aber noch ist die Frage unbeantwortet, wie die Welt von Gefangenendilemmata befreit werden könnte. Offensichtlich würden wir dann in einer solchen Welt leben, wenn jeder notwendig und zwingend davon überzeugt wäre, daß die Vernunft generell Zusammenarbeit diktiert. Dieser Gedankengang kann jedoch nicht in vollkommener Allgemeinheit gültig sein, weil es in einem logischen System keine Regel geben kann, die für das angewandte System selbst gilt. Die wissenschaftliche Logik hat gezeigt, daß solche Regeln das Funktionieren der Logik unmöglich machen würden.

Vielleicht wäre der Verzicht auf Logik kein allzu hoher Preis für eine bessere Welt, solange diese Welt – über den Ausschluß von Gefangenendilemmata hinaus – andere nützliche Beiträge der menschlichen Vernunft bewahren würde. Das jedoch wäre ohne Logik schwierig, denn sie liegt ja auch der Mathematik, den Naturwissenschaften und sogar den meisten philosophischen Disziplinen zugrunde.

Glücklicherweise lassen sich Gefangenendilemmata mit all ihren peinlichen Konsequenzen auch aufgrund weniger einschneidender, noch mit der Logik verträglicher Grundsätze ausschließen. Das älteste derartige Prinzip war die Goldene Regel des chinesischen Philosophen Konfuzius, der etwa 500 vor Christus lebte; diese Regel findet sich auch in den Werken von Platon, Aristoteles und Seneca. Jesus Christus sagte es so: „Was ihr wollt, das euch die Leute tun sollten, das tut ihr ihnen auch." (Mt. 7,12).

Wenn diese Regel das Denken aller Menschen so tief durchdringen würde, daß keine andere Überlegung möglich wäre, würde jeder, der auf ein Gefangenendilemma stößt, denken: „Ich möchte so behandelt werden, daß ich möglichst sofort frei komme, weil das gut für mich wäre. Deshalb wähle ich die Lösung, die anderen eben das ermöglicht. Deshalb werde ich kooperieren und nicht gestehen." Wenn wir aber gleichzeitig auch unser herkömmliches logisches System bewahren wollen, bleibt der frühere Widerspruch bestehen, denn der zu Rivalität führende Gedankengang bleibt gültig.

Die Goldene Regel und die Logik

Die Tatsache, daß wir das Gefangenendilemma auf zwei einander widersprechende Weisen lösen können, bedeutet für die Logik, daß *entweder* der Gedankengang, der zur Goldenen Regel führt, nicht logisch ist *oder* daß es Situationen wie das Gefangenendilemma nicht gibt. Wenn der auf der Goldenen Regel beruhende Gedankengang für logisch gehalten wird, folgt *logisch* die Unmöglichkeit des Gefangenendilemmas, aber das ist nur ein formales Spiel. Wir würden gern mit unserem gesunden Menschenverstand verstehen und auch gefühlsmäßig erfassen, warum die Goldene Regel Situationen wie das Gefangenendilemma ausschließt.

Das Gefangenendilemma funktioniert (auf seine hinterhältige Art), weil wir angenommen haben, daß die Menschen das *eigene* Interesse im Sinn haben. Die von Jesus wiedergegebene Goldene Regel interpretiert das anders, denn sie läßt sich auch so formulieren: Sieh das Wohl deines Mitmenschen als dein Ziel. Wenn *beide* Spieler dieser Präferenzordnung folgen, sieht die Matrix für das Gefangenendilemma so aus (zur Erinnerung haben wir hier die Auszahlungsmatrix des ursprünglichen Gefangenendilemmas von Seite 58 nachgedruckt):

		Der andere gesteht nicht	Der andere gesteht			Der andere kooperiert	Der andere rivalisiert
Ich	gestehe nicht	3, 3	4, 1	Der eine	kooperiert	3, 3	1, 4
	gestehe	1, 4	2, 2		rivalisiert	4, 1	2, 2

Wieder zeigt die Matrix die Anordnung der möglichen Ergebnisse. *Mein* Interesse geht jetzt dahin, daß der andere sofort freikommt (ich erhalte 4 Punkte), das Zweitbeste ist, wenn er nur zu einem Jahr verurteilt wird (3 Punkte) und so weiter. Man sieht aus der Matrix sofort, daß die Logik mir jetzt vorschreibt, nicht zu gestehen, weil ich damit, unabhängig davon, was der Partner tut, besser dran bin (ich komme meinem Ziel so am nächsten). Die Matrix ist nicht mehr die des Gefangenendilemmas, denn den individuellen Spielstrategien werden hier andere Werte zugeschrieben.

Wenn wir also zu den Regeln der Logik die Goldene Regel hinzunehmen, ist das Spiel kein Gefangenendilemma mehr, vielmehr kommen individuelles und gemeinsames Optimum zusammen. In diesem Sonderfall bewährt sich also die Logik. Aber aus logischen Gründen wissen wir gleichfalls, daß die Goldene Regel Situationen von der Art des Gefangenendilemmas nicht nur hier, sondern auch in *jedem* anderen Fall den Garaus macht. Wenn die Goldene Regel gilt, gibt es keine Gefangenendilemmata. Situationen wie diese sind keine Gefangenendilemmata mehr. Nicht einmal der Verruchteste könnte einen Menschen, der im Sinn der Goldenen Regel denkt, einer so schmerzlichen Situation wie einem Gefangenendilemma aussetzen.

Die Sekretärinnen von Merrill Flood waren ein Beispiel dafür, wie eine solche Menschheit denken würde. Zudem könnte eine Menschheit ohne Gefangenendilemmata aus genauso vernünftigen Wesen bestehen wie die jetzige (falls die jetzige Menschheit überhaupt aus solchen Wesen besteht), weil alle anderen Regeln der Logik unverändert blieben. Eine Menschheit, die auf die Goldene Regel baut, brauchte auch auf keine der Errungenschaften von Mathematik, Naturwissenschaft oder Philosophie zu verzichten.

Im vorigen Absatz steckte eine kleine Ungenauigkeit. Die Goldene Regel ist keine logische Regel, das heißt, sie ist keine *Form der logischen Herleitung*, sondern sie bestimmt die *Logik der Wertewahl*, die für die traditionelle Logik gewöhnlich kein Thema ist. Die herkömmliche Logik – die Lehre von der richtigen Art der Herleitung – wird somit durch ein weiteres, ethisches Prinzip ergänzt. Dieses Prinzip widerspricht nicht der traditionellen Logik, aber es folgt auch nicht aus ihr. Die Logik ist in einer Welt, in der die Goldene Regel gilt, genauso gültig wie in einer, in der die Goldene Regel nicht gilt. In der Welt, in der die Goldene Regel nicht gilt, läßt sich logisch herleiten, daß sich

Zusammenarbeit in Situationen wie dem Gefangenendilemma nicht auszahlt; in der Welt, in der die Goldene Regel gilt, läßt sich zeigen, daß ein Gefangenendilemma eine lebensferne Konstruktion ist, die nicht wirklich existiert.

Der kategorische Imperativ

In unserer Welt hat die Logik der Goldenen Regel keine unbedingte Gültigkeit, und das liegt womöglich nicht nur an unserer Fehlbarkeit. George Bernard Shaw schreibt: „Tue anderen nicht, wie du möchtest, daß sie dir tun sollen. Vielleicht haben sie einen anderen Geschmack." Selbst wenn die Goldene Regel die Existenz von Situationen wie dem Gefangenendilemma ausschließt, verhindert sie andere Fallen nicht – und tatsächlich gibt es, wie wir später sehen werden, Dilemmata, bei denen die Anwendung der Goldenen Regel für alle Beteiligten deutliche Nachteile bringt.

Immanuel Kant bietet in seiner *Grundlegung zur Metaphysik der Sitten* eine noch allgemeinere Lösung an, wenn er das Grundgesetz der praktischen Vernunft, das er den Satz vom kategorischen Imperativ nennt, zur Grundlage seiner Ethik macht. Die bekannteste Fassung lautet wohl: „Handle so, als ob die Maxime deines Handelns durch deinen Willen zum allgemeinen Naturgesetz werden sollte." Eine *Maxime* ist ein praktisches Gesetz, das zugleich subjektiver, selbst gegebener Grundsatz ist und *in jeder gegebenen Situation* bestimmt, was der einzelne tun sollte. Kant nennt eine Regel *kategorisch*, wenn sie in jeder möglichen Situation *das gleiche* Verhalten vorschreibt. Beispiele für Maximen sind die Zehn Gebote (beispielsweise: Du sollst nicht töten!), aber auch alle anderen wichtigen ethischen Regeln. Nach Kant kann eine Maxime als Grundsatz für die allgemeine Gesetzgebung gelten, wenn ihre Anwendung nicht zu logischen Widersprüchen führt.

Kant sagt dann: „Der bloße Begriff des kategorischen Imperativs gibt auch die ‚Formel' an die Hand." Es ist in der Welt der ethischen Fragen selten, daß die streng formale Analyse der

Pflichten zu genau definierbaren Inhalten und Verhaltensweisen führt. Darauf beruht die Stärke des kategorischen Imperativs. In Kants Philosophie steht das Gesetz des kategorischen Imperativs über allen anderen Gesetzen. Er sagte, daß ihn zwei Dinge erstaunten: „Der gestirnte Himmel über mir und der kategorische Imperativ in mir." Die Maxime „beginnt" also durch den kategorischen Imperativ in uns als vollkommen rationalen, von jedem Schuldbewußtsein freien Wesen „zu sprechen". Nach Kant ist die Maxime seit undenklichen Zeiten Teil des menschlichen Wesens, unabhängig von Alter, Gesellschaft oder sozialen Bedingungen.

Kant führt viele Beispiele an für das Wirken des kategorischen Imperativs und die daraus folgenden ethischen Gesetze. Seine Beispiele sind jedoch für heutige Menschen nicht sehr überzeugend, obwohl sie erhellend sind. Kant wendet den Begriff der logischen Widerspruchsfreiheit ohne die heutzutage übliche Strenge an. Versuchen wir einmal, Kants Gedankengang auf die Situation des Gefangenendilemmas anzuwenden.

Kann ich überhaupt wollen, daß Konkurrenzverhalten zur universalen Maxime wird? Dann würde ich zu fünf Jahren Gefängnis verurteilt werden, und das widerspricht logischerweise der Tatsache, daß ich, falls ich mir Zusammenarbeit als universelle Maxime wünsche, nur zu einem Jahr Gefängnis verurteilt würde. Deshalb kann der kategorische Imperativ keinesfalls Konkurrenz vorschreiben. Es führt jedoch zu keinem ähnlichen Widerspruch, wenn Zusammenarbeit zur Maxime wird, deshalb ist sie die zu befolgende Verhaltensweise.

Diese Überlegung hat große Ähnlichkeit mit unserem zweiten logischen Gedankengang zu Beginn des vorigen Kapitels, der zur Wahl der Kooperation führte. Im wesentlichen stimmen die Gedankengänge sogar überein. Wir haben ähnlich wie Kant den Begriff des logischen Widerspruchs sehr locker angewendet, und tatsächlich können wir mit den Mitteln der Logik gar nicht ganz *allgemein* beweisen, daß eine Annahme nicht zu einem logischen Widerspruch führt. Diese Aussage folgt *mathematisch* aus Gödels Satz (S. 51). Der kategorische Imperativ kann nicht als allgemeine logische Formel angewendet werden. Trotzdem kann er in uns wirksam sein. Vielleicht ist dies der Grund, warum wir dem Gedankengang gut folgen können, der zu Zusammenarbeit führt, auch wenn er nicht streng logisch ist. Die menschliche Vernunft besteht nicht nur aus Logik.

Wir können zwar nicht *allgemein* beweisen, daß eine Maxime nicht zu Widersprüchen führt, wohl aber in *Sonderfällen*, in denen es nur endlich viele Wahlmöglichkeiten gibt. Das ist beispielsweise beim Gefangenendilemma der Fall, und damit stellt sich wieder die Frage: Warum folgt aus dem kategorischen Imperativ gemeinsam mit der Logik, daß es kein Gefangenendilemma gibt?

Die Antwort fällt hier anders aus als bei der Goldenen Regel, denn im Gegensatz zur Goldenen Regel verändert der kategorische Imperativ nicht die Präferenzordnung. Indem wir die Entscheidung als eine *ethische* Frage sehen, schließen wir jedoch – von Anfang an – eine Lösung aus, deren Ergebnisse unsymmetrisch wären, falls der kategorische Imperativ in allen Menschen wirksam ist und die Frage für jeden eine ethische ist. In der Welt der ethischen Fragen, also in einer Welt, in der kategorische Imperativ wirklich als letztes, unbedingtes Gesetz gilt, kann der Untersuchungsrichter die beiden Gefangenen nicht in die Zwickmühle bringen, indem er sagt: „Wenn du dies tust und der andere das, kommst du für so lange und der andere für so lange hinter Gitter." Das wäre genauso sinnlos, wie wenn er vorschlüge, sie freizulassen, falls sie sowohl Mann als auch Frau sind.

Der kategorische Imperativ und die Vielfalt

Was sagen die Goldene Regel und der kategorische Imperativ zum Eine-Million-Dollar-Spiel des *Scientific American*, das wir in Kapitel 2 beschrieben haben?

Die Aussage der Goldenen Regel ist eindeutig: Es wäre gut für mich, wenn ich eine Million Dollar gewönne. Deshalb muß ich dafür sorgen, daß andere gewinnen können, also mache ich bei dem Preisausschreiben nicht mit. Da ich auf diese Weise sicherlich niemandem Schaden zufügen kann, brauche ich mir keine weiteren Gedanken zu machen. Natürlich nimmt dann niemand teil am Spiel, und die günstige Gelegenheit ist für immer verpaßt, aber der Goldenen Regel zuliebe läßt sich dieser kleine gemeinsame Verlust verkraften. Man muß ja nicht jede Gelegenheit wahrnehmen.

Nach dem kategorischen Imperativ ist es weder richtig, bei dem Preisausschreiben mitzumachen, noch, sich nicht daran zu beteiligen, weil beide reinen Strategien (wir können auch sagen: beide möglichen Maximen) dazu führen, daß niemand etwas gewinnt, obwohl jemand etwas gewinnen könnte. Die Alternativen führen zu einem „logischen" Widerspruch. Die ursprünglich von Kant gegebene Formulierung des kategorischen Imperativs kann nicht mit einer ethischen Lösung dieses Spiels aufwarten.

Wir kennen jedoch schon andere Möglichkeiten, denn wir haben gesehen, daß das Problem mit einer gemischten Strategie gerecht und mit gleichen Chancen für alle gelöst werden kann. Die Frage bleibt offen, ob eine gemischte Strategie ethisch genannt werden kann.

Die Anwendung der gemischten Strategie verträgt sich nicht mit der Goldenen Regel, weil man sich nach dieser Regel nur dann ethisch verhält, wenn man nicht an dem Preisausschreiben teilnimmt. Das ist aber nicht notwendig unverträglich mit dem Gedanken des kategorischen Imperativs. Ich komme nicht notwendig zu einem logischen Widerspruch, wenn ich *will*, daß eine gemischte Strategie zur allgemeinen Maxime wird.

Ich führe die Überlegung fort: Wenn ich will, daß jeder eine gemischte Strategie verfolgt, die nicht die optimale gemischte Strategie ist, ist der erwartete Gewinn geringer, und das ist logisch unvereinbar mit der Bedingung, daß ich ein allgemeines Prinzip will, aufgrund dessen der Sieger möglichst viel gewinnt. Die optimale gemischte Strategie ist jedoch nicht im Widerspruch mit anderen möglichen gemischten oder reinen Strategien (genau aus diesem Grund ist sie optimal), und so kann ich ruhig wünschen, daß jeder nach dieser Maxime handelt.

Diese Herleitung ist logisch unvollständig, denn wie wir auf Seite 40 sahen, gibt es Strategien, die weder rein noch gemischt sind. Andererseits wissen wir schon, daß das Prinzip des kategorischen Imperativs von vornherein nicht zum Gesamtsystem der Logik paßt. Wir können also dieses kleine Loch in der Logik ignorieren und sagen, daß die optimale gemischte Strategie dem kategorischen Imperativ gehorcht, also eindeutig als ethisch gelten kann.

Das wiederum hat seltsame Folgen. Die Anwendung der optimalen gemischten Strategie kann in der gleichen Situation manchmal zur Teilnahme am Preisausschreiben führen und manchmal nicht. Also ist sowohl die Teilnahme als auch die Nichtteilnahme ethisch. Irgend etwas stimmt da nicht.

Die Frage der Teilnahme oder Nichtteilnahme betrifft nur die Oberfläche der Sache. Wesentlich ist, daß wir ehrlich würfeln und uns dem Ergebnis entsprechend verhalten. Deshalb handeln sowohl jene, die mitmachen, als auch jene, die nicht mitmachen, nach der gleichen Maxime, falls der kategorische Imperativ in ihnen allen wirkt. In Kapitel 2 sprachen wir über die imaginären Marsianer, die unauslöschlich und unausweichlich dadurch geprägt sind, daß sie ihre Entscheidungen in solchen Situationen nach der optimalen gemischten Strategie treffen. Nun könnte der *Mechanismus* dieser Prägung auch der kategorische Imperativ sein. Dann ähnelten diese Marsianer schließlich irgendwie doch Erdlingen, in denen ja, falls Kants Philosophie zutrifft, als höchstes ethisches Prinzip der kategorische Imperativ wirkt.

Unsere Überlegungen haben unsere Auffassung des Begriffs „kategorisch" beträchtlich verändert. Kant nannte eine Maxime kategorisch, wenn sie in allen möglichen Situationen das gleiche Verhalten vorschreibt. Diese Definition ist weiterhin gültig, aber das *Wesen* des Verhaltens hat sich in der Zwischenzeit verändert. Jetzt ist Verhalten nicht mehr das, was wir sichtbar tun oder nicht tun, ob wir beispielsweise mitmachen oder nicht, sondern bedeutet, daß wir würfeln und entsprechend handeln – doch das läßt sich von außen nicht beurteilen. Von außen lassen sich nur die Folgen beobachten, nämlich ob wir bei dem Preisausschreiben mitmachen oder nicht. Das Prinzip des kategorischen Imperativs steht also nicht notwendig im Widerspruch dazu, daß man in der gleichen Situation einmal dieses und einmal jenes tut.

Unser Verhalten kann in beiden Fällen von demselben streng ethischen Grundsatz geleitet werden.

Das Wesentliche läßt sich gut an einer biologischen Analogie (von der Kant sowenig wissen konnte wie von der Spieltheorie) verdeutlichen. Biologen sprechen von *Genotyp* und *Phänotyp*. Mit Genotyp bezeichnen sie das Erbgut, also die Gene, die die äußeren Kennzeichen des Lebewesens weitgehend festlegen, mit Phänotyp dagegen die Summe der spezifischen äußeren Merkmale, die weitgehend, aber nicht völlig, von den Genen bestimmt werden. Der Phänotyp entwickelt sich im Wechselspiel zwischen Genotyp und Umwelt. Im Rahmen dieses Vergleichs entspricht die Maxime dem unsichtbaren Genotyp, während sich der (bis jetzt weitgehend unbekannte) Mechanismus, durch den der Genotyp den Phänotyp mehr oder weniger bestimmt, mit dem kategorischen Imperativ vergleichen läßt.

Die Analogie ist nicht so willkürlich, wie sie auf den ersten Blick erscheinen mag. Die Spieltheorie hat gerade in der Biologie besonders tiefe und weitreichende Anwendungen gefunden, und das beruht zum Teil darauf, daß man die biologischen Interessen eines Lebewesens gut mit Hilfe einer einzelnen Zahl ausdrücken kann: Das Lebewesen will seinen eigenen Überlebenswert maximieren. In dieser Zahl werden auf natürliche Weise Werte, die qualitativ so unterschiedlich sind wie Nahrung und Freiheit, vereint und zu einer einzigen Größe zusammengefaßt. Außerdem hat die Biologie die Mechanismen der Vererbung schon sehr gründlich erforscht, und wir können uns deshalb ein ziemlich genaues Bild davon machen, wie die Dinge oder Größen, mit denen die Spieltheorie zu tun hat, die abstrakten Spiele der Spieltheorie verwirklichen können. Wir wissen heute viel genauer über die Mechanismen der Genetik Bescheid als über unser ethisches Gespür.

Der Kampf der Geschlechter als Spiel

Ein junges Paar hat morgens eine erregte Auseinandersetzung über die Gestaltung des Abends. Der junge Mann schlägt vor, zum Boxkampf des Jahrhunderts zu gehen, wohingegen die junge Frau lieber ein Rockkonzert besuchen möchte. Weil ihnen nicht genug Zeit bleibt, um zu einer Übereinstimmung zu kommen, gehen die beiden unversöhnt zur Arbeit und finden auch am Tag keine Gelegenheit zum Gespräch. Beide sind erst kurz vor sieben Uhr am Abend mit der Arbeit fertig, müssen sich also unabhängig voneinander entscheiden, wo sie um sieben Uhr sein wollen, wenn der Boxkampf und das Konzert beginnen.

Damit dieses Problem zu einem Problem der Spieltheorie wird, müssen beide Spieler klare Präferenzen haben. Unser Paar hat sie: Vor allem möchten beide den Abend gemeinsam verbringen, erst an zweiter Stelle wollen sie allein zum jeweils bevorzugten Ereignis gehen. Für beide von ihnen wäre es das schlimmste, den Abend getrennt zu verbringen, vor allem, wenn die junge Frau den Boxkampf besucht und der junge Mann das Konzert hört. Diese Möglichkeit ist ihnen jeweils nur einen Punkt wert. Sie finden es etwas besser, wenn sie den Abend getrennt verbringen, aber jeder an seinem bevorzugten Ort (zwei Punkte für jeden). Die Frau würde am liebsten mit ihrem Partner zusammen zum Konzert gehen (vier Punkte), aber fast genausogern zum Boxkampf (drei Punkte). Für den Mann ist es gerade andersherum. Die Spieltabelle ist also die folgende.

		Die junge Frau	
		zum Boxkampf	zum Konzert
Der junge Mann	zum Boxkampf	4, 3	2, 2
	zum Konzert	1, 1	3, 4

Wenn wir die Matrix betrachten, bemerken wir bald, daß hier wieder eine Falle lauert. Schauen wir einmal, was die Gesetze der Ethik dazu sagen.

Nach der Goldenen Regel überlegt die junge Frau: Ich gehe zum Boxkampf, weil das gut ist für meinen Partner. Der junge Mann denkt: Ich gehe ins Konzert, weil das gut ist für meine Partnerin. Also tritt der schlimmste Fall ein. Wenn die beiden aber den Worten Jesu genau folgten, müßte die Frau denken: „Ich möchte gern so behandelt werden, daß mein Partner zum Konzert geht. Deswegen gehe ich auch dahin." Aus dem gleichen Grund geht der junge Mann zum Boxkampf. Sie verbringen den Abend zwar immer noch getrennt, aber doch zumindest ein wenig angenehmer als im ungünstigsten Fall.

Wenn also die Goldene Regel entweder gedeutet wird als: „Tu, was für den anderen gut ist" oder als: „Tu, was du möchtest, daß andere dir tun", kommen wir nicht unbedingt zu dem gleichen Ergebnis. Trotzdem ist die übliche Gleichsetzung der beiden Deutungen nicht falsch, wenn wir die einzelnen Strategien nur etwas abstrakter sehen (vielleicht sollten wir sagen: Wir müssen sie aus den Höhen der Ethik betrachten) und feststellen, daß die möglichen Strategien den beiden Menschen eine selbstsüchtige und eine selbstlose Alternative lassen. Die egoistische Alternative des jungen Mannes ist, zum Boxkampf zu gehen, seine selbstlose Wahl ist das Konzert. Für die junge Frau ist es natürlich genau andersherum. Wenn man nun die Goldene Regel buchstäblich anwendet, könnten beide denken: „Ich möchte gern, daß der andere die selbstlose Strategie verfolgt, deshalb tue ich das auch." Wenn man die Goldene Regel als Gesetz interpretiert, sieht man darin also nicht ohne Grund das Gebot der Güte und des Altruismus, obwohl sie hier zu dem schlechtestmöglichen Ergebnis führt. Hier war Shaws „umgekehrte Goldene Regel" am Werk.

Vielleicht ist es etwas frivol, diese kleine Auseinandersetzung als schwerwiegendes ethisches Problem zu behandeln, aber schauen wir uns trotzdem einmal an, wozu das Prinzip des kategorischen Imperativs in der ursprünglichen Kantschen Deutung führt. Wie wir sahen, können wir asymmetrische Fälle ignorieren. Damit bleiben zwei Fälle übrig, und bei beiden ist es besser „für mich" (ganz gleich, ob ich der Mann bin oder die Frau), wenn ich die egoistische Strategie verfolge. Folglich schreibt der kategorische Imperativ dem jungen Mann vor, zum Boxkampf zu gehen, und der Frau, das Konzert zu besuchen. Das ist zwar besser als das Ergebnis der Goldenen Regel, aber noch weit von der besten Lösung entfernt.

Was sagt die Spieltheorie dazu? Im Sinn der gemischten Strategie werden sowohl der Mann als auch die Frau würfeln und ihre Entscheidung entsprechend treffen. Die einzige Frage ist, wie viele Seiten der Würfel haben sollte, oder anders gesagt, mit welcher Wahrscheinlichkeit sie zum bevorzugten Ort gehen werden. Man kann berechnen, daß die beiden zusammen die höchstmögliche Punktzahl erreichen, wenn

- der Mann mit einer Wahrscheinlichkeit von $5/8$ zum Boxkampf geht und mit einer Wahrscheinlichkeit von $3/8$ zum Konzert,

- die Frau mit einer Wahrscheinlichkeit von $5/8$ zum Konzert geht und mit einer Wahrscheinlichkeit von $3/8$ zum Boxkampf.

In diesem Fall (wenn wir alle Möglichkeiten der Abendgestaltung mit den entsprechenden Wahrscheinlichkeiten in Betracht ziehen) erhalten sie insgesamt wahrscheinlich $5\,1/8$ Punkte. Das ist zwar viel weniger als die 7 Punkte, die sie erhalten würden, wenn sie den Abend an einem der Orte zusammen verbringen, aber auch viel mehr als die $2 \times 1 = 2$ Punkte, die sie erhalten, wenn sie der Goldenen Regel folgen, oder als die $2 \times 2 = 4$ Punkte, die sie aufgrund des kategorischen Imperativs erreichen.

Ähnlich wie die von der Spieltheorie nahegelegte Lösung des Eine-Million-Dollar-Spiels ist auch diese Lösung vollkommen verträglich mit dem Prinzip des kategorischen Imperativs, falls beide von ihnen den richtigen Würfel werfen (einen, der entsprechend der obigen Wahrscheinlichkeit zugunsten des Boxkampfes beziehungsweise des Konzerts entscheidet) und falls beide das tun, was der Würfel anzeigt.

Die Grundformen von Zweipersonenspielen mit gemischter Motivation

John von Neumann merkte dank seiner überwältigenden Fähigkeit zur begrifflichen Abstraktion, daß sich Spiele (zumindest jene, deren Regelsystem eindeutig beschrieben werden kann und bei denen sich die Spieler ihrer – realen oder eingebildeten – Interessen voll bewußt sind) in Zahlenmatrizen ausdrücken lassen, wie wir es im Fall des Gefangenendilemmas und beim Kampf der Geschlechter bereits getan haben. Natürlich lassen sich die Matrizen noch verfeinern: Vielleicht spielen die beiden Tankstellenbesitzer das Spiel vom Gefangenendilemma im Sommer auf der Grundlage anderer Zahlen und Profite als im Winter, vielleicht haben die beiden Tankstellen sogar unterschiedliche Betriebskosten; das Spiel ist also unter Umständen nicht vollkommen symmetrisch. Vielleicht fühlt sich der junge Mann beim Konzert weniger deplaziert als die junge Frau beim Boxkampf: All das läßt sich erfassen, indem man die entsprechenden Zahlen in die Matrix einsetzt. Wir verdanken John von Neumann die begrifflichen und mathematischen Mittel, mit solchen Matrizen umzugehen; auch der Begriff der gemischten Strategie stammt von ihm.

Wenn wir schon einmal ein solches effizientes Begriffssystem zur Verfügung haben, lohnt es sich, die Grundlagen unserer alltäglichen Spiele und gesellschaftlichen Dilemmata und Zwickmühlen damit zu untersuchen. Welche Matrizen beschreiben die grundlegend verschiedenen strategischen Situationen, und mit welchen Methoden lassen sich die wichtigen Spielformen behandeln? Das Leben schafft natürlich keine so sterilen und abstrakten Situationen wie das Gefangenendilemma, aber wenn wir mit den „alten Tricks", den Grundformen der Dilemmata und Konflikte und ihren Mechanismen, vertraut sind, haben wir viel bessere Aussichten, konkrete Probleme zu lösen, als wenn wir im dunkeln tappen und die Falle erst bemerken, wenn wir bereits feststecken.

Wir bleiben bei Zweipersonenspielen und beschränken sie sogar auf die Fälle, bei denen die Spieler nur zwei Wahlmöglichkeiten haben. Dann ist die erste Frage, welche Grundformen wir finden können. Wir kennen schon zwei, nämlich das Gefangenendilemma und den Kampf der Geschlechter. Gibt es andere Konfliktsituationen, denen ganz andere Mechanismen zugrunde liegen?

Um diese Frage zu beantworten, werden wir weiter die *Präferenzordnung* der möglichen Ergebnisse untersuchen, wobei wir die Stärke der Präferenz außer acht lassen. Wir müssen uns alle Matrizen noch einmal ansehen, in denen den Spielern in verschiedenen Kombinationen 1, 2, 3 und 4 Punkte zugeschrieben werden. Es gibt 78 wesentlich verschiedene derartige Matrizen, von denen 12 die Bedingung erfüllen, daß die Spieler in einer symmetrischen Situation sind, aber nur 4 davon können als Falle beschrieben werden. Das folgende ist eine Form des Spiels, die keine Falle darstellt.

	Wahlmöglichkeit des 2. Spielers	
	1.	2.
Wahlmöglichkeit des 1. Spielers 1.	4, 4	2, 3
2.	3, 2	1, 1

Hier sollten beide Spieler offenbar nur die Strategie 1 wählen, sonst sind beide schlechter dran. So erreichen sie automatisch, ohne jeden Konflikt, das gemeinsame Optimum.

Wir kennen schon zwei der vier möglichen symmetrischen Zweipersonenspiele mit zwei Alternativen; jetzt verschaffen wir uns einen Überblick über alle vier Matrizen. *Koop* bedeutet kooperativ, *Komp* bedeutet kompetitiv.

Gefangenendilemma

		II.	
		Koop	Komp
I.	Koop	3, 3	1, 4
	Komp	4, 1	2, 2

Kampf der Geschlechter

		II.	
		Koop	Komp
I.	Koop	1, 1	3, 4
	Komp	4, 3	2, 2

Anführer

		II.	
		Koop	Komp
I.	Koop	2, 2	3, 4
	Komp	4, 3	1, 1

Chicken

		II.	
		Koop	Komp
I.	Koop	3, 3	2, 4
	Komp	4, 2	1, 1

Das Spiel „Anführer" hat große Ähnlichkeit mit dem Kampf der Geschlechter, aber hier führt Zusammenarbeit (wie die Goldene Regel sie vorschreibt) nicht zum schlechtesten Ergebnis, denn Rivalität ist noch schlimmer. Ein ähnlicher Spielverlauf ergibt sich, wenn zwei übermäßig höfliche Menschen einander an einer Tür den Vortritt lassen wollen. Hier besteht die kompetitive Strategie darin, dem anderen unbedingt den Vortritt zu lassen. Der Kooperative nimmt es auf sich, vom anderen als unhöflich verachtet zu werden, und ist bereit, als erster zu gehen. Die schlimmste Lösung ist, wenn sie miteinander rivalisieren, weil sie dann vor der Tür verhungern. Etwas besser ist es, wenn sie kooperieren und sich gleichzeitig durch die Tür zwängen, denn dann kommen sie doch wenigstens – wenn auch etwas zerknittert – beide hindurch. Wenn einer der Spieler rivalisiert und der andere kooperiert, kommen sie beide leicht hindurch, aber die kompetitive Person ist etwas besser dran, weil sie nicht nur rasch durch die Tür kommt, sondern auch die andere wegen ihrer Unhöflichkeit verachten kann. Die Geschichte klingt etwas künstlich, und das Spiel hat keine besonders interessanten psychologischen oder spieltheoretischen Aspekte, außer daß solche Dinge tatsächlich passieren. Als interessanter hat sich das Spiel erwiesen, das hier „Chicken" genannt wird.

Das Spiel Chicken

Das Spiel erhielt seinen Namen nach dem amerikanischen Film *Rebel without a Cause (... denn sie wissen nicht, was sie tun)*. In diesem 1955 gedrehten Film, der viele Nachfolger hatte, fahren Jugendliche in Los Angeles mit alten Autos auf einen Abgrund zu; wer zuletzt hinausspringt, ist Sieger. Eine Variante ist ein sogenanntes *Chicken race,* bei dem Jugendliche mit gestohlenen Autos auf einer engen Straße mit hoher Geschwindigkeit aufeinanderzufahren. Wer dem anderen ausweicht, ist das von der ganzen Gang verachtete Chicken, der Angsthase.

Die Auszahlung läßt sich bei diesem Spiel an der unter Chicken gezeigten Matrix ablesen. Als Mitspieler erreiche ich das beste Ergebnis, wenn ich bis zum Ende aushalte (konkurriere) und der andere ausweicht (kooperiert). Es ist etwas besser, wenn beide ausweichen, weil ich dann am Leben bleibe und der andere mich nicht als Angsthase bezeichnen kann. Aber es ist immer noch besser, ein Feigling zu sein, als frontal zusammenzustoßen.

Dieses Autorennen ist eigentlich ein Spiel, das über viele Runden geht, weil beide Spieler immer wieder neu entscheiden müssen, ob sie einander ausweichen oder nicht. Schließlich jedoch kommt der Augenblick der Wahrheit. Für den, der dann nicht ausweicht, gibt es kein Zurück mehr, weil der Zusammenstoß nun unvermeidbar ist. In genau diesem Augenblick müssen die Spieler ihre Entscheidung unabhängig voneinander treffen, ohne zu wissen, was der andere beschließt – die Spielmatrix ist dann genau die gleiche wie die Chicken-Matrix.

Darin liegt das Wesentliche der Chicken-Spiele des Lebens: Eine einzige Entscheidung ist die endgültige, aber ihr geht ein längeres oder kürzeres Vorspiel voraus, und die Entscheidung der Spieler hängt weitgehend von den Schlüssen ab, die sie aus dem Vorspiel ziehen. Wenn es einem der Spieler gelingt, den anderen davon zu überzeugen, daß er unerschrocken genug ist, unter keinen Umständen auszuweichen, ist der andere gezwungen, selbst auszuweichen, um das Schlimmste zu verhindern. Das Überzeugen kann mit allen möglichen Mitteln passieren. Hermann Kahn schreibt dazu: „Ein ‚geschickter‘ Hasardeur wird sich in betrunkenem Zustand hinter das Steuer setzen und Whiskyflaschen aus dem Fenster werfen, um keinen über seinen Zustand im unklaren zu lassen. Seine Sicht ist durch dunkle Brillengläser stark behindert: In voller Fahrt wirft er das Lenkrad aus dem Fenster. Wird er hierbei von seinem Gegenspieler beobachtet, so hat er gewonnen; sonst wird er Schwierigkeiten bekommen, übrigens auch dann, wenn beide diesen Trick anwenden."

Diese Strategie ist vielleicht nicht besonders rational, aber sie erfüllt vermutlich ihren Zweck. Wenn beide diese Strategie befolgen, ist der Ausgang sicherlich tödlich, aber es ist riskant, das nicht zu tun, weil der Spieler, der es nicht tut, den Gegner geradezu auffordert, diese Strategie zu verfolgen. Je unvernünftiger jemand Chicken spielt, um so sicherer ist ihm der Sieg.

Beim Gefangenendilemma war die Sache anders. Unabhängig davon, was mein Gegner tat, war ich persönlich besser dran, wenn ich rivalisierte. Dort diktierte die Vernunft kompetitives Verhalten, selbst wenn ich erkannte oder intuitiv fühlte, was der andere tun würde. Hier jedoch ist es ratsam, daß ich kooperiere, wenn mein Gegner rivalisiert, aber wenn mein Gegner kooperiert, bin ich besser dran, wenn ich rivalisiere. Wenn ich nicht weiß, was der Gegner tun wird, hält die Vernunft keinen eindeutigen Ratschlag bereit. Die Irrationalität jedoch kann uns helfen, den Gegner davon zu überzeugen, daß für ihn die einzig vernünftige Lösung die Kooperation ist.

Bei diesem Spiel hat die wechselseitige Kooperation nur dann eine Chance, wenn beide Parteien einander deutlich vor Augen führen, daß Kooperation für sie gar nicht in Frage kommt. Der Spieler, der nicht bereit ist, das größte Risiko einzugehen, ist bei Chicken-Spielen ein sicherer Verlierer. Solche Spiele sind häufig.

Vor dem Zweiten Weltkrieg wagte der britische Premierminister Neville Chamberlain nicht, das Schlimmste – den Krieg – zu riskieren, und deshalb konnte Hitler anfänglich mehrere Spiele vom Typ Chicken gegen ihn gewinnen. Erst Churchill erkannte diese Spielstruktur und zwang England in den Krieg.

Während der Kubakrise 1962 analysierten die Berater von US-Präsident John F. Kennedy die Lage mit den Methoden der Spieltheorie und wiesen früh nach, daß dieser Konflikt die Kennzeichen des Chicken-Spiels hatte. Das half Kennedy, die Sowjetunion rechtzeitig davon zu überzeugen, daß er nicht bereit war, in dieser Frage irgendwelche Kompromisse einzugehen. Es gelang ihm, Chruschtschow klar zu machen, daß die USA auch vor einem Atomkrieg nicht zurückschreckten. Schließlich riß Chruschtschow das Steuer herum.

Die Spieltheorie ist eine abstrakte Disziplin, die mit rationalen Entscheidungen zu tun hat. Gerade dieser Wissenschaftszweig konnte beweisen, daß das einzig mögliche rationale Verhalten gelegentlich irrational ist. Das zeigt, wie wirkungsvoll die Theorie ist.

Wir konnten die möglichen Kombinationen der Spiele mit zwei Wahlmöglichkeiten relativ einfach überblicken und zeigen, daß es unter ihnen vier unterschiedliche Situationen mit Fallen gibt. Wenn beide Spieler drei Möglichkeiten zur Wahl haben, gibt es fast zwei Milliarden verschiedene Spiele. Bis jetzt hat wohl niemand das Bedürfnis verspürt, sie alle aufzuschreiben, zumal es unwahrscheinlich ist, daß das zu radikal neuen Gedanken führen würde. Die wesentlichen Fallenmechanismen ließen sich an den obigen vier Spielen zeigen. Wirkliche Konflikte im Leben bestehen gewöhnlich aus komplexen und chaotischen Kombinationen dieser vier Formen.

Asymmetrische Spiele

Spiele sind dann asymmetrisch, wenn die Spieler nicht in der gleichen Situation sind oder wenn ihre Situation zwar symmetrisch ist, ihre Präferenzordnung sich aber unterscheidet. Vielleicht ist der Unterschied nur gering, beispielsweise, wenn etwa der junge Mann es ein bißchen mehr bedauerte, den Boxkampf des Jahrhunderts zu versäumen, als die junge Frau ihr Konzert vermissen würde. In diesem Fall ist das Spiel nicht sehr verschieden von seinem symmetrischen Gegenstück, und die grundlegenden Mechanismen werden durch Unterschiede in der Bewertung nur wenig beeinflußt. Aber die Interessen der Spieler können sich auch radikal unterscheiden, und in diesen Fällen kann sogar die Zuordnung der Werte zu den möglichen Ergebnissen verschieden sein. Beispielsweise kann, jeweils entsprechend der eigenen Sichtweise, einer der Spieler die Spielsituation als ein Chicken-Spiel wahrnehmen, der andere jedoch als Gefangenendilemma.

Der weise König Salomon mußte einmal in der folgenden Situation Recht sprechen: Zwei Frauen behaupteten, sie seien die Mutter desselben Kindes, wobei eine die wirkliche Mutter war und die andere eine Lügnerin. König Salomon gab daraufhin den Befehl, das Kind mit einem Schwert zu zerteilen und jeder der Frauen eine Hälfte zu geben. Als eine der Frauen

sofort auf ihren Anspruch verzichtete, sprach König Salomon ihr das Kind zu.
Wer über die Weisheit des Königs Salomon verfügt, braucht keine Spieltheorie. Falls wir mit weniger Weisheit gesegnet sind, können wir die Lösung mit Hilfe des Begriffssystems der Spieltheorie finden. Offenbar hat die echte Mutter andere Wünsche als die Lügnerin, das Spiel ist also asymmetrisch. Für die Mutter verläuft das Spiel nach der Logik von Chicken, und sie erkennt zudem, daß die andere Frau zur Rivalität entschlossen ist. Die Lügnerin hat eine andere Präferenzordnung. Für sie wäre es das schlimmste, wenn die andere Frau das Kind erhielte; deshalb ist es für sie etwas besser, wenn das Kind getötet wird. Die Präferenzordnung der Lügnerin entspricht jener beim Gefangenendilemma. Die Spieltheorie sagt also das Verhalten beider Frauen genau vorher. Die Weisheit des Königs Salomon besteht darin, daß er die ursprüngliche Asymmetrie des Spiels erkannte und eine Situation herstellte, die zu vorhersagbaren deutlichen Unterschieden im Verhalten führen mußte.

Dollarauktion und ethische Grundsätze

Die Dollarauktion ähnelt in mancher Hinsicht sowohl dem Gefangenendilemma als auch Chicken. Ein Spieler kann bei jedem Zug entscheiden, ob er aufhört zu bieten, was einer kooperativen Lösung entspricht, oder weitermacht, was Konkurrenz bedeutet. Man kann aber darüber streiten, ob es für mich schlimmer ist, wenn ich nicht mitsteigere und der andere das Geld bekommt oder wenn beide bieten und der Preis des Dollars in möglicherweise unabsehbare Höhen klettert. Kurzfristig gesehen, mag der erste Fall schlimmer erscheinen, weil man nicht vorhersagen kann, wie hoch die Gebote gehen werden. In diesem Fall verläuft die Dollarauktion nach dem System des Gefangenendilemmas. Wenn wir aber die Mechanismen der Eskalation kennen, hat das Spiel mehr Ähnlichkeit mit Chicken; die Verhaltensweisen, die wir im wirklichen Leben beobachten, haben stärkere Ähnlichkeit mit der Situation bei Chicken.

Wir sind möglicherweise entsetzt darüber, daß die Zusammenarbeit beim Gefangenendilemma unter fünfzig Prozent liegt, aber bei der Dollarauktion ist es noch viel schlimmer, denn dort ist die Zusammenarbeit minimal. Selbst wenn die Gebote nur bis zu fünfzig Cents gehen – was nach den Ergebnissen der Experimente von ungewöhnlicher Zurückhaltung zeugt –, wird erst mehrfach rivalisierend gesteigert, bis es zu dieser einen Zusammenarbeit kommt.

Die Tit-for-Tat-Strategie, die sich als eine recht stabile Lösung für Situationen erwiesen hat, die dem Gefangenendilemma entsprechen, fördert sowohl bei Menschen wie auch bei Stichlingen die Entwicklung von Zusammenarbeit. Bei der Dollarauktion führt diese Strategie jedoch zur Katastrophe, wenn auch nur ein einziger Mensch ein Gebot abgibt. Der Gegner reagiert darauf und überbietet ihn, woraufhin der ihn wieder überbietet und so weiter – nach dem TFT gibt es kein Halten mehr.

Man kann behaupten, die Dollarauktion sei selbst dann, wenn nur ein Mensch ein Gebot abgibt, kein TFT, weil die Strategie des ersten Bieters nicht „freundlich" ist. Aber anders als beim Gefangenendilemma wird die Chance verpaßt, 99 Cents Profit zu machen, wenn niemand ein Gebot abgibt. Vielleicht sollte man den, der einen Cent bietet, nicht als Rivalen sehen, weil er nur die Gefahr abwehrt, daß der Auktionator eine großartige Gelegenheit hat, die ganze Gruppe als „Trottel" zu bezeichnen. Aber der andere, der sich genausogern „opfern" und einen Cent für einen Dollar geben würde, sieht das nicht so – und er hat recht. Es ist buchstäblich so, wie Kinder oft sagen: Es hat damit angefangen, daß der andere zurückgeschlagen hat. Solche Anfänge führen fast immer zu Spielen von der Art der Dollarauktion mit all ihren Kennzeichen.

So war es auch beim nuklearen Aufrüsten: Die einzelnen Schritte des Spiels lassen sich als ein Gefangenendilemma sehen, aber *als Prozeß* zwischen den USA und der UdSSR lief das Wettrüsten ab wie eine Dollarauktion. Wenn sich eine Seite aufgrund technischer Erfindungen, Entdeckungen oder durch Spionage einen Vorteil verschaffen konnte, übertrumpfte sie die andere, bis einer der Partner aufgab. Dazu kam noch, daß der erste Schritt – die USA entwickelten die Atombombe – nicht verurteilt werden konnte, weil er nicht gegen die Sowjetunion gerichtet war, sondern gegen ihren damaligen gemeinsamen Feind.

Die Goldene Regel schreibt im Fall der Dollarauktion vor, nicht zu bieten, weil man die anderen nicht veranlassen möchte, ein Gegengebot zu machen. Die Goldene Regel verhindert also wieder, daß man in eine Falle geht, entzieht der Gemeinschaft aber genau wie beim Eine-Million-Dollar-Spiel auch den Gewinn. Beim Dollarauktionspiel wäre es theoretisch möglich, daß die Spieler durch das Los entscheiden, wer ein Gebot von einem einzigen Cent machen sollte. Das läßt sich jedoch in Wirklichkeit nicht durchführen, weil die Spielregeln – wie bei jeder Auktion – die Kommunikation zwischen den Spielern verbieten. Der Auktionator würde sofort einschreiten.

Wenn der kategorische Imperativ auf reine Strategien angewandt wird, besagt er das gleiche wie die Goldene Regel: Biete nicht, weil jeder verlieren würde, wenn Bieten die allgemeine Maxime wäre, und das ist ein logischer Widerspruch zu unserem Ziel – zu verhindern, daß wir bei dem Spiel verlieren.

Wenn wir auch gemischte Strategien in Betracht ziehen, legt der kategorische Imperativ wieder etwas anderes nahe. Bei einem Zweipersonenspiel beispielsweise ist das folgende Verhalten eine bessere Maxime, als überhaupt nicht zu bieten: „Immer wenn ein Gebot gemacht werden kann, werfe man eine Münze und biete dann, wenn sie Kopf zeigt, aber nicht, wenn Zahl oben liegt." Wenn beide Spieler so spielen, ist es unwahrscheinlich, daß sie mehr als nur wenige Cent für den Dollar zahlen müssen, weil es unwahrscheinlich ist, daß oft nacheinander Kopf fällt. Es bleibt natürlich noch zu begründen, warum die Spieler mit einer Wahrscheinlichkeit von fünfzig Prozent bieten sollten. Ist die Gefahr nicht zu groß, daß am Schluß niemand bietet und so die gute Gelegenheit verpaßt wird? Die Frage lautet: Welche Strategie ist die optimale gemischte Strategie, bei der der erwartete Gewinn der Spieler am größten ist? Das ist jedoch keine Frage der Ethik, sondern eine der Mathematik.

Wir haben das Spiel ein wenig vereinfacht, indem wir nicht zwischen dem Erstgebot und den folgenden Geboten unterschieden haben. Während zuerst beide Spieler bieten können, muß anschließend immer nur einer der Spieler entscheiden, ob er weiterbietet oder nicht. Die folgende Maxime könnte als eine bessere Lösung erscheinen als die frühere: „Verwende eine gemischte Strategie, um über das Anfangsgebot zu entscheiden, aber biete unter keinen Umständen zwei Cents." Die Spieler würden dann nicht mehr als einen Cent für den Dollar zahlen und so ihren gemeinsamen Profit maximieren. In diesem Fall jedoch entscheiden dann Überlegungen, die außerhalb des Bereichs der Ethik liegen, darüber, wer das Geld erhält, wenn beispielsweise beide Spieler Kopf werfen (z.B. der schnellere Spieler). Das mathematische Modell des Spiels läßt sich verbessern, aber das Ergebnis bleibt immer gleich. Die Suche nach einer universalen Maxime, die für jeden gültig ist und nur auf ethischen Prinzipien beruht, kann zu der Strategie führen, daß man mit einer gewissen (ziemlich geringen) Wahrscheinlichkeit ein Gebot von zwei, drei oder sogar mehr Cents macht.

Über die Begriffe Kooperation und Rationalität

Beim Spiel Chicken führen ähnlich wie beim Gefangenendilemma sowohl die Goldene Regel als auch der kategorische Imperativ, wie Kant ihn verstand, zu wechselseitiger Zusammenarbeit. Aber keines der beiden ethischen Gesetze bringt beim Krieg der Geschlechter oder beim Spiel Anführer eine Lösung, die für alle am besten ist. Tatsächlich zeigt der spieltheoretische Ansatz, daß diese ethischen Grundsätze sogar in entgegengesetzten Ergebnissen münden können. Man kann den entscheidenden Unterschied zwischen den beiden Grundsätzen auch darin sehen, daß sich die Anwendung der gemischten Strategien leicht an den kategorischen Imperativ anpassen läßt, nicht aber an die Goldene Regel. Wenn zwei Menschen in bezug auf eine Frage die gleiche Präferenzordnung haben, schließt die Goldene Regel die Möglichkeit aus, daß zwei gleich ethische Menschen unterschiedlich handeln, der kategorische Imperativ aber nicht.

Der Begriff der Ethik war sowohl aus philosophischer wie auch aus praktischer Sicht lange problematisch. Wir können eine Maxime nur dann ethisch nennen, wenn sie Menschen zu kooperativem Verhalten führt. Spieltheoretische Überlegungen haben jedoch gezeigt, daß die Begriffe Rationalität und Kooperation ziemlich unklar sind.

Das läßt sich am Beispiel der Matrizen der vier grundlegenden Spiele auf Seite 87 aufzeigen. Bei den Spielen Gefangenendilemma, Anführer und Chicken war Kooperation eine Strategie, mit deren Hilfe bessere Ergebnisse erreicht werden konnten, wenn beide Spieler gemäß dieser Strategie handelten. Beim Kampf der Geschlechter ist das jedoch nicht der Fall. Man könnte natürlich sagen, daß die Etiketten der beiden Strategien (kooperativ und kompetitiv) in der Matrix ausgetauscht werden sollten. Aber dann würde die kooperative Strategie bedeuten, daß man seinen egoistischen Interessen folgt. Das klingt ziemlich seltsam. Vermutlich können wir den Begriff Kooperation definieren, wie wir wollen, und immer leicht ein Spiel finden, bei dem ebendieser Begriff zu einem absurden Ergebnis führt.

Noch schwieriger ist die Lage im Hinblick auf den Begriff der Rationalität. Der Begriff der Rationalität (oder der reinen Vernunft) ist nicht eindeutig definiert, und in Kenntnis der Spieltheorie können wir sagen, daß er auch unmöglich eindeutig definiert sein kann. Ein Spiel ist schließlich lediglich eine Zahlenmatrix, und zu jeder beliebigen Zahlenmatrix läßt sich auch das entsprechende Spiel finden. *Wir können für jeden konkreten Begriff von Rationalität eine Zahlenmatrix (also ein Spiel) finden, so daß der gegebene Rationalitätsbegriff für beide Spieler zu einem vollständigen Mißerfolg führt.* Es ist eine logische Folge aus Gödels Satz (Seite 51), daß sich eine solche Zahlenmatrix auch dann konstruieren läßt, wenn wir beiden Spielern gemischte Strategien erlauben. Sie sagen mir, was Sie unter Rationalität verstehen, und ich sage Ihnen, welches Spiel wir spielen. Da ich Gödels Satz kenne, werde ich sicher in der Lage sein, ein Spiel zu finden, bei dem uns Ihr Begriff von Rationalität in die Irre führt. Wenn wir alle nach Ihrem Begriff spielen würden, würden wir alle verlieren, während wir alle gewinnen würden, wenn wir einen anderen Rationalitätsbegriff hätten.

Das Gefangenendilemma war ein konkretes Spiel, das den traditionellen Begriff der auf reiner Vernunft beruhenden Rationalität in Frage stellte. Wir konnten ihm auf zwei Weisen den Stachel rauben, nämlich indem wir entweder die Goldene Regel oder den kategorischen Imperativ in unser Gedankensystem aufnahmen. Dann existierte das Gefangenendilemma nicht mehr. Der Kampf der Geschlechter führte jedoch wieder zu einem Durcheinander; die Goldene Regel war hier nicht hilfreich, wohl aber – mit Hilfe der gemischten Strategien – der kategorische Imperativ. Nun wissen wir schon, daß auch dies nicht die letzte Form der Rationalität sein kann. Damit wir die immer neu auftauchenden Probleme lösen können, werden wir gezwungen sein, immer wieder neue Formen der Rationalität zu finden.

5 Der Bluff

Manche Yogis können sich mit einer langen Nadel die Brust durchstechen. Aber das ist alles Humbug: Sie schieben dabei ihr Herz zur Seite.

Der Bluff ist eine andere Art der Lüge, des Vormachens oder der Täuschung. Wer blufft, sagt oder tut etwas, was in Ordnung wäre, wenn es zutreffend wäre. Ein Pokerspieler setzt hoch, wenn er gute Karten hat – falls er nicht blufft. Ein Bluff kann täuschen, weil der Partner aus dem Erscheinungsbild falsche Schlüsse zieht – nämlich, daß die Ursachen, auf denen dieses Verhalten gewöhnlich beruht, wirklich gegeben sind.

Der Bluff ist eine besondere Form der Lüge, denn wer blufft, lügt eigentlich nicht (er sagt nichts Unwahres), sondern führt dadurch in die Irre, daß er über das Objekt der Täuschung, beispielsweise über seine Karten, nichts Genaues sagt. Beim Bluffen ist gerade die Ausdruckslosigkeit des Verhaltens wesentlich, das sogenannte „Pokerface". Wer blufft, tut etwas so, als ob es das Natürlichste der Welt wäre, obwohl es durch die Situation nicht gerechtfertigt ist. In der Alltagssprache ist es nicht immer so klar, was Bluffen bedeutet, denn man bezeichnet damit auch Angeberei, Aufschneiderei oder Augenwischerei, aber in diesem Buch verwenden wir dieses Wort in seinem eigentlichen Sinn von geschickter Irreführung.

Ein unvorbereiteter Schüler blufft, wenn er den Lehrer anschaut, als ob er alles wüßte, aber es wäre schlichtweg gelogen, wenn er offen sagte, er habe den Stoff gelernt. Die Ergebnisse der beiden Strategien unterscheiden sich auch, wenn der Lehrer herausfindet, daß der Schüler nichts weiß. Falls der Schüler bluffte, fühlt sich der Lehrer womöglich herausgefordert, den Schüler bloßzustellen, wenn der das nächste Mal wieder so wissend aussieht. Doch dann kann der Schüler den Lehrer durch sein Wissen verblüffen, und der Lehrer muß daraufhin seine Meinung über den Schüler entscheidend ändern. Wenn aber eine offene Lüge zutage tritt, fühlen wir uns nicht dazu herausgefordert, einen weiteren Versuch zu unternehmen. Wenn der Lehrer einen Schüler für einen Lügner hält, wird er ihn nicht noch einmal fragen, ob er gelernt hat oder nicht: Wer einmal lügt, dem glaubt man nicht, und wenn er auch die Wahrheit spricht.

Mit der Literatur über Lügen lassen sich Bibliotheken füllen, der Bluff aber, diese Sonderform der Lüge, wird selten erwähnt. Das ist um so interessanter, als der Bluff völlig anders ist als andere Formen der Lüge. Die meisten Aussagen, Herleitungen und Schlüsse, die für Lügen gelten, erweisen sich als falsch, wenn sie auf Bluffs bezogen werden. Nach dem kategorischen Imperativ beispielsweise sollten Lügen, wie Kant bemerkte, verurteilt werden, denn Lügen entsprechen nicht dem Prinzip des kategorischen Imperativs. Wenn nämlich jeder nach dieser Maxime handelte (also jeder unterschiedslos lügen würde), ergäbe sich ein logischer Widerspruch dazu, daß Aussagen einen Sinn haben und man aus ihnen Schlüsse ziehen kann.

Man könnte über Kants Gedanken streiten, denn Lügen enthalten im allgemeinen auch Information, aus der sich wahre Schlüsse ziehen lassen. Aber es läßt sich nicht leugnen, daß diese Wahrheit viel bequemer ohne Lügen gewonnen werden könnte.

Mit dem Bluffen jedoch ist es anders. Wenn in angemessener Weise geblufft wird, kann das zu einem Gleichgewicht führen, das jeder als optimal bezeichnen würde und an dessen Veränderung niemand interessiert wäre. Es gibt Situationen, in denen wir eine (auf einer gemischten Strategie beruhende) Maxime finden können, die nur dann dem Prinzip des kategorischen Imperativs genügt, wenn gelegentlich geblufft wird. Wie wir sehen werden, enthalten gewisse Formen *optimaler* gemischter Strategien notwendigerweise Bluffs. Möglicherweise können andere Formen der Lüge gelegentlich zu ähnlichen Situationen führen, aber der Bluff ist die Form der Lüge, mit deren Hilfe sich dieser Gedanke am reinsten untersuchen läßt.

Wer bluffen will, hat andere Beweggründe als ein Lügner. Im allgemeinen beabsichtigt ein Lügner, daß die anderen seine Lüge glauben und daß sich die Umwelt entsprechend dieser Lüge verändert. Ein Lügner zieht also direkt Nutzen aus seiner Lüge. Einem echten Bluffer macht es dagegen nichts aus, wenn sein Bluff auffliegt, denn er kann ja das nächste Mal, wenn genau dieses Verhalten gut begründet ist, um einen wirklich hohen Einsatz spielen. Wer niemals blufft, kann auch niemals die günstige Gelegenheit nutzen, denn seine Gegner gehen dann, wenn sie seine Ehrlichkeit beobachten, sofort auf Nummer Sicher und werden nicht viel riskieren, weil sie auf einen großen Profit hoffen.

Man kann auch mit unverhülltem Bluffen gewinnen, aber das vermindert nur die „Betriebskosten" des Bluffens, deshalb ist dieser Gewinn für einen geborenen Bluffer zweitrangig. Unverhülltes Bluffen hat vor allem den Vorteil, daß der Partner im Zweifel bleibt und sich fragt, ob der andere blufft oder nicht. Wer blufft, um einen direkten Nutzen daraus zu ziehen, unterscheidet sich nicht von einem Lügner und erleidet auf Dauer das gleiche Schicksal: Wirkliches Bluffen ist eine Langzeitstrategie und gehört wesentlich zu erfolgreichen Langzeitstrategien fast aller Spiele, Wettbewerbe und Kampfsituationen, bei denen sich das Glücksrad dreht.

Die Welt des Pokers

Das Pokerspiel ist ein typisches Beispiel für einen Kampf, bei dem das Glück seine Kapriolen schlägt. Gewöhnlich, und zu Recht, verknüpfen wir den Begriff Bluff mit diesem Spiel: Ohne Bluffen geht es bei diesem Spiel einfach nicht. Nicht nur ist es schrecklich langweilig, Poker mit Menschen zu spielen, die niemals bluffen, sondern beim Pokerspiel muß auf Dauer auch jeder verlieren, der nicht blufft. Wer sich immer genau so verhält, wie es seinen Karten entspricht, wird von den Gegnern bald durchschaut und dann auch mit guten Karten nur wenig gewinnen, aber genausoviel verlieren, wie es seinen schlechten Karten entspricht.

Das Pokerspiel ist deshalb ein wunderbares Beispiel, weil es sich auf viele lebensnahe Situationen übertragen läßt: Jeder hat (auch im übertragenen Sinn) mal gute und mal schlechte Karten, aber die langfristigen Ergebnisse hängen (auch beim Pokerspiel) nur wenig von den Karten ab. Tatsächlich weiß jeder geborene Pokerspieler, daß man nicht viel verliert, wenn man eine Pechsträhne hat; der Verlust ist am größten, wenn wir selbst gute Karten haben, der Gegner jedoch noch bessere und wir ihm das nicht glauben. Wir glauben ihm nicht, weil seine früheren Bluffs in uns Zweifel gesät haben, und deshalb gehen wir weiter, als unsere guten Karten es rechtfertigen.

Mit dem Bluffen ist es wie mit den meisten Vitaminen: Eine gewisse Menge ist notwendig, zuviel davon richtet aber mehr Schaden an als Gutes. Wer zuviel blufft, wird zu oft entlarvt, was an sich nicht schlimm ist. Das Problem ist, daß er zuviel in späteren Gewinn investiert und deshalb auf Dauer doch verliert.

Wieviel Bluffen ist nützlich? Wann wird es schädlich? Die Antworten auf solche Fragen werden gewöhnlich auf zwei Weisen gesucht, nämlich mit Hilfe der im Grunde *qualitativen* Verfahren der philosophischen Wissenschaften und mit Hilfe der im Grunde *quantitativen* Methoden der exakten Wissenschaften. Wir verdanken John von Neumann quantitative, mathematische Methoden, die es erlauben, mit diesen Fragen umzugehen. Diese Methoden, die auch bei qualitativen Untersuchungen hilfreich sind, haben zu Begriffsbildungen geführt, die auch die qualitative Forschung weiter fördern konnten.

Ein einfaches Pokermodell

Um diesen Punkt zu veranschaulichen, habe ich mir ein Spiel ausgedacht. Es ist einfach genug, um komplexe mathematische Gedankengänge leicht verständlich aufzuzeigen, aber spannend genug, um auch im „wirklichen Leben" gespielt zu werden. Wir haben es gespielt: Es macht wirklich Spaß, obwohl es mit der Tiefe und der Komplexität des wirklichen Pokerspiels nicht mithalten kann.

Es gibt zwei Spieler, X und Y. X ist der Herausforderer, Y der Herausgeforderte. Im wirklichen Leben können die Spieler ihre Rollen vertauschen, aber im Lauf unserer Analyse tun sie das nicht, sondern X bleibt immer der Herausforderer. Er braucht nur zu würfeln; er gewinnt, wenn er eine Sechs würfelt, und er verliert, wenn er keine Sechs würfelt – aber ganz so einfach ist es doch nicht. Die Spielregeln sind die folgenden:

- Zu Beginn jeder Runde legt X beispielsweise 10 Mark auf den Tisch, Y aber 30 Mark.

- Dann würfelt X so, daß Y das Ergebnis nicht sehen kann.

- Nachdem X das Ergebnis gesehen hat, hat er die Wahl: Er kann passen oder erhöhen. Wenn X paßt, erhält Y das ganze Geld: Im vorliegenden Fall verliert X dann 10 Mark. Wenn X erhöhen will, muß er weitere 50 Mark auf den Tisch legen.

- Wenn X erhöht, indem er 50 Mark hinlegt, hat Y die Wahl zwischen Passen und Weitermachen. Wenn er paßt, erhält X das Geld, das auf dem Tisch liegt: In diesem Fall gewinnt er 30 Mark (weil Y vorher soviel Geld auf den Tisch gelegt hatte). Wenn Y nicht paßt, muß auch er 50 Mark hinlegen. In diesem Fall hat X 60 Mark hingelegt, während Y insgesamt 80 Mark hingelegt hat.

- Wenn X erhöht und Y nicht paßt, muß X den Würfel zeigen. Wenn es wirklich eine Sechs ist, erhält X das ganze Geld, wenn nicht, erhält Y das Geld.

Wie man sofort sieht, geht es bei diesem Spiel ums Bluffen, und zwar fast ausschließlich. Wenn jemand niemals so tut, als ob er eine Sechs gewürfelt hat, obwohl das nicht stimmt (also niemals blufft), wird er sicherlich auf Dauer verlieren. Wenn X nur dann erhöht, wenn er wirklich eine Sechs hat, wird Y ihm wahrscheinlich nach einer Weile glauben. Wenn X gewinnt, gewinnt er also nur 30 Mark, und wenn er verliert, verliert er nur 10 Mark. Langfristig wird er im Mittel in jeder sechsten Runde eine Sechs würfeln. Er verliert also im Mittel fünfmal 10 Mark und gewinnt nur in jeder sechsten Runde 30 Mark. Ohne Bluffen verliert er also auf Dauer.

Wenn jemand nicht gut blufft, wenn man also bemerkt, daß sein Erhöhen nicht auf einer Sechs beruht, ist er noch schlechter dran. Wenn sein Bluff Erfolg hat und der Gegner paßt, gewinnt er 30 Mark, aber wenn der Gegner seinen Bluff durchschaut, verliert er 60 Mark.

Wer viel blufft, gewinnt auch dann nicht viel, wenn er gut blufft, man also seinem Gesicht nicht ansehen kann, ob er nach einer Sechs erhöht oder nicht. Wenn beispielsweise X immer erhöht, wird Y ihm wahrscheinlich nach einer Weile nicht mehr glauben und nie passen. Nach sechs Runden hat dann Y also fünfmal 60 Mark gewonnen, X aber nur einmal 80 Mark.

Offensichtlich verliert X also bei diesem Spiel, unabhängig davon, was er tut. Trotzdem würde ich gern die Rolle von X übernehmen. Nicht, weil ich so gut bluffen kann oder weil ich meinen schauspielerischen Fähigkeiten vertraue, und auch nicht, weil ich so viel über Psychologie weiß, sondern weil diese Rolle aus rein mathematischen Gründen auf Dauer Profit bringt.

Wenn ich mir meinen Lebensunterhalt mit diesem Spiel verdienen müßte, würde ich so vorgehen: Zunächst lerne ich einen langen Abschnitt aus dem langweiligsten Buch der Welt, nämlich der Tabelle der Zufallszahlen, auswendig, wobei ich die Nullen weglasse. Dann spiele ich nach der folgenden Strategie: Immer wenn ich eine Sechs würfele, erhöhe ich. Wenn ich keine Sechs werfe, erhöhe ich nur dann, wenn die nächste Zahl in der Zufallsreihe eine Neun ist. Natürlich versuche ich, ein möglichst gutes Pokerface zu machen, damit mein Gegner nicht den wirklichen Grund meines Erhöhens errät. Ich bin sicher, daß ich mit dieser Strategie auf Dauer Erfolg hätte. Ich würde also weder lügen noch schauspielern, sondern so ausdruckslos wie möglich dasitzen und die zeitliche Abstimmung meines Bluffens dem Zufall überlassen. Mit anderen Worten: Ich würde eine gemischte Strategie befolgen, so daß ich im Fall einer Nicht-Sechs mit einer Wahrscheinlichkeit von 1 zu 9 erhöhe und mit einer Wahrscheinlichkeit von 8 zu 9 nicht. Wir werden bald sehen, warum ich nur in einem von neun Fällen erhöhe und wozu diese Strategie gut ist, aber zunächst untersuchen wir, welches Verhalten dazu von mir gefordert wird.

Der Unterschied zwischen Schauspielerei und Ausdruckslosigkeit ist wichtig, weil das den Unterschied zwischen Bluffen und anderen Formen des Lügens ausmacht. Ein Lügner sagt etwas, das nicht wahr ist, und um glaubwürdig zu sein, ist er gezwungen, zu schauspielern. Wer blufft, sagt nichts, was nicht stimmt. Er muß nicht notwendig simulieren, es genügt, wenn er vollständig ausdruckslos bleibt, was auch nicht einfach ist. Bei diesem Spiel werden Tatsachen nicht explizit gefälscht, also wird nicht gelogen. Was tatsächlich passiert, ist: Manchmal erhöht X – gelegentlich auch dann, wenn er keine Sechs hat.

Aber ganz so einfach ist der Begriff des Bluffs auch wieder nicht. Unser Spiel wäre das gleiche, wenn X sagen müßte „Ich habe eine Sechs" und 50 Mark auf den Tisch legte, statt zu sagen „Ich erhöhe". Das aber würde die Tatsachen verfälschen, wäre also eine Lüge. Das Spiel selbst bliebe unberührt, und wir müßten wegen dieser kleinen Regeländerung unsere Begriffe nicht ändern, sondern nur die ursprüngliche Bedeutung des Bluffs weniger streng fassen, wenn wir Widersprüche vermeiden wollen. Eine offene Lüge kann ein Bluff sein, wenn ihr Inhalt nicht irreführend ist. Bei unserem Spiel liefert in dem gegebenen Zusammenhang die Aussage „Ich habe eine Sechs" nicht mehr Information als „Ich erhöhe". Für den Gegner bedeuten die beiden Aussagen bei diesem Spiel das gleiche, nämlich daß er herausgefordert wird und daß es an ihm ist, die Herausforderung anzunehmen oder nicht.

Die Evolution des Pokerface

So, wie wir den Begriff Bluff verwendet haben, spielt er auch bei dem in Kapitel 1 erwähnten Droh- und Imponiergehabe von Tieren eine Rolle. Das imponierende Tier ist daran interessiert, so auszusehen, als ob es unendlich lange oder jedenfalls unvorhersagbar lange in dieser Positur verharren könnte. Wenn das Tier auch nur durch das kleinste Zucken verraten würde, daß es bereit ist, die Konfrontation bald aufzugeben, wäre es sofort im Nachteil. Ein Gegner, der das Zucken bemerkt, hält sicherlich ein wenig länger aus, selbst wenn er nach seiner Strategie im nächsten Augenblick aufgegeben hätte. Die natürliche Auslese übt rasch Vergeltung für jedes Zucken, jedes verräterische Anzeigen der Absicht, also für schlechtes Bluffen. Die natürliche Auslese entwickelt dadurch das, was wir ein Pokerface nennen.

Es stellt sich die Frage, warum die Evolution zum Pokerface geführt hat und nicht zu einer unendlichen Spirale raffinierter Lügen. Nun, im Gegensatz zum Pokerface enthalten Lügen oft Informationen, die im schlimmsten Fall falsch sind. Was keinen Informationsgehalt hat, ist keine richtige Lüge. Aus einer Lüge lassen sich also Schlüsse ziehen, und deshalb würde die natürliche Auslese wohl zu einer Art führen, die selbst aus Lügen wichtige Schlüsse ziehen und sie nutzen könnte, um beispielsweise bei Imponierkämpfen im Vorteil zu sein.

Es gibt jedoch auch andere Methoden, keine Information zu vermitteln. So gehören zu den zeremoniellen Kampfspielen mancher Tierarten Zähnefletschen und bestimmte Bewegungen, und einige geniale Pokerspieler zeigen kein Pokerface, sondern ein lebhaftes Minenspiel: Sie grinsen, ziehen den Gegner auf, machen völlig willkürlich wahre und falsche Aussagen. Aber es ist schwierig, etwas vorzutäuschen, ohne dabei auch Information zu vermitteln. Das Pokerface ist – jedenfalls im Prinzip – eine einfachere und genauso wirksame Methode.

Die Analyse des Pokermodells

Die zuvor beschriebene gemischte Strategie für unser Pokermodell war die folgende: Immer, wenn Spieler X eine Sechs würfelt, erhöht er, wenn es keine Sechs ist, blufft er mit einer Wahrscheinlichkeit von einem Neuntel. Nicht mehr und nicht weniger. Dies scheint wenig zu sein, und die meisten Menschen haben das Gefühl, man könnte ruhig viel häufiger bluffen. Experimentelle Ergebnisse zeigen, daß die meisten Menschen das auch tun und in der Rolle von X gewöhnlich auf Dauer verlieren. Ich behaupte, daß X dagegen einen bescheidenen, aber sicheren Gewinn erzielt, wenn er nur mit einer Wahrscheinlichkeit von einem Neuntel blufft. Schauen wir uns einmal an, wie die Sache für X aussieht, wenn er 54 Runden nach dieser Strategie gespielt hat. (Wir wählen diese Rundenzahl, um das Rechnen zu erleichtern.)

Wir berechnen, wieviel X in 54 Runden mit der obigen Strategie gewinnt und verliert, wenn Y alle Herausforderungen annimmt oder immer paßt.

Wahrscheinlich würfelt X in den 54 möglichen Fällen neunmal eine 6. Wenn Y jedesmal darauf eingeht, gewinnt X in jedem dieser Fälle 80 Mark, also insgesamt 9 × 80 Mark = 720 Mark. In einem Neuntel der übrigen 45 Runden, in denen er keine 6 würfelt, also voraussichtlich in 5 Fällen, wird er bluffen. In jeder dieser 5 Runden verliert X 60 Mark, wenn Y alle Herausforderungen annimmt. Das bringt einen Verlust von 5 × 60 Mark = 300 Mark. In allen anderen Fällen paßt X und verliert damit 400 Mark. Insgesamt sieht es so aus:

720 Mark − 300 Mark − 400 Mark = 20 Mark,
wenn Y jede Herausforderung annimmt.

Wenn Y in jeder Runde auf Nummer Sicher geht und paßt, würfelt X in 54 Runden voraussichtlich neunmal eine 6, gewinnt also 9 × 30 Mark = 270 Mark, und er gewinnt mit den zusätzlichen 5 Bluffs noch einmal 5 × 30 Mark = 150 Mark. Wenn er bei den folgenden 40 Runden paßt (möglicherweise unnötig, aber wir bleiben bei der vorgegebenen Strategie), beläuft sich sein

Verlust auf 400 Mark. Insgesamt ist damit das Ergebnis nach 54 Runden:

270 Mark + 150 Mark − 400 Mark = 20 Mark,
wenn Y keine Herausforderung annimmt.

Wenn X also die obige Strategie verfolgt, kann es ihm gleichgültig sein, ob Y die Herausforderung annimmt oder nicht. Er gewinnt in beiden Fällen in je 54 Runden 20 Mark. Es kommt nicht darauf an, ob Y die Herausforderung manchmal annimmt und manchmal nicht. Der langfristige Gewinn kann, unabhängig von der Reaktion von Y, gesichert werden, falls Y nicht weiß, warum X erhöht, X also vollkommen ausdruckslos ist, beispielsweise ein perfektes Pokerface zeigt.

Die nächste Frage ist, ob X seinen Gewinn vergrößern könnte, wenn er nicht im Verhältnis von 1 zu 9 blufft. Die obigen Berechnungen lassen sich ähnlich für jedes Verhältnis durchführen. Dabei stellt sich heraus, daß X dann, wenn er häufiger blufft, seinen Gewinn erhöht, falls Y seinem Bluffen glaubt und nicht auf seine Herausforderung eingeht, ihn aber verringert, falls Y seinem Bluffen nicht glaubt und die Herausforderung annimmt. Wenn er beispielsweise in einem Viertel der Fälle blufft und Y ihm immer glaubt, gewinnt er in 54 Runden statt 20 Mark sogar 270 Mark; wenn Y jedoch niemals auf ihn hereinfällt, verliert X in 54 Runden 292,50 Mark. Wenn also der Anteil des Bluffens größer wird, verzichtet X auf seinen auf Dauer sicheren Gewinn und liefert sich Y aus. Wenn Y aber dumm genug ist, auf den Bluff hereinzufallen, kann X viel gewinnen; wenn Y aber klug ist, kann X hoch verlieren.

Wir können ähnlich berechnen, was passiert, wenn X weniger oft blufft. Auch dann ist X wieder Y ausgeliefert. X kann viel gewinnen, wenn Y nicht gewillt ist, sich bluffen zu lassen, und viel verlieren, wenn Y bereit ist, sich bluffen zu lassen, und die Herausforderungen nicht annimmt. In diesem Fall riskiert Y seine 50 Mark auch dann nicht, wenn X wirklich eine Sechs würfelt, deshalb kann X es nicht kompensieren, wenn er in sechs Runden keine Sechs würfelt.

Der Anteil von 1 zu 9 beim Bluffen kann also als eine Art von *Gleichgewichtswert* für X gesehen werden. X kann sicher sein, daß er damit auf Dauer einen bescheidenen Gewinn macht, unabhängig davon, was Y macht. Wenn X mit dem Gewinn von 20 Mark zufrieden ist, wäre er dumm, wenn er irgend etwas veränderte. Wenn er damit nicht zufrieden ist, muß er sich auf dünneres Eis begeben und entsprechend seinem Gefühl, ob Y mehr oder weniger geneigt sein wird, seinem Bluffen zu glauben, in mehr oder weniger als einem Neuntel der Fälle bluffen.

Wir haben das Spiel bisher nur aus Sicht von X untersucht. Jetzt wollen wir uns ansehen, wie es für Y aussieht.

Wir wissen schon, daß Y dann, wenn X mit einem Gewinn von 20 Mark zufrieden ist, nichts tun kann, um das zu verhindern. Wenn X nicht zufrieden ist und eine andere Strategie spielt, hat Y die Möglichkeit, zu gewinnen oder auch viel mehr zu verlieren. Aufgrund der früheren Berechnungen läßt sich leicht feststellen, daß Y dann, wenn X in mehr als einem Neuntel der Fälle blufft, seinen Gewinn maximieren kann, wenn er auf jede Herausforderung eingeht, wenn er also versucht, jeden Bluff zu enthüllen. Wenn X in weniger als einem Neuntel der Fälle blufft, kann Y seinen Gewinn maximieren, indem er nie auf Herausforderungen eingeht.

Im wirklichen Leben ist die Lage nicht ganz so einfach. Mit einiger Wahrscheinlichkeit entwickelt sich zwischen den beiden Spielern eine Art Hin und Her. Wenn X häufiger blufft, nimmt Y die Herausforderung auch öfter an, und darauf reagiert X, indem er weniger häufig blufft; in der Folge lehnt Y die Herausforderung häufiger ab und so weiter. Aber Y kann ebenfalls die Initiative übernehmen, und X kann sich dann an den tatsächlichen Grad von Ys Leichtgläubigkeit anpassen. Aus psychologischer Sicht geht es bei solchen Spielen vor allem um Dominanz, aber wir wollen jetzt bei den mathematischen Aspekten des Spiels bleiben.

Wenn Y den mathematischen Hintergrund des Spiels genau kennt und damit einverstanden ist, daß er in jeweils 54 Runden 20 Mark verliert (weil er beispielsweise beschlossen hat, diesen

Betrag für die Abendunterhaltung auszugeben, oder weil X ihn zum Essen einladen will), aber nicht mehr riskieren will, kann er beschließen, jede Herausforderung mit einer Wahrscheinlichkeit von vier Neunteln anzunehmen. Warum gerade vier Neuntel? Wir werden das bald sehen. Praktisch kann Y wieder die Zufallszahlen benutzen und die Herausforderung immer dann annehmen, wenn die nächste Zahl in der Zufallsreihe 4 ist oder kleiner, unabhängig davon, was das Gesicht von X anzeigt.

Nehmen wir an, daß X immer erhöht, unabhängig davon, was er würfelt (X also immer blufft). In diesem Fall wird X wahrscheinlich 4 × 80 Mark gewinnen, wenn er in den 54 Runden die zu erwartenden 9 Sechsen würfelt (weil Y 4 der 9 Herausforderungen annehmen wird), und in den verbleibenden 5 Fällen je 30 Mark (weil Y paßt und nicht 50 Mark einsetzt). Damit macht er zunächst einen Gewinn von 4 × 80 Mark + 5 × 30 Mark = 470 Mark. X, der immer blufft, gewinnt bei fünf Neunteln seiner verbleibenden 45 Bluffs und damit also 25 × 30 Mark = 750 Mark (weil Y in fünf Neunteln der Fälle paßt). Bei den verbleibenden vier Neunteln seiner Bluffs, also 20mal (wenn Y nicht paßt), verliert X 60 Mark, also insgesamt 20 × 60 Mark = 1200 Mark. Insgesamt gewinnt X also nach 54 Runden

470 Mark + 750 Mark − 1200 Mark = 20 Mark, wenn X immer blufft.

Wenn X nur dann erhöht, wenn er eine Sechs gewürfelt hat (wenn er also niemals blufft), gewinnt er mit seinen 9 Sechsen 470 Mark (wie zuvor) und verliert in jeder der folgenden 45 Runden 10 Mark. Die Rechnung für X lautet also nach 54 Runden:

470 Mark − 450 Mark = 20 Mark, wenn X nie blufft.

Wenn Y sich also entschließt, die Herausforderung jeweils mit einer Wahrscheinlichkeit von vier Neunteln anzunehmen, kann es ihm egal sein, ob X blufft oder nicht oder wie oft er es tut. Y verliert in 54 Runden jeweils 20 Mark, ganz gleich, was sonst passiert. Mit seiner Taktik kann Y sicher sein, daß er auf Dauer nur genausoviel verliert, nicht mehr (aber auch nicht weniger).

Es mag wie Zahlenmystik aussehen, wenn die Einsätze magisch und harmonisch dazu führen, daß X es ohne jede psychologische Strategie, unabhängig davon, was Y tut, schaffen kann, in jeweils 54 Runden 20 Mark zu gewinnen, und Y es auch schaffen kann, unabhängig davon, was X tut, in jeweils 54 Runden nur 20 Mark zu verlieren. Wenn X sich zu der Strategie durchringt, immer dann, wenn er keine Sechs wirft, mit einer Wahrscheinlichkeit von einem Neuntel zu bluffen und ein vollkommenes Pokerface zu zeigen, kann Y sich anstrengen, bis sein Gesicht blau anläuft, aber er wird nicht gewinnen und kann nicht einmal vermeiden, daß er pro 54 Runden 20 Mark verliert. Wenn Y sich selbst dazu bringt, jeden Bluff, unabhängig davon, was er aus dem Gesicht von X abliest, mit einer Wahrscheinlichkeit von vier Neunteln zu akzeptieren, kann X sich noch so abmühen und noch so blau anlaufen – er gewinnt pro 54 Runden höchstens 20 Mark.

Die beiden Strategien, die für X und Y gefunden wurden, ermöglichen also ein *stabiles Gleichgewicht*. Wenn sich einer der Spieler für eine Gleichgewichtsstrategie entschieden hat, ist es für den anderen das beste, seinerseits die entsprechende Strategie zu verfolgen, denn sonst schneidet er schlechter ab. Der Gegner wird, wenn er ihn durchschauen kann und weiß, in welche Richtung er abweicht, entsprechend reagieren, indem er die Wahrscheinlichkeit abändert, mit der er auf das Bluffen und die Herausforderungen eingeht. Es ist das Verdienst der Spieltheorie von John von Neumann, dieses Gleichgewicht erkannt zu haben.

Nur ein großer Bluff lohnt sich

Einer der Vorteile, den die Spieltheorie für die Wirtschaftswissenschaften hat, liegt darin, daß sich mit ihrer Hilfe vorhersagen läßt, ob Spiele (Marktlagen, wirtschaftliche Regulationen etc.) für einen der Beteiligten unvorteilhaft sind, also – auf Dauer – einer der Mitspieler zum Bankrott oder zum Aufgeben gezwungen wird. So stellt sich heraus, daß unser einfaches Pokerspiel, das zunächst für X nachteilig zu sein schien, tatsächlich auf Dauer für Y nachteilig ist, wenn sich jeder der geeigneten gemischten Strategie nähert. Dieses Spiel ist also theoretisch ungerecht, und bei hinreichend angepaßten Spielern (oder bei solchen, die sich gut in der Spieltheorie auskennen) würde sich das früher oder später auch praktisch bemerkbar machen. Das läßt sich jedoch durch kleine Regeländerungen korrigieren.

Das Spiel würde beispielsweise gerecht, wenn der bei einer Erhöhung zu zahlende Betrag von 50 Mark auf 40 Mark gesenkt würde. Dann ändern sich allerdings auch die gemischten Strategien, die zum Gleichgewicht führen. Für X wäre die zum Gleichgewicht führende gemischte Strategie, daß er mit einer Wahrscheinlichkeit von einem Zehntel blufft, wenn er keine Sechs hat, während Y jede Herausforderung mit einer Wahrscheinlichkeit von fünfzig Prozent annehmen müßte. Ähnlich wie oben ist der erwartete Profit beider Spieler auf Dauer Null, deshalb können wir behaupten, das Spiel sei gerecht. Wenn wir den bei einer Erhöhung zu zahlenden Betrag weiter um 30 Mark verringerten, würde man erwarten, daß X im Fall der gemischten Strategie, die zu einem Gleichgewicht führt, in jeweils sieben Runden zwei Mark verliert. Solche mathematischen Überlegungen liefern Volkswirtschaftlern wertvolle Verfahren zur Feinabstimmung.

Aus der obigen Berechnung geht auch hervor, daß sich das Bluffen um so mehr lohnt, je größer der Einsatz ist, obwohl X auch dann, wenn er um einen sehr großen Einsatz spielt, nach der zum Gleichgewicht führenden gemischten Strategie relativ selten bluffen wird. Nach einer kurzen Rechnung (die wir hier nicht ausführen) finden wir, daß sich das Bluffen nur dann lohnt, wenn es um mindestens 50 Mark geht, selbst wenn die Spielregeln es X erlauben, um jeden Betrag zwischen 10 Mark und 50 Mark zu erhöhen. Jeder kleinere Bluff würde den erwarteten langfristigen Profit von X verringern. Dieses Ergebnis ist verallgemeinerungsfähig: Nur ein großer Bluff lohnt sich.

Der Bluff als kognitive Strategie

In der mathematischen Spieltheorie spricht man nicht vom Bluffen, sondern nur von verschiedenen möglichen Strategien und schließt damit die Vielfalt der Bedingungen mit ein: in unserem Spiel beispielsweise, ob X eine Sechs würfelt oder nicht. Gemischte Strategien schreiben den Handlungsoptionen eines Spielers Wahrscheinlichkeiten zu, deren Summe 1 ist. Es ist keine Frage der Mathematik, ob gewisse Verhaltensweisen im Alltag als Bluff bezeichnet werden, beispielsweise, wenn jemand mit schlechten Karten hoch pokert oder wenn ein Schüler, der seine Hausaufgaben nicht gemacht hat, den Lehrer auffallend intelligent anschaut. Wenn bei gemischten, zum Gleichgewicht führenden Strategien denjenigen Handlungsoptionen, die man als Bluffs bezeichnen kann, eine von Null verschiedene Wahrscheinlichkeit zugeschrieben wird, *läßt sich nur dann ein Gleichgewicht erreichen, wenn die Spieler gelegentlich bluffen.*

Es liegt in der Natur der Sache, daß jedes neue Unternehmen zu Beginn bis zu einem gewissen Grad ein Bluff ist. Ein neues Geschäft muß zunächst so tun, als ob es seine Klienten wie ein altes, traditionelles Unternehmen bedient, sonst würde es kaum Kunden bekommen. Der Unternehmer braucht deswegen nicht offen zu lügen, also etwa ein anderes Gründungsjahr anzugeben oder hundert Jahre alte Rechnungsbücher zu fingieren. Es genügt, sich so zu verhalten wie ein altes, erfolgreiches Unternehmen. Manchmal hilft es aber auch, wenn der Unternehmer offen zugibt, daß er ein neues Geschäft eröffnet hat und in manchen Dingen noch unsicher ist. Das könnte zwar eine schlechte Strategie sein, um den Preis hochzuhalten, aber eine gute, wenn man mit verständnisvollen Kunden zusammenarbeitet, die bereit sind zu helfen und das Unternehmen zu stabilisieren. Wer die Spieltheorie kennt, wird auch hier wohl eine gemischte Strategie wählen, denn die Chancen für eine Stabilisierung sind vermutlich dann am besten, wenn beide Strategien gemischt werden.

Im Leben werden gemischte Strategien nicht durch Auswendiglernen von Zufallstabellen verwirklicht, nicht einmal dann, wenn man wirklich eine Art gemischte Strategie befolgt. Gewöhnlich folgen wir unserer Intuition, das heißt, wir beobachten unseren Partner und bluffen dann nach Gefühl. Man hat jedoch beobachtet, daß gute Pokerspieler längerfristig mit einer Wahrscheinlichkeit bluffen, die ziemlich genau der optimalen gemischten Strategie entspricht (die zum Gleichgewicht führt). Alle Computer der Welt würden versagen, wenn sie die optimale gemischte Strategie eines Pokerspielers berechnen sollten, aber es gibt mehrere Annäherungen. Es ist, als ob geborene Pokerspieler ein inneres Sinnesorgan hätten, das kontrolliert, wie oft sie es sich erlauben dürfen zu bluffen, obwohl sie höchstwahrscheinlich noch nie etwas vom Begriff der optimalen gemischten Strategie gehört haben. Vielleicht meinen wir den Erwerb dieses impliziten, unbewußten Wissens, wenn wir sagen, Übung mache den Meister. Psychologen wissen schon seit langem, daß wirkliche Meister in Spiel und Beruf nicht rein rational denken, sondern intuitiv.

Ein richtig programmierter Computer wäre bei unserem kleinen Pokerspiel auf Dauer nicht zu schlagen. Ob der Computer blufft oder nicht, sein Gesicht zeigt garantiert überhaupt nichts an. Er hat einen ausgezeichneten Zufallszahlengenerator, und kein noch so raffinierter und kontrollierter Gesichtsausdruck seines Gegenübers kann ihn von der optimalen gemischten Strategie abbringen. Beim echten Pokerspiel ist der Computer jedoch in einer schwierigeren Lage, weil die optimale gemischte Strategie nicht genau bekannt ist; ein erfahrener Pokerspieler aber kann intuitiv die kleinsten Abweichungen vom optimalen Verhältnis spüren, nutzen und so auf Dauer gewinnen. Mit Hilfe seiner Intuition kann der Mensch ein viel komplexeres Begriffssystem aufbauen als die praktisch nicht berechenbare optimale gemischte Strategie. Das komplexe intuitive Begriffssystem ist womöglich besser dazu geeignet, sich der optimalen Strategie anzunähern, als alle Methoden der Mathematik. Letztlich hat auch die Intuition zur Entstehung des Begriffs Bluff geführt.

Obwohl es den Begriff Bluff im mathematischen System der Spieltheorie nicht gibt, können wir auch in deren Rahmen über ihn sprechen: Man kann jeden Zug einen Bluff nennen, der nach der optimalen gemischten Strategie unter anderen (gewöhnlich unter für uns günstigeren) Umständen mit viel höherer Wahrscheinlichkeit gewählt würde als in der gegebenen Situation. Es liegt außerhalb des Geltungsbereichs der Spieltheorie, was der Gegner denkt, wenn er einen solchen Zug sieht, obwohl das für die Psychologie die Hauptfrage sein kann. Aus psychologischer Sicht gelten solche Züge als Bluffs. Aber das hat überhaupt keinen Einfluß darauf, daß Bluffs bei jeder Art von Wettbewerb, Spiel und Konfliktsituation vorkommen müssen; ohne sie kann auf Dauer kein Gleichgewicht gewahrt werden. Bluffs sind nicht einmal nach den strengen Normen des kategorischen Imperativs unbedingt ethisch zu verdammen.

Wie die Natur blufft

Seit der Entdeckung der optimalen gemischten Strategie ist es nicht mehr eine Frage der Psychologie, wie Pokerspieler (oder andere Spieler) optimal spielen sollten – ja, zur Verwirklichung der gewinnträchtigsten Spielstrategie ist ein Gefühl für Psychologie nicht nur unnötig, sondern sogar überflüssig. Man braucht nur zu würfeln und dem Ergebnis entsprechend zu handeln. Ähnlich reichte das auch beim Eine-Million-Dollar-Spiel des *Scientific American* aus, um der Ethik des kategorischen Imperativs Genüge zu tun. Wie der Yogi, der sein Herz zur Seite schiebt, wenn er sich mit einer langen Nadel die Brust durchsticht, schiebt vielleicht auch der ideale Pokerspieler beim Pokern all sein Mitgefühl, sein psychologisches und methodisches Wissen zur Seite.

Trotzdem sind Theorie und Praxis zweierlei. In der Praxis läßt sich die optimale Spielstrategie nur in so einfachen Fällen wie unserem simplen Pokermodell durch Würfeln verwirklichen. Schon beim echten Pokerspiel ist die optimale gemischte Strategie so komplex, daß sie auch mit den größten Computern nicht genau berechnet, geschweige denn auswendig gelernt werden kann. Außerdem gibt es im wirklichen Leben unendlich viele Spiele. Selbst wenn wir dank Neumann den Begriff der gemischten Strategien kennen, müssen wir zu ihrer praktischen Verwirklichung andere, weniger direkte Mittel finden. Stichlinge finden die optimale gemischte Strategie, die sie bei ihren Turnierkämpfen befolgen, nicht durch Würfeln.

Diese Situation läßt sich mit unserem Zeitgefühl vergleichen. Wir alle können eine Zeitspanne mehr oder weniger genau abschätzen, niemand aber kann es vollkommen genau, obwohl wir alle Neuronen haben, die bis auf Tausendstelsekunden genau feuern. Aus einigen Dutzend solcher Neuronen könnte jeder Tüftler eine Uhr bauen, die nur wenige Sekunden im Jahr falsch ginge. Offenbar hätte auch die Natur aus wenigen Neuronen eine supergenaue Uhr bauen können und uns damit eine exakte Zeitmessung ermöglicht. Die Existenz einer solchen Uhr würde jedoch wahrscheinlich mehr Schaden als Nutzen anrichten, weil wir dann auch einen Mechanismus brauchten, der uns Zugang zu unserer niederschwelligen Nerventätigkeit verschafft. Wir würden also stets auch die gelegentlichen Geräusche unserer Nervenzellen wahrnehmen, und das würde unsere höherschwellige Aktivität stören. Es ist für uns besser, wenn wir die Zeit durch Strukturen höherer Ordnung wahrnehmen, selbst wenn diese viel weniger genau sind als eine neuronale Quarzuhr.

Unser Tüftler könnte aus den gleichen Neuronen – bei Stichlingen wie bei Menschen – auch leicht einen guten Zufallszahlengenerator bauen. Dennoch werden unsere gemischten Strategien durch unsere Aktivitäten, Gefühle, Stimmungen und Begriffssysteme höherer Ordnung verwirklicht und nicht durch einen neuronalen Zufallszahlengenerator.

Wir müssen viel lernen, bis es soweit ist, genau wie ein Yogi, der seine Organe in einem solchen Maß kontrollieren kann, daß er mit Hilfe einer kleinen „Täuschung" – indem er sein Herz zur Seite schiebt – seine Brust mit einer langen Nadel durchsticht. Wir müssen ein komplexes Begriffssystem entwickeln und die Gefühlsreaktionen beherrschen lernen, mit deren Hilfe wir unser Verhalten so kontrollieren können, daß wir uns sogar der optimalen gemischten Strategie annähern können. Statt eines Zufallszahlengenerators hat die Natur das Pokerface, den Bluff, das Gewissen und viele andere auf hohem Niveau angesiedelte Mittel entwickelt. Keines von ihnen kann die optimale gemischte Strategie für sich allein verwirklichen, wohl aber alle zusammen, zumal wir ohnehin gemischte Strategien verwirklichen müssen. Mit Kenntnis der Spieltheorie lassen sich diese Mittel anders untersuchen, denn die Spieltheorie hat die Psychologie bei der Suche nach den optimalen Möglichkeiten abgelöst. Die Psychologie ist seit jeher zutiefst eine beschreibende Wissenschaft, keine normative. Sie interessiert sich dafür, wie Menschen wirklich sind, nicht aber dafür, wie sie höheren Motiven entsprechend sein sollten.

Die Natur selbst operiert nicht wie ein Tüftler, sondern befolgt gemischte Strategien und bringt dabei überlebensfähige Geschöpfe hervor. Einige ihrer Mittel können sogar Bluffs sein – Verhaltensweisen, die in der gegebenen Situation keineswegs angemessen sind, aber dennoch notwendig, wenn man sich einer gemischten Strategie möglichst gut annähern will. Die reine Rationalität der optimalen gemischten Strategie wird in uns – in unserem Denken ebenso wie in unserer ethischen Lebensführung – durch Mittel verwirklicht, die selbst eher irrational sind.

Die Quellen der Vielfalt

6 Die Spieltheorie John von Neumanns

Es ist eine mathematische Tatsache, daß man – oft – die vernünftigste Entscheidung fällt, indem man eine Münze wirft.

Der Fundamentalsatz John von Neumanns besagt, daß sich das kleine Wunder der Zahlenmystik, das sich in Verbindung mit dem einfachen Pokermodell im vorigen Kapitel entfaltete, selbst unter allgemeinen Umständen einstellt. Das geschieht bei jedem Zweipersonenspiel, das die folgenden drei Kriterien erfüllt:

- Es ist endlich sowohl in dem Sinn, daß jeder Teilnehmer bei jedem Zug nur endlich viele Optionen hat, als auch in dem Sinn, daß das Spiel nach endlich vielen Zügen beendet ist.

- Es ist ein Nullsummenspiel, das heißt, der Gewinn eines Spielers ist der Verlust des anderen (Gefangenendilemma und Chicken sind keine Nullsummenspiele).
- Es enthält vollständige Information, das heißt, beide Spieler kennen genau alle Möglichkeiten, die sie selbst und der Gegner haben, und wissen auch, wie günstig jedes Spielergebnis in der eigenen und der gegnerischen Präferenzordnung abschneidet. Wenn das Spiel ein Nullsummenspiel ist, stimmen die beiden Werte überein. Es gibt Nicht-Nullsummenspiele mit vollständiger Information, aber über sie sagt Neumanns Satz nichts aus.

Nach Neumanns Satz gibt es in jedem solchen Spiel ein Gleichgewicht, von dem einseitig abzuweichen sich für keinen Spieler lohnt, weil auf diese Weise keiner seinen Gewinn vergrößern kann. Dieses Gleichgewicht läßt sich durch gemischte Strategien erreichen; das Gleichgewicht heißt in der Sprache der Mathematik Sattelpunkt.

Die schizophrene Schnecke

Um den Ausdruck Sattelpunkt zu erklären, stellen wir uns das folgende absurde Spiel vor. Eine Schnecke kriecht auf dem Sattel eines Pferdes entlang. Die beiden Ichs der Schnecke sind im Wettstreit miteinander. Ein Schnecken-Ich kann die Schnecke entlang der Längsachse des Pferdes bewegen und verfolgt das Ziel, die Schnecke an die tiefstmögliche Stelle zu bringen. Das andere Schnecken-Ich kann die Schnecke senkrecht zur Längsachse des Pferdes bewegen und verfolgt das Ziel, die Schnecke an den höchstmöglichen Punkt zu bringen. Psychologen würden bei dieser Schnecke eine Persönlichkeitsspaltung oder eine Identitätsstörung diagnostizieren, aber wir bleiben bei der lockeren Begrifflichkeit der Umgangssprache.

Wenn die Schnecke erst einmal mitten auf dem Sattel ist, können sich ihre beiden Ichs entspannen. Unabhängig davon, welches von ihnen beginnt, sich in die ihm erlaubte Richtung zu bewegen, sie wird sich immer unwohl fühlen. Zwischen den beiden Schnecken-Ichs hat sich also ein Gleichgewicht herausgebildet.

Nun ist nicht jede Fläche sattelförmig. Auf einer hügeligen, unebenen Fläche wird eine der Persönlichkeiten der schizophrenen Schnecke immer unbefriedigt sein. Oben auf dem Hügel strebt eines ihrer Ichs nach unten, unten im Tal strebt das andere Ich nach vorn, und dazwischen wird jedes ihrer Ichs jeweils das eigene Interesse vertreten. Die Schnecke wird also niemals zur Ruhe kommen.

Beide Schnecken-Ichs sind sich ihrer Möglichkeiten voll bewußt. Sie können die Schnecke nur in die ihnen erlaubte Richtung vorwärts oder rückwärts bewegen. Beide Ichs wissen genau, wohin die Schnecke kriecht und wieviel jedes von ihnen gewinnt, wenn es die Schnecke in diese Richtung kriechen läßt, während das andere Ich in die andere Richtung strebt. Das Spiel ist also ein Spiel mit vollständiger Information und auch ein Nullsummenspiel, weil die Höhe, die das eine Ich gewinnt, vom anderen verloren wird. Aber das Spiel ist nicht notwendig endlich; es kann sein, daß die Schnecke von ihren beiden Ichs bis in alle Ewigkeit herumgezerrt wird, besonders wenn die Fläche hügelig ist und wenn es keinen Sattelpunkt gibt, auf dem sich die beiden

Ichs beruhigt entspannen können. Wenn das Spiel unendlich sein kann, läßt sich Neumanns Satz nicht darauf anwenden. Wenn das Spiel jedoch verkürzt wird und die Schnecke an dem Punkt bleiben muß, den sie nach, sagen wir, hundert Zügen erreicht hat, ist das Spiel endlich, und Neumanns Satz läßt sich auch dann anwenden, wenn die Fläche keine Sattelpunkte aufweist.

Auf einer sattelförmigen Fläche streben wahrscheinlich beide Schnecken-Ichs zur Sattelmitte hin. Wenn ein Ich das nicht tut, ist es schlecht dran, zumindest falls sich das andere Ich vernünftig verhält und zur Mitte hinstrebt. Wenn beide Ichs der Schnecke das tun, spielen sie beide eine reine Strategie, und unabhängig davon, was das andere Ich tut, bringen beide, jedes auf seine Art, die Schnecke zur Mitte hin. Weil diese Strategie so offensichtlich zweckdienlich ist, können wir fast sicher sein, daß unsere Schnecke direkt zum Sattelpunkt hinstrebt. Auch Tiere mit weniger Verstand als dem einer halben Schnecke finden leicht den kürzesten Weg zum Sattelpunkt, wenn das für sie vorteilhaft ist. Obwohl es wahrscheinlich unmöglich ist, ein Experiment mit Schnecken durchzuführen, die eine gespaltene Persönlichkeit haben, können wir also sicher sein, daß unsere imaginäre Schnecke auf einer wirklichen sattelförmigen Fläche bald den Punkt findet, wo ihre beiden Ichs es sich gemütlich machen könnten.

Auf einer hügeligen, unebenen Fläche jedoch hängt die Entscheidung, welche Richtung für eines der Ichs zweckdienlich wäre, gewöhnlich davon ab, in welche Richtung das andere Ich die Schnecke zieht. Wenn ich als ein Schnecken-Ich weiß, wohin das andere Schnecken-Ich die Schnecke zieht, weiß ich auch, in welche Richtung ich sie bewegen sollte. Wenn aber das andere Ich weiß, wohin ich sie bewege, könnte es eine andere Richtung wählen, die ihm besser gefällt. In diesem Fall gibt es keinen Punkt, an dem sich die beiden Ichs der Schnecke in dem Gefühl entspannen könnten, daß sie keinen besseren Platz hätten finden können. Auf hügeligen, unebenen Flächen sind reine Strategien nicht sicher, sondern es siegt der Spieler, der den anderen austrickst. Falls der andere nicht eine gemischte Strategie befolgt.

Neumanns Theorem besagt, daß es bei einem endlichen Spiel selbst für eine unebene Fläche, die keinen Sattelpunkt hat, eine gemischte Strategie gibt, die zu einem Gleichgewichtspunkt führt. Wenn man also gemischte Strategien berücksichtigt, wird das Spiel theoretisch so einfach und klar, als ob die Fläche selbst sattelförmig wäre. Wenn gemischte Strategien befolgt werden, liegt es im Interesse beider Parteien, sich zu diesem theoretischen Sattelpunkt hinzubewegen, also die eigene ausgleichende Strategie zu befolgen. Wenn einer der Spieler das wirklich tut, muß der andere schlechter abschneiden, ähnlich wie bei einer wirklichen Sattelfläche. Ein Spieler, der nicht zum Gleichgewichtspunkt strebt, während der Gegner es tut, schneidet schlechter ab.

Nach Neumanns Satz kann sich ein Gleichgewicht zwischen den beiden Schnecken-Ichs nicht nur auf sattelförmigen Flächen entwickeln, sondern auch auf hügeligen und unebenen, und auch dort kann sich die Schnecke nach einer Weile entspannen. Die einzige Bedingung ist, daß mindestens eines der beiden Ichs den Begriff der gemischten Strategie kennt und entsprechend einer gemischten Strategie vorgeht, die seinen Absichten entspricht. Es wäre mit keiner anderen Strategie besser dran, aber nicht nur erhält es das beste erreichbare Ergebnis, sondern Neumanns Theorem garantiert ihm sogar Sicherheit. Selbst wenn das andere Schnecken-Ich anfängt durchzudrehen, kann es das Ergebnis nicht verhindern, und wenn es noch so geniale Eingebungen hätte.

Unser Beispiel mit der Schnecke mag vielleicht zu psychologisch erscheinen. In der Schnecke wirken widersprüchliche Kräfte, die gern die eigenen Ziele verwirklichen möchten. Aber gleichzeitig sind für die Schnecke der eigene Seelenfrieden und ihre Sicherheit so wichtig, daß die gegnerischen Kräfte in ihr ein Gleichgewicht, eine Ruhestellung finden, damit sie in Frieden leben kann und nicht durch ihre inneren Kräfte zerrissen wird. Bis jetzt dient unsere schizophrene Schnecke nur dem Zweck, die Gedankenwelt der Spieltheorie zu illustrieren, aber wie wir später sehen werden, sind die psychologischen Assoziationen nicht völlig unbegründet.

Der mathematische Hintergrund von Neumanns Satz

Der Beweis für Neumanns Theorem geht davon aus, daß das erwartete Ergebnis der gemischten Strategien einer mehrdimensionalen geometrischen Fläche ähnelt. Diese tiefe Erkenntnis veranlaßte Neumann dazu, in allen Spielen – ungeachtet ihrer oberflächlich komplexen und chaotischen Unterschiede – eine einheitliche mathematische Struktur zu sehen und diese Struktur mit rein mathematischen Methoden zu untersuchen.

Diese vieldimensionale Fläche ist völlig abstrakt, denn es ist für unsere übliche alltägliche Raumwahrnehmung schwierig, sich vieldimensionale Flächen vorzustellen. Schon eine vierdimensionale Fläche hat Eigenheiten, die für unsere alltägliche Raumwahrnehmung seltsam sind. So ist es beispielsweise in der vierten Dimension nicht nötig, linke und rechte Schuhe herzustellen, denn man kann einen in den anderen umwandeln, ähnlich wie wir einen Buchstaben N (den wir aus einem Blatt Papier ausgeschnitten denken) in ein kyrillisches И (i) verwandeln können, indem wir ihn in der dritten Dimension wenden. Ein Herzchirurg, der sich in der vierten Dimension bewegen kann, braucht seinen Patienten nicht aufzuschneiden, sondern kann einfach ins Herz hineingreifen, genau wie wir die Form einer zweidimensionalen geschlossenen Kurve verändern können, indem wir aus der dritten Dimension hineinreichen. John von Neumann machte eine geniale Entdeckung, als er erkannte, daß man mit Hilfe der gemischten Strategien jedes endliche Nullsummenspiel mit vollständiger Information als vieldimensionale geometrische Fläche sehen kann und daß diese Fläche überraschenderweise immer einen Sattelpunkt hat, unabhängig davon, zu welchem Spiel die gemischte Strategie gehört.

Es fällt uns zwar sehr schwer, uns eine vieldimensionale Fläche vorzustellen, aber wir können einige ihrer mathematischen Kennzeichen abstrakt erfassen. So wissen wir (auch wenn wir es uns nicht vorstellen können), daß ein vierdimensionaler Sattelpunkt die gleichen Eigenschaften hat wie ein dreidimensionaler Sattelpunkt: Die Oberfläche neigt sich in zwei Richtungen entlang gewisser gerader Linien nach unten und steigt in zwei

Richtungen entlang anderer Geraden auf. In Neumanns Konstruktion entsprechen die einen der reinen Strategie des einen Spielers und die zweiten der des anderen.

Alles, was wir über das rationale Verhalten der beiden Schnecken-Ichs mit dem gemeinsamen dreidimensionalen Sattel gesagt haben, trifft auch auf abstrakte, mehrdimensionale Sattelflächen zu, die von gemischten Strategien erzeugt werden. Das rational spielende Schnecken-Ich muß sich dem Sattelpunkt mit Hilfe der Methoden annähern, die ihm zur Verfügung stehen. Nur die Mittel der Annäherung (die Hilfsmittel der Schnecke) haben sich geändert: Das Schnecken-Ich befolgt nicht mehr lediglich reine Strategien, sondern kann sich dem Sattelpunkt auch mit Hilfe gemischter Strategien nähern. Der Sattelpunkt kann zudem nur in der abstrakten Welt der gemischten Strategien als wirklich gesehen werden.

Da sich gemischte Strategien in der Praxis mit Hilfe eines geeigneten Würfels (notfalls mit 100 000 Seiten) realisieren lassen, kann dieser abstrakte Sattelpunkt bei einem Spiel im wirklichen Leben auch erreicht werden, und dann nehmen seine abstrakten Kennzeichen konkrete Formen an: Die gemischte Strategie, die dem Sattelpunkt entspricht, hat all jene Kennzeichen des Gleichgewichts, die wir von der Theorie her kennen. Der mit Hilfe der gemischten Strategie erreichte Sattelpunkt verhält sich – wie theoretische Berechnungen zeigen – tatsächlich wie ein Punkt, an dem alles im Gleichgewicht ist. An ihm herrscht genau das gleiche stabile Gleichgewicht zwischen zwei Spielern wie in der Mitte eines gewöhnlichen dreidimensionalen Sattels.

Das Rationalitätsprinzip

Bei jedem Nullsummenspiel gibt es ein Endergebnis, an dem man ablesen kann, wieviel die Spieler gewonnen haben. Natürlich kann dieses Ergebnis für den Verlierer negativ sein. Offenbar möchte jeder Spieler so spielen, daß er möglichst viel gewinnt, während sein Gegner möglichst viel verliert, vorzugsweise sogar draufzahlen muß.

Beim Spielen möchte ein Spieler den eigenen Profit in dem Bewußtsein maximieren, daß sein Gegner ihn minimieren möchte. Gleichzeitig möchte auch der Gegner den eigenen Gewinn maximieren, während er weiß, daß der andere diese Auszahlung minimieren möchte. Um das Ziel zu erreichen, schrecken die beiden nicht einmal vor der Anwendung gemischter Strategien zurück. Neumanns Theorem stellt sicher, daß in diesem Fall beide Spieler ihr Ziel erreichen können.

Wenn mein Gegner schlau genug ist, meine Leistung zu minimieren, kann ich bestenfalls den Wert erreichen, der dem Sattelpunkt entspricht, denn mein Gegner wird meinen Bemühungen sicherlich entgegenwirken, indem er durch seine Strategie ein Gleichgewicht herstellt. Gleichzeitig kann mein Gegner auch nicht mehr als das erhoffen, wenn er annimmt, daß ich nicht dümmer bin als er. Nach dem Rationalitätsprinzip wissen wir beide, daß der andere genauso klug sein kann und daß wir auch dann soviel wie möglich gewinnen wollen, wenn unser Gegner so gut wie möglich spielt. Wir können also nicht damit rechnen, daß der Gegner einen Fehler macht. Neumanns Theorem ist Ausdruck dafür, daß sich das Rationalitätsprinzip mit Hilfe der gemischten Strategien, die zu einem Gleichgewicht führen, verwirklichen läßt. Dieses Prinzip ist also keine attraktive Utopie, sondern eine konkrete Möglichkeit.

Das Rationalitätsprinzip ist das grundlegende Dogma der Spieltheorie John von Neumanns. Die mathematische Spieltheorie nimmt an, daß jeder Spieler nach diesem Prinzip handelt. Deshalb heißen in der Spieltheorie gemischte Strategien, die zu einem Gleichgewicht (zum Sattelpunkt) führen, *optimale gemischte Strategien*. In Kapitel 2 haben wir die Bezeichnung optimale gemischte Strategie für gemischte Strategien verwandt, die einem anderen Prinzip entsprachen: Sie führten zu einem gemeinsamen Optimum, unabhängig davon, ob dieses Optimum in irgendeinem Sinn als ein Gleichgewicht betrachtet werden konnte. Wir kommen am Schluß dieses Kapitels auf den Unterschied zwischen diesen beiden Prinzipien zurück.

Auch unser Beispiel mit der Schnecke beruhte auf dem Rationalitätsprinzip. Das Wesentliche der genialen Abstraktion Neumanns läßt sich wie folgt zusammenfassen: Jedes endliche Zweipersonenspiel mit vollständiger Information läßt sich als Widerstreit zwischen den beiden Ichs einer Schnecke darstellen. Die Spiele unterscheiden sich lediglich im Hinblick auf die Fläche, auf der die beiden Ichs der Schnecke ihren Kampf austragen, und darauf, wie viele Möglichkeiten sie haben, die Schnecke mit einem einzigen Zug zu bewegen.

Rationale Spieler

Auf einer wirklichen dreidimensionalen sattelförmigen Fläche war die rationale Strategie der beiden Spieler einfach, deshalb konnten wir zu Recht erwarten, daß selbst eine schizophrene Schnecke sie erkennt und entsprechend handelt. Eine solche Schnecke würde in einem wirklichen Versuchslabor höchstwahrscheinlich zum Sattelpunkt hinstreben.

Auf komplexeren Flächen ist die Lage jedoch weniger klar. Mit Hilfe der Spieltheorie können wir die Wahrscheinlichkeit der Bewegungen berechnen, die von der Schnecke erwartet werden, wenn eines oder beide ihrer Ichs ihre optimalen gemischten Strategien befolgen. Wenigstens im Prinzip können wir die Theorie also experimentell überprüfen. Es ist jedoch fraglich, ob die beiden Schnecken-Ichs so komplexe Begriffe wie optimale gemischte Strategie oder mehrdimensionale Flächen erfassen können, von Sattelpunkten ganz zu schweigen. Wir werden diese Frage später im einzelnen erörtern, aber die mathematische Spieltheorie wird dadurch überhaupt nicht berührt.

Die klassische Physik begann, als Newton sich völlig unrealistische punktförmige Objekte vorstellte, die keine Ausdehnung haben, sondern nur Masse, und eine Formel hinschrieb, die angab, wie diese Objekte einander anziehen. Dieses abstrakte Modell erwies sich als so erfolgreich, daß auch heute noch mit seiner Hilfe ausgezeichnete Maschinen hergestellt werden. Die Spieltheorie begann, als Neumann sich völlig unrealistische, vollkommen rationale Spieler vorstellte, die im Rahmen einer gemischten Strategie denken und Berechnungen in komplexen, vieldimensionalen Räumen anstellen können. Vieles weist darauf hin, daß Neumanns abstraktes Modell genauso erfolgreich ist wie Newtons Modell; mit seiner Hilfe lassen sich individuelle und soziale Konflikte sowie Entscheidungssituationen ausgezeichnet beschreiben, analysieren und lösen. Auf diese Weise erkannte man, daß die seltsamen, anscheinend irrationalen Strategien hervorragender Pokerspieler und ihr Bluffen zweiter und dritter Ordnung nicht nur in der Praxis erfolgreich, sondern auch völlig rational sind.

In Wirklichkeit gibt es vollkommen rationale Spieler sowenig, wie es vollkommen punktförmige Objekte gibt oder geometrisch völlig gerade Linien. Das hinderte Neumann nicht daran, eine reine Spieltheorie aufzubauen, wie es ja auch Newton nicht hinderte, die Grundlagen der klassischen Physik zu legen, oder Euklid, seine Geometrie zu konstruieren. Andere haben später untersucht, wie gut die Theorien wirkliche, natürliche Objekte beschreiben können, die weit davon entfernt sind, vollkommen zu sein. Man kann nicht erwarten, daß das perfekt gelingt. Wenn es einer Theorie jedoch besser gelingt als allen früheren Theorien, dann wird das Begriffssystem der neuen Theorie ein Teil des alltäglichen Denkens werden, weil wir unsere Überlegungen mit seiner Hilfe schärfer und genauer fassen können als je zuvor.

Die Spieltheorie erwies sich beispielsweise in dem Sinn als funktionstüchtig, daß man schon jetzt unschlagbare Computerprogramme für Spiele schreiben kann, deren optimale gemischte Strategie sich konkret berechnen läßt. Wir können beispielsweise ein Programm für das im vorigen Kapitel beschriebene einfache Würfelpoker entwickeln, das in der Rolle von X auf Dauer alle Gegner besiegt. Programme, die wirkliches Poker spielen, sind noch nicht unschlagbar, aber die besten Pokerprogramme, die auf dem Begriffssystem der Spieltheorie beruhen, sind zumindest schwer zu schlagen – mittelmäßige Pokerspieler verlieren fast immer gegen sie.

Die Idee des vollkommen rationalen Pokerspielers hat sich als fruchtbar erwiesen, und das zugehörige Begriffssystem hat

Eingang in die verschiedenen Bereiche der Wissenschaft gefunden, obwohl es sich nur begrenzt auf Menschen aus Fleisch und Blut anwenden läßt. Die dabei auftauchenden Probleme hängen mit der Tatsache zusammen, daß die meisten Menschen verlieren, wenn sie gegen die besten Pokerprogramme oder in der Rolle von X das einfache Würfelpoker spielen. Als die Spieltheorie immer mehr Anerkennung fand, wurde auch die psychologische Frage interessanter, warum sich diese reinen, so bewährten Begriffe nur begrenzt auf Menschen anwenden lassen. Diese Frage hat mit der Tatsache zu tun, die wir in bezug auf die Dollarauktion und das Gefangenendilemma behandelten, wonach sich in der Tierwelt häufig rationalere Spielweisen finden lassen als in der Welt der Menschen.

Der Spielwert

Im Fall einer wirklichen dreidimensionalen sattelförmigen Fläche läßt sich die Höhe des Sattelmittelpunkts leicht bestimmen. Wir brauchen nur zu messen, um zu wissen, wo unsere schizophrene Schnecke friedlich zur Ruhe kommen wird. Die Höhe des Sattelpunkts gemischter Strategien kann fast ebenso leicht gefunden werden. Diese Werte sind jedoch nicht so sicher, weil es auch von den Launen des Zufalls abhängt, wo die Schnecke zur Ruhe kommt, wenn beide Schnecken-Ichs eine gemischte Strategie verfolgen: Bei jedem konkreten Spiel hängt der Ruheplatz von der Augenzahl ab, die der Würfel jeweils zeigt. Bei manchen gemischten Strategien jedoch läßt sich die erwartete Höhe des Ruhepunkts der Schnecke berechnen. Mit anderen Worten: Wir können die mittlere Höhe des fraglichen Ruheplatzes berechnen, wenn das Spiel über viele Runden geht und immer auf derselben Fläche gespielt wird.

Wir nennen die zu erwartende Höhe des Sattelpunkts den Spielwert oder die Auszahlung. Die Auszahlung gibt also an, wieviel die beiden Spieler gewinnen oder verlieren können, wenn sie unabhängig von der Strategie des Gegners eine gemischte Strategie verfolgen. Bei dem in Kapitel 5 analysierten Würfelpoker betrug die Auszahlung über je 54 Runden (aus Sicht von Spieler X) 20 Mark, also pro Runde $20\,\text{Mark}/54$.

Wenn wir die Auszahlung kennen, wissen wir auch, ob das Spiel als fair gelten kann oder nicht. Das Spiel ist fair, wenn die Auszahlung Null ist, wenn also beide Spieler durch ihre optimale gemischte Strategie sicherstellen können, daß sie auf Dauer nicht verlieren. Unser einfaches Würfelpoker wurde fair, als X erlaubt wurde, statt 50 Mark nur 40 Mark hinzulegen, wenn er behauptete, eine Sechs gewürfelt zu haben.

Die Auszahlung gibt an, wie hoch der Gewinn sein kann, wenn auch der Gegner eine Chance hat. Nach dem Rationalitätsprinzip kann der Gegner seine Chance nutzen, und wir sind darauf vorbereitet.

Wenn die Situation der beiden Spieler symmetrisch ist, ist das Spiel von Beginn an fair: Wenn einer der Spieler auf Dauer mit einer gemischten Strategie Profit machen könnte, könnte der andere Spieler das mit der gleichen Strategie ebenfalls. Neumanns Satz garantiert auch, daß die Spieler in diesen Fällen beide die Möglichkeit haben, dafür zu sorgen, daß ihre Bilanz am Ende nicht negativ ist.

Das Spiel Papier-Stein-Schere

Das Kinderspiel Papier-Stein-Schere ist ein gutes Beispiel für ein symmetrisches Spiel. Bei diesem Spiel zeigen zwei Spieler mit ihren Händen eines von drei Dingen auf Kommando gleichzeitig an: Eine Faust bedeutet Stein, eine offene Hand Papier, und die in V-Form ausgestreckten Zeige- und Mittelfinger bedeuten Schere. Der Stein schleift die Schere, das Papier wickelt den Stein ein, und die Schere schneidet das Papier, deshalb gewinnen die erstgenannten Dinge immer über die zweiten. Wenn beide Spieler das gleiche zeigen, endet die Runde unentschieden. Die möglichen Ergebnisse des Spiels werden in der folgenden Matrix aus Sicht eines der Spieler angezeigt. Es ist nicht nötig, in jedes Feld beide Zahlen zu schreiben, denn das Spiel ist ein Nullsummenspiel, und deshalb ist das Negative des Gewinns des einen Spielers immer der Verlust des anderen.

		Der andere Spieler		
		Papier	Stein	Schere
Der eine Spieler	Papier	0	1	−1
	Stein	−1	0	1
	Schere	1	−1	0

Bei diesem Spiel gibt es keine optimale Strategie, das heißt, keine Strategie führt zu einem Gleichgewicht, weil unser Gegner unabhängig davon, welche reine Strategie wir befolgen, eine andere reine Strategie finden kann, mit der er gewinnt. Wenn ich beispielsweise immer Stein zeige, wird mein Gegner früher oder später immer Papier anzeigen. Wenn ich daraufhin immer Schere zeige, wird er bald Stein zeigen. Wenn mein Gegner mich besser durchschaut als ich ihn, verliere ich. Wir wissen jedoch aus Neumanns Satz, daß es eine gemischte Strategie gibt, mit der ich auf Dauer nicht verliere, weil das Spiel symmetrisch ist. Wir brauchen dazu keine komplizierten Rechnungen, denn die Strategie ist sehr einfach:

Ich zeige Papier an: mit einer Wahrscheinlichkeit von einem Drittel.
Ich zeige Stein an: mit einer Wahrscheinlichkeit von einem Drittel.
Ich zeige Schere an: mit einer Wahrscheinlichkeit von einem Drittel.

Wenn ich nach dieser Strategie spiele, werde ich unabhängig davon, was mein Gegner anzeigt, mit einer Wahrscheinlichkeit von einem Drittel gewinnen, mit einer Wahrscheinlichkeit von einem Drittel verlieren, und mit einer Wahrscheinlichkeit von einem Drittel wird die Runde unentschieden ausgehen. Mein Gegner kann mich unmöglich psychologisch zermürben, und er kann meine Strategie nicht durchschauen, weil es nichts zu durchschauen gibt, schließlich kann er den Würfel nicht mit Hilfe psychologischer Methoden überlisten und das Ergebnis des nächsten Wurfs voraussehen. Diese gemischte Strategie stellt sicher, daß ich auf Dauer nicht verliere, und da ich nicht erwarten kann, daß ich gegen einen völlig rationalen Gegner noch besser abschneide, ist diese Strategie nach dem Rationalitätsprinzip für mich optimal.

Stellen wir uns jetzt vor, daß wir die Spielregeln leicht verändern und mein Papier wertvoller sei als das des Gegners (es ist vielleicht altes Pergament, oder ich brauche Papier dringender als er). Wenn er mein Papier schneidet, verliere ich also zwei Einheiten statt einer. Dann sieht die Spielmatrix so aus:

		Der andere Spieler		
		Papier	Stein	Schere
Ich	Papier	0	1	–2
	Stein	–1	0	1
	Schere	1	–1	0

Offensichtlich ist dieses Spiel unfair für mich – die Frage ist, wie unfair. Mein erster Gedanke könnte sein, daß ich niemals Papier zeige, wenn es mir doch so teuer ist. Ich könnte Schere und Stein mit einer Wahrscheinlichkeit von fünfzig Prozent zeigen, um nicht allzu leicht durchschaut zu werden. Mein Gegner könnte darauf reagieren, indem er immer Stein zeigt; dann würde er im Mittel in jeder zweiten Runde eine Einheit gewinnen, also pro Runde eine halbe. Wenn aber mein Gegner immer Stein anzeigt, kann ich immer noch unerwartet Papier anzeigen und gewinnen. Es wäre jedoch riskant, das noch einmal zu tun, denn wenn mein Gegner „riecht", daß ich Papier anzeige, verliere ich doppelt.

Für mich ist die Auszahlung bei der Strategie „halb Schere, halb Stein" in jeder Runde $-1/2$. Gibt es für mich eine bessere gemischte Strategie? Dazu müßte ich gelegentlich Papier anzeigen, was jedoch zu riskant erscheint. Hier geht es nicht ohne längere und kompliziertere Berechnungen ab; sie ergeben als meine optimale gemischte Strategie:

Ich zeige Stein an:	mit einer Wahrscheinlichkeit von fünf Zwölfteln.
Ich zeige Papier an:	mit einer Wahrscheinlichkeit von drei Zwölfteln.
Ich zeige Schere an:	mit einer Wahrscheinlichkeit von vier Zwölfteln.

In diesem Fall ist meine Bilanz, unabhängig davon, welche Strategie mein Gegner anwendet (rein, gemischt oder anders), pro Runde $^{-1}/_{12}$ Einheiten. Wenn mein Gegner beispielsweise immer Stein anzeigt, gibt es in zwölf Runden im Mittel fünf Unentschieden (weil ich auch Stein anzeige), ich gewinne dreimal (weil ich Papier zeige), und ich verliere viermal (weil ich Schere zeige). Meine Bilanz ist nach diesen zwölf Runden −1 Einheit. Wenn mein Gegner immer Schere anzeigt, gewinne ich im Mittel in zwölf Runden fünfmal einen Punkt, weil ich Stein zeige, ich verliere dreimal zwei Einheiten, weil ich Papier anzeige, und vier Runden enden unentschieden, meine Bilanz ist also wieder −1 Einheit. Das Ergebnis ist das gleiche, wenn mein Gegner immer Papier anzeigt.

Vermutlich wundern wir uns inzwischen nicht mehr, daß die Zahl −1 auf so verschiedene Weisen zustande kommt, aber die Form der optimalen gemischten Strategie ist interessant. Trotz des großen Risikos, Papier anzuzeigen, tue ich das überraschend oft, und trotzdem verliere ich in der Schlußabrechnung überraschend wenig (nur $^{1}/_{12}$ und nicht $^{1}/_{2}$ wie bei meiner ersten Reaktion). Entgegen den Erwartungen ist dieses Spiel also weniger unfair, als man denken sollte, wenn man die Regeln zum erstenmal sieht. Wir würden kaum zu diesem Schluß kommen, wenn wir uns nur auf unsere mathematische oder psychologische Eingebung verlassen würden und nichts über Spieltheorie wüßten.

Wenn mein Gegner mit einem durchschnittlichen Profit von einem zwölftel Punkt pro Runde zufrieden ist, muß er nach der folgenden optimalen gemischten Strategie spielen, um ihn zu erreichen:

Er zeigt Stein an:	mit einer Wahrscheinlichkeit von fünf Zwölfteln.
Er zeigt Papier an:	mit einer Wahrscheinlichkeit von vier Zwölfteln.
Er zeigt Schere an:	mit einer Wahrscheinlichkeit von drei Zwölfteln.

Wieder läßt sich berechnen, daß mein Gegner, unabhängig davon, welche Strategie ich spiele, im Mittel über zwölf Runden eine Einheit gewinnt, und diese Zahl 1 ergibt sich erneut auf verschiedene Arten. Ich überlasse es den Lesern, nach Belieben weitere interessante Aspekte zu den konkreten Wahrscheinlichkeiten der gemischten Strategien der beiden Spieler herzuleiten.

Das Spiel Papier-Stein-Schere verrät viel über Neumanns Spieltheorie, verbirgt aber wegen seiner Einfachheit auch einige interessante Tatsachen. Es genügt, wenn nur einer der Spieler die optimale gemischte Strategie anwendet; das Ergebnis entspricht auf Dauer der Auszahlung, unabhängig davon, welche Strategie der andere befolgt. Das gilt auch für die symmetrische Fassung der Spiels, aber nicht allgemein für sehr komplexe Spiele. Wenn einer der Spieler die optimale gemischte Strategie befolgt und der andere nicht, ist der letztere gewöhnlich viel schlechter dran, als wenn er nach dem Rationalitätsprinzip optimal spielte.

Vielleicht fragen Sie sich, was das Papier-Stein-Schere-Spiel mit Schnecken zu tun hat, die über eine sattelförmige (oder nicht sattelförmige) Fläche kriechen. Das Beispiel mit der Schnecke war allgemeiner, weil es jedes endliche Zweipersonen-Nullsummenspiel mit vollständiger Information beschreibt. Es ist nicht einfach, das allgemeine Prinzip zu finden, das dem Papier-Stein-Schere-Spiel zugrunde liegt. Es hat nur eine Runde, die beiden Schnecken-Ichs brauchen nur eine einzige Entscheidung zu fällen. Die Fläche wird durch die Spielmatrix beschrieben und besteht bei Papier-Stein-Schere aus insgesamt neun Punkten. Die positiven Zahlen bezeichnen die Gipfel, die negativen die Täler.

Eines der Schnecken-Ichs bestimmt die x-Koordinate der Schneckenstellung, das andere die y-Koordinate. Nach diesem einen Zug ist das Spiel vorbei. Das Ergebnis, nämlich die Position der Schnecke, läßt sich aus der Spielmatrix ablesen. Die Fläche aus neun Punkten ist offensichtlich überhaupt nicht sattelförmig. Genau aus diesem Grund brauchten wir eine gemischte Strategie.

Verallgemeinerungen von Neumanns Theorem

Neumanns Theorem gilt nur für endliche Zweipersonen-Nullsummenspiele mit vollständiger Information. Trotz der vielen Einschränkungen läßt es sich auf erstaunlich viele Spiele anwenden; Neumanns Satz wäre auch dann eine der größten mathematischen Errungenschaften, wenn sein Verdienst sich darauf beschränkte, einen allgemeinen mathematischen Rahmen für diese Spiele geliefert zu haben, denn schon dieser Rahmen genügt, die rein rationale Natur so geheimnisvoller Begriffe wie des Bluffens zu klären, und er ermöglicht es Computerprogrammierern, ausgezeichnete Pokerprogramme zu schreiben. Neumanns Entdeckung erwies sich jedoch als noch viel bedeutungsträchtiger und weit über die einfache Mathematik hinaus als verallgemeinerungsfähig. Jede Voraussetzung seines Theorems läßt sich so abschwächen, daß wir zu interessanten Begriffen und tiefen mathematischen Sätzen kommen.

Neumanns Satz gilt für Poker nur, wenn es von zwei Spielern gespielt wird. Poker wird aber im allgemeinen von vier Personen gespielt. Um Neumanns Satz auf wirkliches Poker anwenden zu können, muß er auf mehrere Spieler verallgemeinert werden.

Dabei stoßen wir auf Probleme, die es bei Zweipersonenspielen nicht gibt. Wenn sich beispielsweise drei Spieler zusammentun, um den vierten auszunehmen, wird ihnen das fast sicherlich gelingen, selbst wenn sie nicht mogeln. Bei Spielen mit mehr als zwei Spielern besteht immer die Gefahr, daß zwei oder drei Spieler sich gegen einen oder auch mehrere Spieler verbünden. Die Spieltheorie für mehrere Spieler verzweigt sich von Anfang an. In einem Fall wird angenommen, daß es keine besonderen

Abmachungen oder Koalitionen zwischen Spielern gibt (daß also Bündnisse durch die Spielregeln oder die Naturgesetze verboten werden). Andere Konzepte lassen Allianzen zu und suchen unter diesen Umständen nach Gleichgewichtsbedingungen.

Neumanns Satz wurde von John Nash erfolgreich auf koalitionsfreie Spiele für mehrere Spieler verallgemeinert; vor allem dafür erhielt er 1994 den Nobelpreis für Wirtschaftswissenschaften. Nash modifizierte den Begriff des Gleichgewichts; deshalb heißen die Kombinationen aus (reinen oder gemischten) Strategien, die dazu führen, daß keiner der Partner etwas zu bereuen hat, wenn er die ihm vorgeschriebene Strategie befolgt, heute Nash-Gleichgewicht. Ein Spieler kann sich hier auch im nachhinein in Kenntnis der Strategie seiner Mitspieler keine für ihn vorteilhaftere Strategie ausdenken und sein Ergebnis durch keine andere Strategie verbessern, solange nicht auch die anderen ihre Strategie verändern.

Nash hat gezeigt, daß es unter den gemischten Strategien bei jedem koalitionsfreien Spiel für mehrere Spieler eine Strategie gibt, die zu einem Gleichgewicht führt. Das ist also eine direkte Verallgemeinerung von Neumanns Satz. Praktisch stellt sich das Problem, daß es bei den meisten Spielen mehr als ein Nash-Gleichgewicht geben kann und die Auszahlung nicht für alle Spieler gleich zu sein braucht. Es ist auch möglich, daß ein Spiel in einem Nash-Gleichgewicht ist und die Spieler trotzdem besser abschnitten, wenn sie konzertiert handelten – aber da Koalitionen nicht erlaubt sind, können sie das nicht tun. Bei Nullsummenspielen für zwei Spieler sind solche Probleme im Gleichgewichtszustand nach Neumanns Satz ausgeschlossen. Selbst wenn es mehrere Sattelpunkte gibt, ist die Auszahlung für beide Spieler gleich.

Beim Gefangenendilemma für zwei oder mehr Spieler gibt es nur einen einzigen Punkt, an dem das Nash-Gleichgewicht herrscht, nämlich wenn beide gestehen. In diesem Fall hat keiner der Spieler etwas zu bereuen, denn wenn einer seine Strategie einseitig änderte, erginge es ihm schlechter. Das Spiel Chicken hat zwei Nash-Gleichgewichte – ein Spieler kooperiert und der andere rivalisiert, oder andersherum. Beides sind Nash-Gleichgewichte, denn wenn einer seine Strategie einseitig veränderte, wäre er schlechter dran. Natürlich macht es für die Spieler einen Unterschied, bei welchem Gleichgewichtspunkt sie aufhören. Der Satz von Nash garantiert, daß es ein Gleichgewicht gibt, aber das Spiel kann doch für die Spieler ganz unterschiedliche Auszahlungen haben. Trotzdem hat sich diese Theorie in den Wirtschaftswissenschaften als sehr nützlich erwiesen, weil sie die Analyse unterschiedlicher Arten von Gleichgewichtszuständen ermöglicht; damit können die Spielregeln zentral beeinflußt und die am wenigsten wünschenswerten Gleichgewichtsfälle vermieden werden.

Die Dollarauktion läßt sich mit den Methoden der Spieltheorie auf viele Weisen untersuchen. Das Spiel ist – theoretisch – ein Spiel für mehrere Personen, aber in der Praxis bieten nach den ersten Geboten nur noch zwei mit. Es ist ein Spiel mit vollkommener Information, aber kein Nullsummenspiel, weil der Gewinner nicht alles erhält, was der Verlierer verliert. Neumanns Satz kann also nicht die Existenz eines Gleichgewichts garantieren. Es gibt ein Nash-Gleichgewicht, das sich jedoch nur mit gemischten Strategien erreichen läßt. Im Fall eines Nash-Gleichgewichts zahlen die Spieler im Mittel einen Dollar für einen Dollar, der Sieger gewinnt also etwa einen halben Dollar. Wie die Experimente in Kapitel 1 zeigten, befolgen menschliche Spieler in der Regel keine Strategie, die dem Nash-Gleichgewicht entspricht. Auch Tiere tun das bei ihren Imponierkämpfen nicht: Im allgemeinen zahlen hier sowohl der Verlierer als auch der Gewinner etwa einen Dollar für den Dollar. Das läßt sich durch eine andere Anwendung der Spieltheorie erklären, nämlich durch den Begriff der *evolutionär stabilen Strategie* (den wir in Kapitel 8 erörtern werden).

Wenn bei einem Spiel mit mehreren Spielern Zusammenarbeit möglich ist, wird die Lage noch komplizierter. Für solche Spiele sind mehrere Gleichgewichtsbegriffe entwickelt worden; obwohl sie bei der Analyse gewisser ökonomischer oder politischer Konfliktsituationen alle zum Teil erfolgreich waren, konnte noch keine allgemeine oder einheitliche Theorie aufgestellt werden.

In der Wirtschaft und in der Politik sind Spiele mit vollständiger Information selten. Selbst mit der besten Aufklärung kann man die Möglichkeiten der Technologie und der Entscheidungsfindung des anderen nicht aufdecken – manchmal ist sogar die Auszahlung unbekannt –, deshalb können wir keine Spielmatrix erstellen. Ein Beispiel für ein Spiel mit unvollständiger Information waren die Gespräche über die Rüstungskontrolle zwischen den Amerikanern und den Russen (zu manchen Zeiten schienen sie nicht einmal endlich zu sein). J. C. Harsányi analysierte diese Gespräche mit den Methoden der Spieltheorie, und er erhielt dafür 1994 ebenfalls den Nobelpreis für Wirtschaftswissenschaften. Harsányis Grundgedanke war es, den russischen und amerikanischen „Spielern" unterschiedliche Intentionen und Ausrüstungen zuzuschreiben und alle Gleichgewichtspunkte zu untersuchen, die sich aus den möglichen Paarungen ergaben, ohne zu wissen, welcher Gleichgewichtspunkt dem wirklichen entsprechen könnte. Er faßte die Ergebnisse auf der Grundlage ihrer Wahrscheinlichkeiten zusammen und dachte sich daraufhin ein Spiel aus, auf das sich die Methoden von Spielen mit vollständiger Information bereits anwenden ließen. Die kluge Lösung dieses Problems führte zu guten Vorhersagen über die zu erwartenden Reaktionen der anderen Partei und über die erreichbare Übereinkunft.

Wie sich herausstellte, ließ sich Neumanns Satz sogar noch radikaler verallgemeinern. In der Biologie, in der Psychologie und in den Wirtschaftswissenschaften ist es nicht immer gerechtfertigt, Rationalität als allgemeines Leitprinzip zu sehen. Die Spieltheorie läßt sich auch anwenden, wenn der Begriff der Rationalität anders definiert wird, und deshalb können mehrere Wissenschaftszweige sie auf eigene Weise in die Praxis umsetzen. Aber zunächst bleiben wir noch bei Neumanns ursprünglichem Gedanken.

Spiele mit Handikap

Max Weber hat scharf zwischen zwei Arten der Rationalität unterschieden, nämlich zwischen der Wertrationalität und der Zweckrationalität. Moralphilosophen befassen sich vor allem mit der Wertrationalität; bei der Goldenen Regel und beim kategorischen Imperativ geht es um nichts anderes. Diese Art der Rationalität liegt außerhalb des Geltungsbereichs von Neumanns Spieltheorie. Neumanns Spieltheorie nimmt an, daß die vollständig rationalen Spieler sich der eigenen Interessen voll bewußt sind und genau wissen, wie vorteilhaft das mögliche Spielergebnis für sie ist. Die Theorie befaßt sich nicht damit, ob diese Werte wirklich oder eingebildet sind oder ob eine bestimmte Entscheidung aus irgendeinem (individuellen, psychologischen oder gemeinsamen ethischen) Grund für rational gehalten werden kann. Die Spieltheorie interessiert sich nur für die Zweckrationalität der Mittel, also für die Methoden der Entscheidungsfindung.

Trotzdem kann die Wahl der Werte das Wesen des Spiels grundlegend verändern. Wie wir beispielsweise in Kapitel 4 sahen, verwandelte das Entscheidungskalkül der Goldenen Regel das schwierige Gefangenendilemma in eine konfliktfreie Situation, in der die Entscheidung offensichtlich war. In der Spieltheorie jedoch geht die individuelle Festlegung der Präferenzordnung der Analyse voran. Die Spieltheorie betrachtet die Spielmatrix, die zeigt, welche Werte die Spieler jeweils gewählt haben, als gegeben und beschäftigt sich nicht mit dem Problem, ob diese Wahl das Ergebnis allgemeiner Grundsätze ist oder auf einer vorübergehenden Laune beruht.

Eine der Grundlagen der Spieltheorie ist die Annahme, daß unser Gegner ein völlig rationales Wesen ist, der genauso in der Lage ist, seine Interessen zu verfechten, wie wir. In diesem Fall ist unsere Strategie rational, wenn wir das in Betracht ziehen. Es bleibt zu sehen, welche rationale Methode diese Art der Rationalität verwirklichen kann, ob allgemeingültige Wege dorthin führen oder nicht. Im Fall von endlichen Zweipersonennullsummenspielen mit vollständiger Information können wir, wie

Neumanns Satz bewiesen hat, zu einem widerspruchsfreien Rationalitätsbegriff kommen, der sich in der Praxis mit Hilfe der optimalen gemischten Strategie verwirklichen läßt.

Oft aber trifft die Annahme nicht zu, daß unser Gegner genauso gut spielen kann wie wir. Diese Annahme ist sicherlich falsch, wenn wir gegen einen viel schwächeren Gegner Schach spielen und das Handikap eines Turms auf uns nehmen. Bei gleich starken Spielern ist es geraten, das Spiel aufzugeben, wenn man einen Turm verloren hat, solange dieser Nachteil nicht durch besondere Umstände ausgeglichen wird. Nur ein überlegener Spieler kann trotz eines solchen Handikaps gewinnen.

Beim Schach ist es unüblich, dem stärkeren Spieler ein Handikap aufzuladen, aber bei Go ist es beinahe zwingend. Für einen Japaner ist es fast unvorstellbar, ohne Handikap gegen einen wesentlich schwächeren Spieler zu spielen, denn sonst wären die Chancen ja nicht gleich! Uns Europäern erscheint das ganz natürlich: Selbstverständlich sind die Chancen nicht gleich, wenn einer von uns stärker ist als der andere. Japaner aber denken anders. Für sie ist ein Spiel nur dann fair, wenn die Gegner zu Beginn gleiche Chancen haben. Gewinnen soll der, der bei diesem Spiel geschickter vorgeht.

Bei Schach oder Go ist es nicht ganz klar, wie sich das durch Vorgaben genau erreichen läßt. Bei einem Wettlauf dagegen ist es einsichtig, daß der schnellere Läufer dem langsameren genausoviel Vorsprung geben kann, daß das Ergebnis des Wettbewerbs erst auf den letzten Metern entschieden wird. Wenn die Vorgabe richtig berechnet wurde, gewinnt der Läufer, der sich bei diesem Wettbewerb mehr anstrengt, seine Energie besser einteilt und seine Ressourcen besser mobilisieren kann. Beim Schach ist es dagegen schwierig zu berechnen, welche Vorgabe zwischen den beiden Spielern fair ist, während das System der Vorgabe beim Go-Spiel gut durchdacht ist.

Was kann die Spieltheorie über Handikapspiele sagen, bei denen wir von Anfang an annehmen, daß die beiden Gegner nicht gleich stark sind? Interessanterweise bleibt die Spieltheorie auch in diesen Fällen gültig. Es ist keine kluge Taktik, wenn der stärkere Spieler tückische Fallen aufstellt und hofft, daß der schwächere Spieler in sie hineintappt. Wenn der Gegner die Falle bemerkt, kann es auch dem stärkeren Spieler, der ein Handikap auf sich nahm, schlecht ergehen. Die richtige Taktik des stärkeren Spielers besteht darin, rational zu spielen und die Präferenzordnung nur wenig abzuändern – und lieber eine komplizierte Ausgangsstellung zu wählen als eine einfache. Auf diese Weise kann er die Spannung so lange wie möglich aufrechterhalten, und so hat er die besten Aussichten, sein Handikap durch die Fehler des anderen auszugleichen.

Er nimmt weiterhin an, daß sein Gegner so gut spielt, wie es ihm möglich ist, er wendet also weiterhin das Rationalitätsprinzip an, aber er kompensiert sein Handikap, indem er versucht, Situationen zu schaffen, in denen es für sie beide schwieriger ist, das Rationalitätsprinzip in die Praxis umzusetzen. Hier kann sich überlegenes Wissen auswirken. Tatsächlich machen sehr gute Go-Spieler fast niemals einen falschen Zug, auch wenn ihr Handikap groß ist; im schlimmsten Fall lassen sie sich auf komplexe Situationen ein, die sie – weil sie nicht berechenbar sind – lieber vermeiden würden, wenn sie gegen einen gleich starken Gegner spielten.

An Spielen mit Handikaps läßt sich besonders gut sehen, daß es bei der Spieltheorie im höchsten Grad um die Rationalität der Zwecke geht und daß sie sich für die Rationalität der Werte gar nicht interessiert. Auch wenn der stärkere Spieler bei Handikapspielen anfänglich im Nachteil ist, wäre es für ihn unklug, wenn er von dem von der Spieltheorie gewiesenen Weg abweichen würde, aber es kann für ihn nützlich sein, wenn er seine Präferenzordnung ein bißchen an die gegebenen Umstände anpaßt.

Der Teil und das Ganze

Die Spieltheorie ist zu einem wichtigen Hilfsmittel bei der praktischen Entscheidungsfindung geworden. Sie lieferte die theoretische Begründung dafür, warum die effizientesten Börsenmakler einen Teil ihres Kapitals in hochertragreiche, aber sehr riskante Aktien stecken und einiges Geld in Aktien, deren Erlös gering, aber ziemlich sicher ist. Das ist genau das Vorgehen, das die optimale gemischte Strategie vorschreiben würde. Eigentlich ist die Spieltheorie eine Theorie der rationalen Entscheidungsfindung.

Das ist jedoch nur die eine Seite der Medaille. Die Spieltheorie kann auch als eine Theorie gesehen werden, die nicht vorrangig mit den Spielern zu tun hat, sondern mit dem Spiel selbst. Unternehmer interessieren sich dafür, wie sie in einer gegebenen wirtschaftlichen Situation die effizienteste und rationalste Entscheidung treffen können. Der Finanzminister jedoch ist an der Entwicklung der Wirtschaft selbst interessiert, daran, ob sie stabil ist oder hoffnungslos schwankt, ob der Haushalt politisch akzeptabel ist und, wenn nicht, wie Etatpositionen verändert werden können, so daß er angenommen wird. Der Finanzminister ist also an dem Spiel interessiert und nicht an den einzelnen Spielern.

Natürlich interessiert sich der Psychologe, der unsere schizophrene Schnecke erforscht, für die Kräfte, die in der Schnecke aktiv sind, also für die Strategien der beiden Schnecken-Ichs. Er ist aber noch mehr an der Schnecke selbst interessiert: Können die aktiven Kräfte in der Schnecke zu einem Gleichgewicht kommen, oder wird der Kampf zwischen den beiden Schnecken-Ichs das innere Gleichgewicht oder den Frieden der Schnecke für immer untergraben? Wie kann er der Schnecke helfen, ein Gleichgewicht zu finden, das für die Schnecke annehmbar ist?

Allmählich zeichnen sich zwei Ebenen der Spieltheorie ab, nämlich die Ebene der Spieler und die des Spiels selbst. Dem Psychologen erscheinen diese beiden Ebenen als verschiedene Kräfte, die im Menschen wirken, oder als die Psyche selbst. Aber was der Psychologe im Spiel sieht, findet der Volkswirtschafter in den Spielern, nämlich dem einzelnen Menschen mit der vollen Komplexität seiner Psyche. Für ihn läuft das Spiel selbst auf einer höheren Ebene ab, nämlich auf der der Gesamtwirtschaft. Die Situation hat Ähnlichkeit damit, wie die Zweige der Naturwissenschaften aufeinander aufbauen: Chemie baut auf Physik, Biologie auf Chemie. Was für den einen das Spiel selbst ist – ein Gegenstand der Forschung, ist für den anderen ein elementarer

Baustein, für dessen Elemente er sich wenig interessiert. Die Spieltheorie wirkt in jedem Zweig der Naturwissenschaften anders, aber indem sie die Dynamik der Spieler und damit das ganze Spiel erfassen konnte, hat sie in den unterschiedlichsten Bereichen zu wichtigen Ergebnissen geführt.

Die Frage nach den Beziehungen zwischen dem Teil und dem Ganzen ist ein Ausdruck für das ewige Dilemma der Forscher in den verschiedenen Zweigen der Naturwissenschaften. Die Spieltheorie hat ein radikal neues und mächtiges Hilfsmittel geliefert, mit diesem Problem umzugehen.

John von Neumanns Spieltheorie offenbarte die Quellen der Vielfalt, die wir in der Natur vorfinden. Auf der Grundlage von Neumanns Satz wurde klar, daß sich in gewissen Arten von Spielen ein Gleichgewicht nur durch die konsequente Anwendung gemischter Strategien entwickeln kann. Ein universales Leitprinzip, das sich als das Rationalitätsprinzip erwies, konnte zur Vielfalt der wirklichen Spieltechniken führen. Die wahre Bedeutung der Theorie steckt in der Tatsache, daß sie in außerordentlich vielen Bereichen Anwendung gefunden hat. Wie wir später sehen werden, läßt sich das Rationalitätsprinzip durch andere allgemeine Leitsätze ersetzen, während die Grundgedanken der Spieltheorie gültig bleiben. Überall, wo es einen Wettbewerb um knappe Ressourcen gibt, kann sich nur dann ein dauerhaftes und stabiles Gleichgewicht entwickeln, wenn die Spieler gemischte Strategien anwenden, wenn also im Spiel eine Vielfalt einzelner Verhaltensweisen, Denkstile und Bewältigungsstrategien angewendet wird.

7 Wettbewerb um ein gemeinsames Ziel

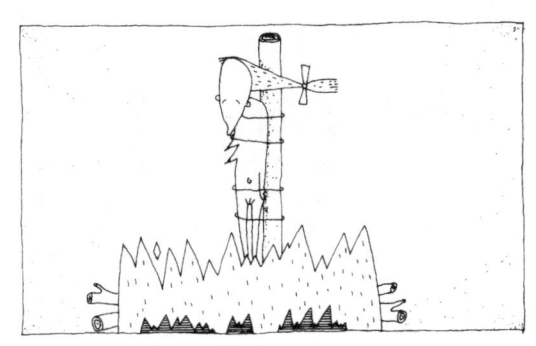

Integrität ist unverzeihlich.

In dem Roman *Ambulatorium* des ungarischen Autors György Spiro kommt ein Café in einer staubigen Kleinstadt gerade so über die Runden. Dann eröffnet ein Fremder genau gegenüber vom alten Café ein neues. Jeder hält ihn für verrückt, da sich ja schon das alte Café nur mit Mühe halten kann. Bald jedoch blühen beide Cafés auf. Als die Menschen die Wahl zwischen zwei Möglichkeiten haben, bildet sich in beiden Cafés ein Kreis von Stammgästen, die sich jeweils ihrem Café zugehörig fühlen und nur dorthin gehen. Zwischen diesen Gruppen kommt es zu schweren Konflikten, und gelegentlich wechselt ein Gast unter dramatischen Umständen zum anderen Café über. Vermutlich ist der Romanheld – der nie ins Café gegangen war, solange es nur ein einziges gab – der einzige, der beide Cafés regelmäßig besucht.

Die beiden Cafés sind offensichtlich in einem starken Wettbewerb, und trotzdem spielen sie kein Nullsummenspiel, denn als das neue Café wieder schließt, verkümmert das alte und siecht wie früher dahin.

Bei Nicht-Nullsummenspielen sind die Interessen der Spieler einander nicht genau entgegengesetzt. Fast jede Wechselwirkung unter Menschen – ob Arbeit, Unterhaltung oder Konflikt – ist eine komplexe Kombination aus entgegengesetzten und gemeinsamen Interessen, und reine Nullsummenspiele gibt es außer am Schachbrett oder am Pokertisch nur in Situationen, die absichtlich so geschaffen wurden. Wir nennen Nicht-Nullsummenspiele auch Spiele mit gemischter Motivation.

Bei Spielen mit gemischter Motivation können die Spieler nicht nur das gewinnen oder verlieren, was der andere verliert oder gewinnt, sondern gelegentlich können alle Spieler Ressourcen nur dann nutzen oder Verluste nur dann vermeiden, wenn sie zusammenarbeiten. Bei diesen Spielen sind individuelle und gemeinsame Interessen miteinander vermischt. Ein typisches Beispiel für ein Spiel mit gemischter Motivation ist der Umweltschutz: Einerseits liegt es im individuellen Interesse eines jeden, der die Umwelt verschmutzt, sowenig wie möglich für dieses Ziel auszugeben, das keinen direkten Profit bringt, andererseits sind alle gemeinsam daran interessiert, die Umwelt zu schonen.

Neumanns Theorem, das die Spieltheorie begründet, gilt für Nullsummenspiele, also für Spiele zwischen Konkurrenten. Wie wir sahen, hat diese Theorie nicht nur über solche Spiele Interessantes auszusagen. Jetzt betrachten wir die Spiele am anderen Ende des Spektrums: Was sind das für Spiele, bei denen die Interessen von zwei (oder mehr) Spielern einander genau entsprechen, wo es keinen Konflikt gibt, wo keiner den anderen reinlegen will und jeder vom gleichen Ziel bestimmt wird?

Rein kooperative Spiele

Das britische Fernsehen zeigte jahrelang eine Quizsendung, die *Mr. and Mrs.* hieß und ein Beispiel für ein rein kooperatives Spiel darstellt. Die Teilnehmer waren Ehepartner, die unabhängig voneinander die gleichen Fragen beantworten mußten. Wenn sie die gleichen Antworten gaben, erhielten sie gemeinsam einen Punkt, und das Paar mit den meisten Punkten bekam am Ende viel Geld. Den Mitspielern wurden mehrere Antworten zur Wahl gestellt. Zum Beispiel wurde danach gefragt, ob der Mann seiner Frau zum Geburtstag Rosen, Tulpen, Nelken oder Lilien schenken würde. Oder: Wer würde die neuen Möbel aussuchen, wenn sie beschließen würden, die Küche neu einzurichten? Der Mann, die Frau, Mann und Frau gemeinsam, die Schwiegermutter oder ein Raumgestalter? Die Möglichkeiten wurden den Partnern in unterschiedlicher Reihenfolge und in unterschiedlichen Formulierungen vorgelesen, um die Möglichkeit auszuschließen, daß sich das Paar vorweg auf eine Methode einigte (und beispielsweise immer die dritte Alternative wählte oder immer diejenige, die mit einem Buchstaben begann, der dem Anfangsbuchstaben des Alphabets am nächsten war).

Dieses einfache Spiel läßt sich auf viele Weisen spielen – vielleicht wurde es darum so beliebt. Wie sich herausstellte, bestand das am wenigsten vorteilhafte Vorgehen darin, daß die Partner ihre wirkliche Meinung sagten. Etwas besser war es, wenn beide Partner die Antwort wählten, von der sie dachten, daß der andere sie wählen würde. Die besten Ergebnisse erreichten Paare, die die Symmetrie brachen, bei denen also beispielsweise der Ehemann sagte, was er wirklich dachte, die Frau aber das, was ihr Mann ihrer Meinung nach sagen würde.

Bei rein kooperativen Spielen sind die gemeinsamen Gewinnchancen oft besser, wenn die Symmetrie gebrochen wird. Wenn sich beispielsweise zwei Menschen im Marktgewühl aus den Augen verlieren und beide beginnen, nach dem anderen zu suchen, finden sie einander wahrscheinlich später, als wenn einer von ihnen an einem belebten Platz stehenbleibt und der andere suchend umhergeht. Aber das Stehenbleiben kann eine riskante Strategie sein, falls man sich nicht zuvor darauf geeinigt hat. Wenn beide sich für das Warten entscheiden, werden sie sich niemals finden! Wenn also Mutter und Kind zum Markt gehen, sollten sie besser vorher verabreden, daß das Kind, falls es verlorengeht, an einem gut sichtbaren Platz stehenbleibt und dort warten soll. Theoretisch ist es genausogut, wenn die Mutter stehenbleibt und das Kind sucht, aber in diesem Fall ist die Asymmetrie eine andere.

Auch die Jury eines Schönheitswettbewerbs spielt ein rein kooperatives Spiel. Jeder Juror bemüht sich, für eine Kandidatin zu stimmen, die die meisten Menschen schön nennen würden, auch wenn er selbst eine andere Kandidatin vorgezogen hätte. Keiner soll es als Schande empfinden, wenn seine persönliche Favoritin die Wahl zur Schönheitskönigin verliert. Folglich stimmen die Mitglieder der Jury nicht für die Frau, die sie persönlich für die schönste halten, denn sie wissen ja alle, daß man über den Geschmack nicht streiten kann, weder über den eigenen noch über den der anderen, und daß andere vielleicht gerade das für einen Makel halten, was sie besonders anspricht. Am besten versucht man zu erraten, welche Frau nach Meinung der Öffentlichkeit für die schönste gehalten wird.

John Maynard Keynes wies darauf hin, daß berufsmäßige Investoren an der Börse nach genau dieser Strategie vorgehen. Sie beobachten die öffentliche Meinung (oder vielmehr das, was dafür gehalten wird), weil die Entwicklung der Aktienkurse letztlich dadurch bestimmt wird. Das ist auch der Grund, warum es zu einer Inflation führen kann, wenn mit einer Inflation gerechnet wird – obwohl dieser rein psychologische Faktor eigentlich weit von den harten Gesetzen des Wirtschaftslebens entfernt ist. Vielleicht kommt es mir gar nicht so vor, daß die Wirtschaft auf eine Inflation zusteuert, aber trotzdem habe ich das Gefühl, daß die öffentliche Meinung mit einer Zunahme der Inflation rechnet, und dann kaufe ich im eigenen Interesse Aktien, weil ich darauf zähle, daß jeder das machen wird und damit die Preise in die Höhe getrieben werden. Die Erwartung der Inflation kann also auch zu einer Art von Kooperation führen, die jedoch deutlich negative Folgen hat.

Wie es zu dieser Art schweigender Kooperation kommen kann, läßt sich an einem einfachen Experiment aufzeigen. Man bittet zwei Personen, die sich nicht kennen, ein Spiel zu spielen, bei dem jeder von ihnen, unabhängig von dem, was der andere sagt, „Kopf" oder „Zahl" sagen soll. Wenn sie beide das gleiche sagen, erhalten sie eine Mark, sonst bekommen sie nichts. In

Ungarn wählten 90 bis 95 Prozent der Versuchspersonen in einer solchen Situation Kopf. Wenn wir jedoch solche Losentscheidungen im wirklichen Leben beobachten (beispielsweise bei der Wahl der Platzhälfte beim Fußball), wird nur in 60 bis 70 Prozent der Fälle Kopf gewählt. Die meisten Menschen wissen also anscheinend – oder sie haben es im Gefühl –, daß die Mehrheit „Kopf" sagt, sogar wenn sie selbst es nicht tun.

Soziologen kennen dieses Phänomen aus Fällen, in denen die Mehrheit denkt, sie sei die Minderheit. Bei einer amerikanischen Befragung wurden weiße Eltern gebeten zu sagen, was sie antworten würden, wenn ihre Tochter ihre farbige Schulfreundin zum Spielen einladen wollte. Zur Wahl standen die Antworten:

a) Mein Kind soll nicht mit farbigen Kindern spielen.
b) Mein Kind kann mit farbigen Kindern spielen, aber nur in der Schule.
c) Warum nicht?

Die Eltern antworteten zu siebzig Prozent: „Warum nicht?" Als man aber ebendiese Eltern befragte, was die Mehrheit der Eltern ihrer Meinung nach antworten würde, stimmten nur dreißig Prozent für „Warum nicht?" Eine ungarische Befragung wollte 1993 wissen, was die Versuchspersonen sagen würden, wenn bei den zweiten freien Wahlen 1994 ein Kandidat unter 35 Jahren, ein Jude oder eine Frau zum Ministerpräsidenten gewählt werden würde. Die Mehrheit äußerte sich in bezug auf alle drei hypothetischen Personen positiv, wenn auch in unterschiedlichen Anteilen (beispielsweise: Das spielt keine Rolle, es kommt nur darauf an, daß sie über das nötige Wissen verfügen), glaubten aber mehrheitlich, die Mehrheit würde diese Fragen negativ beantworten. Ein solcher Informationsmangel erschwert natürlich die Zusammenarbeit.

Gegenseitige Schicksalskontrolle

Die sogenannte gegenseitige Schicksals- oder Ergebniskontrolle ist eine klassische experimentelle Anordnung der Sozialpsychologie. Zwei Menschen – wir nennen sie Spieler – sitzen in getrennten Räumen. Sie können einander weder sehen noch sich sonst irgendwie verständigen. Vor ihnen sind zwei Knöpfe, L und R, einer links, einer rechts, von denen sie nicht wissen, wozu sie gut sind. Immer, wenn sie einen hohen Ton hören, sollen sie einen der beiden Knöpfe drücken. Jedem hohen Ton folgt ein tiefer Ton, der die „Ankündigung der Ergebnisse" verheißt: Die Spieler werden entweder belohnt oder bestraft. Die Belohnung kann Geld sein, die Bestrafung ein unangenehmes Geräusch, ein kleiner elektrischer Schlag oder einfach das Ausbleiben von Belohnung.

Das Wesentliche bei diesem Spiel ist, daß die Spieler einander in Wirklichkeit die Belohnung oder Bestrafung selbst schicken. Wenn der Spieler den rechten Knopf drückt, schickt er dem anderen eine Belohnung, wohingegen er ihn durch einen Druck auf den linken Knopf bestraft. Das aber wissen die Spieler nicht. Die Frage ist, ob sie zur Zusammenarbeit gelangen, also zu einem Punkt kommen, an dem sie einander nur belohnen und auf diese Weise beide reichlich Geld erhalten.

Die Spieler vermuten sicherlich bald einen Zusammenhang zwischen dem Knopfdruck und der Belohnung oder Bestrafung, ahnen aber nicht, wie der Zusammenhang beschaffen ist. Bei einigen Versuchen wissen die Spieler nicht einmal, daß ein anderer Mensch am Versuch beteiligt ist, bei anderen wird ihnen nur gesagt, daß im Nebenzimmer jemand in einer ähnlichen Lage ist wie sie.

Bei diesem Spiel hat keiner der Spieler die Möglichkeit, die Spielregeln herauszufinden, weil sie nicht wissen, ob der andere belohnt oder bestraft wurde. Die spielende Person kann nur sehen, daß sie dann, wenn sie den Knopf gedrückt hat, manchmal eine Belohnung erhält und manchmal eine Bestrafung. Sie versucht wahrscheinlich eine Regel zu finden, die das Ergebnis bestimmt, wird aber kaum je die wirkliche Spielregel finden.

Tatsächlich ist das Spiel selbst nicht völlig kooperativ, denn jeder kennt nur die eigenen Interessen und Ergebnisse, und es kann ihm ebenso recht sein, wenn er den anderen nur bestraft, während er selbst nur Belohnungen erhält. Das ist jedoch eine unwahrscheinliche Entwicklung, die in der Praxis nie aufgetreten ist. Wir können das Spiel gewinnen, wenn wir den anderen wissen lassen, was für uns gut ist, also eine Art Zusammenarbeit entwickeln, bei der wir einander Belohnungen schicken. Bei Experimenten wie diesem geht es um die Entwicklung der Kooperation im Reinformat.

Die Spielregeln dieser Versuchsanordnung lassen sich vielfältig abwandeln, und wenn wir es geschickt genug anfangen, können wir zu Recht erwarten, daß wir damit Regeln für die allgemeine Natur der Zusammenarbeit finden. Man hat viele ähnliche Experimente durchgeführt. Gelegentlich wurde nicht einmal festgelegt, wann der Knopf gedrückt werden sollte, sondern die Spieler konnten den Knopf drücken, wann immer sie wollten oder wenn sie dachten, daß es gut für sie wäre.

Theoretische Überlegungen

Eines der Gesetze der Psychologie, Thorndikes Gesetz der Auswirkungen, kurz Effektgesetz genannt, ist in Experimenten mit Tieren wie mit Menschen unter unterschiedlichen Bedingungen wiederholt bestätigt worden: Solange wir keine angemessene Information über die wirklichen Spielregeln haben, scheint es ganz logisch, nach dem folgenden Grundsatz vorzugehen: Wenn auf unsere Handlung ein angenehmer Zustand folgt, sollten wir sie wiederholen, wenn die Folgen unangenehm sind, sollten wir besser etwas anderes versuchen. Auch beim Sport läßt man eine Mannschaft unverändert, solange sie gewinnt. Der US-amerikanische Psychologe Edward Lee Thorndike sagt dazu: „Von den Reaktionen auf ein und dieselbe Situation werden jene, mit denen Befriedigung einhergeht oder denen Befriedigung unmittelbar folgt, fester mit der Situation verknüpft (...); bei jenen, mit denen Unbehagen einhergeht oder denen Unzufriedenheit unmittelbar folgt (...), wird der Zusammenhang mit der Situation geschwächt."

Diese Formulierung ist – wie wir gleich sehen werden – etwas differenzierter als die Pauschalaussage: „Never change a winning team." Wir fragen jetzt, was die obige summarische Verhaltensstrategie vorhersagen würde – wir nennen diese Strategie das *polarisierte Effektgesetz*, weil sie so extrem einfach ist. Zunächst wäre es nicht leicht, etwas Besseres vorzuschlagen, weil wir die Regeln nicht kennen. Thorndikes Gesetz gilt gewöhnlich in Situationen, in denen das Subjekt (ob Mensch, Katze oder Taube) durch die eigene Reaktion Belohnung oder Bestrafung herbeiführt. Etwas Ähnliches passiert bei der gegenseitigen Schicksalskontrolle. Die Versuchsperson im einen Zimmer sieht nur, daß sie den Knopf drückt und daß dann etwas Gutes oder etwas Schlechtes passiert.

Das polarisierte Effektgesetz hat große Ähnlichkeit mit der TFT-Strategie (siehe S. 61). Wenn wir wüßten, wann wir belohnen und wann wir bestrafen (oder auch nur, daß wir dem Partner überhaupt etwas mitteilen), würden die beiden genau übereinstimmen.

Die Auswirkung des polarisierten Effektgesetzes läßt sich bei unserer gegenseitigen Schicksalskontrolle, bei der die Spieler einander belohnen oder bestrafen, leicht im Kopf verfolgen. Es ist Zufall, welchen Knopf der Spieler zuerst drückt. Wenn beide den Knopf R (rechts, Belohnung) drücken, werden beide sofort belohnt, und nach dem polarisierten Effektgesetz verändern sie deshalb ihre Strategie nicht, also entwickelt sich sofort Zusammenarbeit. Das läßt sich so darstellen:

Spieler 1:   R + R + R + ...
Spieler 2:   R + R + R + ...

Das Pluszeichen bedeutet hier, daß der Spieler eine Belohnung erhielt, während die Pfeile anzeigen, daß das durch den Knopfdruck des anderen Spielers bewirkt wurde. Die Bestrafung wird durch das Minuszeichen angezeigt. Wenn beide Spieler zunächst den Knopf L drücken, nimmt das Spiel diesen Verlauf:

Spieler 1:   L − R + R + ...

Spieler 2:   L − R + R + ...

Wenn einer der Spieler mit R beginnt und der andere mit L, sieht es so aus:

Spieler 1:   L + L − R + R + ...

Spieler 2:   R − L − R + R + ...

Da es keine anderen Möglichkeiten gibt, sagt das polarisierte Effektgesetz also vorher, daß sich spätestens nach der dritten Runde Zusammenarbeit einstellt, die dann auch beibehalten wird.

Experimentelle Ergebnisse

Zur Überprüfung dieser Hypothese hat H. H. Kelley genau durchdachte und kontrollierte Experimente durchgeführt, die die Vorhersagen der Theorie nur teilweise bestätigten. In keinem Fall kam es schon nach dem dritten Knopfdruck zu beständiger, ununterbrochener Zusammenarbeit. Zu Beginn drückten alle Versuchspersonen die Knöpfe willkürlich und versuchten eine Beziehung zwischen Knopfdruck und Ergebnis zu finden. Im Mittel drückten die Versuchspersonen den Knopf R in etwa 75 Prozent der Fälle und den Knopf L in 25 Prozent. Aber 96 Prozent der Paare arbeiteten am Schluß zusammen und sandten einander am Ende ziemlich zuverlässig Belohnungen. Die Knöpfe wurden also im Mittel etwa fünfzigmal gedrückt, bis die Paare zusammenarbeiteten. Menschliche Spieler verhielten sich damit ganz entschieden nicht nach dem Effektgesetz, jedenfalls nicht nach seiner polarisierten Fassung. Eine wichtige Beobachtung war auch, daß die Spieler auch dann die Spielregeln nicht erraten konnten, wenn sie schon eine stabile Kooperation erreicht hatten.

Warum haben wir oben gesagt, daß die experimentellen Hinweise die Vorhersagen für das polarisierte Effektgesetz nur teilweise bestätigten, statt zu sagen, daß die Hinweise die Theorie widerlegten? Dafür gibt es zwei Gründe. Erstens hat sich in der überwiegenden Mehrzahl der Versuchspaare schließlich doch Zusammenarbeit eingestellt, und das stimmt mit der theoretischen Vorhersage überein. Dieses Ergebnis scheint aber ziemlich schlecht zu sein, weil die quantitativen Daten (wie oft die Knöpfe gedrückt werden mußten, bis sich Zusammenarbeit entwickelte) weit hinter der Vorhersage zurücklagen. Aber warten wir mit unserem Urteil bis zum nächsten Experiment.

Der zweite Grund ist leicht einzusehen. Die drei theoretischen Möglichkeiten zeigen, daß sich Kooperation dann, wenn sie sich nicht sofort einstellt, auch nach wechselseitiger Bestrafung herausbilden kann. Überraschenderweise haben die Experimente diese Vorhersage vollkommen bestätigt. Bei psychologischen Experimenten kommt ein Wert von hundert Prozent so selten vor, daß man ihn besser gleich vergißt, deshalb gehören die Experimente von Kelley und seinen Kollegen zu den äußerst seltenen Ausnahmen. In der ganzen Versuchsreihe haben beide Partner vor jeder langen wechselseitigen R-Reihe ohne jede Ausnahme auf den L-Knopf gedrückt. Fast scheint wechselseitige Mißhandlung eine Vorbedingung für Zusammenarbeit zu sein.

Aufgrund theoretischer Überlegungen und empirischer Beobachtungen wissen Sozialpsychologen schon seit langem, daß sich gegenseitiges Vertrauen oder sogar Intimität oft erst nach einer häßlichen Auseinandersetzung oder einem unangenehmen Konflikt entwickelt. Auch Kriminologen sind sich dessen bewußt, daß sich in einer Verbrecherbande Vertrauen und Zusammenarbeit oft erst nach einem heftigen Kampf entwickeln. Robin Hood konnte Little John erst nach einer Rauferei vertrauen. In Shakespeares *Der Widerspenstigen Zähmung* entwickelt sich das innige Einvernehmen zwischen der zänkischen Katharina und Petrucchio erst, als Katharina nach vielen groben Auseinandersetzungen plötzlich einschwenkt, was Petrucchio zum Gewinner einer Wette macht, bei der es um viel Geld geht.

Der Hauptvorzug von Kelleys Experiment ist seine Abstraktheit, die Tatsache, daß die Spieler sich der Spielregeln nicht bewußt sind und die Regeln auch dann nicht kennen, wenn sie schon gut zusammenarbeiten. Wir sind uns der Beweggründe unserer Handlungen selten bewußt, von denen unserer Partner ganz zu schweigen. Die Theoriebildung war schon dann nicht umsonst, wenn die theoretische Analyse, auf der das polarisierte Effektgesetz beruht, lediglich den Nutzen hatte, die Aufmerksamkeit der Forscher auf Versuchsdaten zu lenken, die einer gründlicheren Untersuchung wert sind. Diese einfache Theorie hat jedoch zu weiteren Ergebnissen geführt.

Asynchrone Entscheidungen

Bis jetzt haben wir die gegenseitige Schicksalskontrolle in Situationen untersucht, in denen die Spieler ihre Entscheidungen beim Erklingen eines hohen Tons immer gleichzeitig trafen und beim Erklingen eines tieferen Tons gleichzeitig belohnt oder bestraft wurden. Was verändert sich, wenn die Töne nicht gleichzeitig erklingen, also einer der Spieler einen hohen Ton hört, während der andere einen tiefen hört, oder umgekehrt?

Dieses anscheinend kleine technische Manöver sollte eigentlich nicht viel verändern. Die Spieler haben ja keine Ahnung davon, was im anderen Zimmer passiert, wenn dort ein Ton erklingt. Und sie haben nicht nur keine Ahnung, sondern auch keine Möglichkeit, es zu erfahren, weil jeder Spieler nur weiß, daß er einen Knopf drücken muß, wenn er einen hohen Ton hört, und daß er entweder eine Belohnung oder eine Bestrafung erhält, wenn er einen tiefen Ton hört. Dann wiederholt sich dieser Vorgang. Wenn man die Situation aus der Sicht der Spieler betrachtet, gibt es keinen Grund dafür, daß die zeitliche Abstimmung der Töne einen Unterschied machen sollte. Um so überraschender ist es, daß das doch der Fall ist.

Was besagt das polarisierte Effektgesetz in diesem Fall? Da die Spieler nicht synchronisiert sind, erhält der Spieler, der den Knopf zuerst drückt, keine Reaktion, die auf dem Zug des anderen Spielers beruht. Wir nehmen deshalb an, daß der erste Spieler zunächst eine künstliche positive Reaktion (+) erhält und daß die wirkliche gegenseitige Schicksalskontrolle erst danach beginnt. Es führt zu dem gleichen Ergebnis, wenn die erste künstliche Reaktion negativ (–) ist.

Wenn beide Spieler beim ersten Versuch den Knopf R drükken, kommt es sofort zur Zusammenarbeit, und es gibt keinen Grund, warum sie zusammenbrechen sollte. Wenn einer der Spieler den Knopf R drückt und der andere den Knopf L, verläuft das Spiel so:

Spieler 1: R + R – L – R – L + L + L – R + R – L – R – L + L + L ...

Spieler 2: L + L + L – R + R – L – R – L + L + L – R + R – L ...

Wie man sieht, beißt sich die Katze nach dem siebten Knopfdruck in den Schwanz, und die Serie wird endlos wiederholt; beide Spieler drücken die Reihe R R L R L L L, wenn auch zeitlich verschoben.

Wenn beide Spieler beim ersten Versuch den Knopf L drükken, ergibt sich, wie man leicht sehen kann, die gleiche Situation. Die Theorie sagt also vorher, daß sich in einer asynchronen Situation keine Zusammenarbeit entwickelt!

Die Theorie sagt auch vorher, daß Spieler, die sich entsprechend des polarisierten Effektgesetzes verhalten, auf Dauer ein schlechteres Ergebnis erhalten, als wenn sie die Knöpfe völlig willkürlich drücken. Nach der Theorie erhalten die Spieler in einer Reihe von sieben Knopfdrücken dreimal eine Belohnung, also in weniger als der Hälfte der Fälle, während sie viermal bestraft werden. Selbst eine so absurde Strategie wie „Ändere die Strategie, wenn du gewinnst, aber nicht, wenn du verlierst" würde zu einem besseren Ergebnis führen!

Die Theorie sagt ein noch schlechteres Ergebnis vorher, wenn das Spiel so abgestimmt wird, daß Spieler 1 einen Knopf drückt, dann Spieler 2 seine Belohnung oder Bestrafung erhält, danach Spieler 2 einen Knopf drückt und dann Spieler 1 erhält, was ihm zukommt, dann Spieler 1 seinen Knopf wieder drückt und so weiter. Wenn Spieler 1 mit Knopf R beginnt und Spieler 2 mit Knopf L, verläuft das Spiel so:

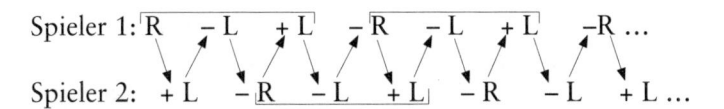

Spieler 1: R   -L   +L   -R   -L   +L   -R ...

Spieler 2: +L   -R   -L   +L   -R   -L   +L ...

Weil Spieler 2 das Ergebnis des ersten Knopfdrucks mit nichts in Zusammenhang bringen konnte, konnten wir diese „Botschaft" ruhig außer acht lassen. Aber dadurch verbessert sich nichts, sondern es kommt zu einer noch schlimmeren unendlichen Schleife. Nach der Theorie bestrafen die Spieler sich jetzt in zwei Dritteln der Fälle gegenseitig. Die Situation ist die gleiche, wenn beide Spieler zufällig mit Knopf L beginnen.

Theoretische Überlegungen sagen also vorher, daß sich in einer asynchronen Situation keine Zusammenarbeit entwickelt und die Spieler sich dann sogar häufiger gegenseitig bestrafen als belohnen. Diese theoretischen Vorhersagen wurden nur teilweise durch die Experimente bestätigt. Man fand in der Tat, daß sich Zusammenarbeit nicht leicht entwickelt. In einer Versuchsreihe mit fünfzig Paaren stellte sich nur bei zwei Paaren Zusammenarbeit ein, nachdem jeder Partner 150mal auf einen der Knöpfe gedrückt hatte. In einer asynchronen Situation konnten also nur wenige Paare Kooperation entwickeln, in einer synchronen Situation dagegen gelang das über 96 Prozent der Paare. In dieser Hinsicht bewährte sich die Theorie glänzend, denn sie sagte zutreffend einen signifikanten qualitativen Unterschied zwischen synchronen und asynchronen Situationen vorher. Im Gegensatz zu den Vorhersagen der Theorie wurde der Knopf R auf Dauer in nicht viel weniger als in der Hälfte der Fälle gedrückt und, um ehrlich zu sein, auch nicht in viel mehr. Sicherlich ist es nicht schwierig, eine Trefferquote von fünfzig Prozent zu erhalten: dazu braucht man die Knöpfe nur willkürlich zu drücken.

Beide Ergebnisse gemeinsam sind überhaupt nicht selbstverständlich, sondern ziemlich überraschend, besonders wenn wir bedenken, daß die Spieler keine Ahnung von der synchronen oder asynchronen zeitlichen Abstimmung hatten. Im Spielverlauf gibt höchstens die Tatsache, ob es zur Zusammenarbeit kommt oder nicht, einen Hinweis darauf (wenn man die theoretischen und die empirischen Ergebnisse schon kennt). Deshalb haben wir vorhin gesagt, daß die Experimente die Vorhersagen der Theorie nur teilweise bestätigten, und deshalb auch fanden wir es bedeutsam, daß die Theorie – trotz der ungenauen quantitativen Werte – die qualitative Tatsache, daß sich in einer synchronen Situation Zusammenarbeit entwickelt, richtig vorhersagt.

Wie wichtig es ist, informiert zu sein

Thorndikes Gesetz beschreibt Situationen, in denen die Versuchspersonen sich durch eigenes Handeln belohnen und bestrafen, obwohl sie nicht wissen, wie sie das tun. Wenn die Spieler nichts von der Existenz eines Partners wissen, haben sie auch keinen Grund zu der Annahme, daß Belohnung und Bestrafung von etwas anderem abhängen als von den eigenen Handlungen. In diesen Fällen kann Thorndikes Theorie in ihrer Reinform angewendet werden. Wenn die Spieler von der Existenz eines anderen Spielers wüßten, könnten sie argwöhnen, daß das Ergebnis nicht nur durch eigenes Handeln bewirkt wird. Wenn aber das polarisierte Effektgesetz uneingeschränkt gilt, macht es gar keinen Unterschied, ob die Spieler voneinander wissen oder nicht. Deshalb untersuchten Kelley und seine Mitarbeiter, ob das Experiment zu einem anderen Ergebnis führte, wenn die Spieler etwas über den Partner wußten.

Kelley und seine Kollegen führten das Experiment auf drei Arten durch. Erstens: Die Spieler wußten nichts von der Existenz des Partners. Zweitens: Die Spieler wußten, daß es einen Partner gab, aber nicht, daß sie an demselben Experiment beteiligt waren. Drittens: Die Spieler wußten, daß im anderen Raum ein Partner war, aber nicht, welche Beziehung zwischen ihnen bestand. Einige Versuchspersonen wußten nur, daß sie einen Partner hatten, andere konnten mit ihm sprechen, hatten also Gelegenheit, die andere Versuchsperson, wenn auch nur ein wenig, kennenzulernen.

Der Grad des Informiertseins veränderte die oben erwähnten Tendenzen nicht grundlegend, beeinflußte sie aber deutlich. Je mehr Information die Spieler über die Situation und über den Partner hatten, um so häufiger wurde der R-Knopf gedrückt. Die Zunahme war gering, aber eindeutig.

Außer vom Effektgesetz werden unsere Handlungen bei gegenseitigen Schicksalskontrollen auch von anderen Kräften bestimmt. Schon Thorndike bemerkte, daß sich das Effektgesetz bei Tieren deutlicher beobachten läßt als bei Menschen, wie ja auch Stichlinge die TFT-Strategie besser befolgen als Menschen (S. 60, 61). Menschen können viele Informationen nutzen, die nichts mit dem abstrakten Wesen der Situation zu tun haben, deshalb ist ihr Vorgehen theoretisch nicht rational. In gewissen Situationen wie bei der Dollarauktion oder dem Gefangenendilemma kann das sogar deutlich nachteilig sein. In anderen Fällen, etwa bei den asynchronen Fassungen der gegenseitigen Schicksalskontrolle, kann es aber auch reichlich Zinsen bringen: Ein gutes Beispiel dafür sind die beiden Paare, die selbst in dieser hoffnungslosen Situation Zusammenarbeit entwickeln konnten.

Die logische Begründung der Ausgangssperre

Man könnte fragen: Bestimmt wirklich die Synchronizität (oder Asynchronizität) der Entscheidungen, wie gut die Aussichten auf Zusammenarbeit sind, oder gibt es nicht vielleicht noch einen anderen Faktor, der bisher übersehen wurde? Was passiert, wenn die Rückmeldung verzögert wird? Was sagt unser erprobtes Modell in einer Situation mit synchronen Entscheidungen zu dieser Frage? Nehmen wir an, daß die Rückmeldung auf dem vorletzten Knopfdruck beruht und nicht auf dem letzten. In diesem Fall läuft das Spiel folgendermaßen ab, wenn einer der Spieler mit dem Knopf L beginnt, der andere mit R:

Spieler 1: L + L + L + L − R + R − L + L + L + L − R + R − L + L ...

Spieler 2: R + R − L − R − L − R + R + R − L − R − L − R − R + R ...

Die erste Rückmeldung ist für beide Spieler künstlich positiv, weil es noch nichts zurückzumelden gibt. Am Ergebnis würde sich nichts ändern, wenn dem ersten L eine künstliche negative Rückkopplung folgte.

Nach dem Modell kommt es in diesem Fall nicht nur nicht zur Zusammenarbeit (es entwickelt sich eine unendliche Schleife mit sechs Windungen), sondern auch die Symmetrie zwischen den beiden Spielern ist gestört: Einer der Spieler drückt den Knopf R häufiger als der andere. Aufgrund der bisherigen Ergebnisse können wir sagen, daß die Störung der Symmetrie nicht besonders ernst zu nehmen ist, da die Spieler zu Beginn des Spiels wiederholt beide Knöpfe ausprobieren, und wenn das polarisierte Effektgesetz sich nicht gut bewährt, folgt das Spiel dieser Strategie überhaupt nicht. Aber die Vorhersage des Modells, daß sich keine Zusammenarbeit entwickelt, muß ernsthaft in Erwägung gezogen werden.

Der Schluß, der aus dieser Theorie gezogen wird, läßt sich auf viele Situationen anwenden. Wenn wir die Spielregeln beeinflussen können und wenn es unser Ziel ist, daß sich so bald wie möglich mit möglichst hoher Wahrscheinlichkeit Zusammenarbeit entwickelt, sollte am besten eine Situation geschaffen werden, in der die Entscheidungen der Spieler mehr oder weniger gleichzeitig fallen, und die Spieler sollten über die Auswirkungen ihrer Entscheidungen so schnell wie möglich informiert werden. Das ist Generälen vermutlich − intuitiv oder aus historischer Erfahrung − wohlbekannt, deshalb verordnen sie in chaotischen Zeiten, in denen ein Bürgerkrieg droht und in denen der Wille des Volkes so bald wie möglich offenbar werden sollte, gelegentlich eine Ausgangssperre und veröffentlichen zahlreiche Erklärungen über die Medien. Die Ausgangssperre dient dann nicht eigentlich als Vorwand, jene, die sich nicht daran halten, erschießen zu dürfen, sondern dazu, sowohl die Unternehmungen des einzelnen (auf der Straße) als auch die Bewertung der Unternehmungen (die wegen der Ausgangssperre erfolgt, wenn alle daheim sind) so gut wie möglich zu synchronisieren.

Die Ergebnisse erklären auch, warum sich das Dollarauktionspiel als eine schwierigere Falle erwies als das iterierte Gefangenendilemma. Die Dollarauktion ist eine typische asynchrone Situation, in der die Spieler abwechselnd bieten. Beim iterierten Gefangenendilemma werden die Entscheidungen synchron getroffen. Das ist einer der Gründe, warum die TFT-Strategie eine befriedigende Lösung für das Gefangenendilemma darstellt, nicht aber für die Dollarauktion.

Über das Wesen psychologischer Gesetze

Diese Ergebnisse machen es verständlich, warum Thorndike sein berühmtes Gesetz so sorgfältig formulierte. Das polarisierte Effektgesetz, auf das wir unsere theoretischen Untersuchungen gründeten, besteht den Test in seiner „polarisierten" Form offenbar nicht, was die „synchronen" Experimente ebenso bestätigen wie die „asynchronen". Trotzdem macht das Gesetz eine wichtige Aussage über menschliches (und tierisches) Verhalten. Die Ergebnisse der Experimente zur gegenseitigen Schicksalskontrolle zeigen, daß selbst die künstlich polarisierte Fassung des Effektgesetzes wertvolle Vorhersagen macht; sie hat sogar Experimente veranlaßt, deren Ergebnisse überhaupt nicht selbstverständlich sind und die gelegentlich sogar unserer alltäglichen Intuition widersprechen. Psychologische Gesetze sind ihrem Wesen nach anders als physikalische. Ein physikalisches Modell, das so ungenaue quantitative Vorhersagen machte, würde wohl kaum noch achtzig Jahre nach seiner Aufstellung gelehrt werden.

In Anbetracht der Ergebnisse in synchronen und asynchronen Situationen wäre es für die Natur nicht nützlich, wenn sie Geschöpfe erschaffen würde, die dem Effektgesetz allzu starr folgten. Für ein soziales Wesen kann es wichtig sein, in den vielfältigsten Situationen zur Zusammenarbeit bereit zu sein. Wir sind mit unseren Partnern oft in einer asynchronen Situation, und es wäre schlecht für uns, wenn uns das Effektgesetz allzu unflexibel einprogrammiert wäre. In synchronen Situationen jedoch kann es nützlich sein, wenn Thorndikes Gesetz zu unseren Strategien gehört – und nach den experimentellen Hinweisen zu urteilen, tut es das in gewissem Maß auch.

Diese Theorie mag aus der Sicht eines Menschen, der zum Naturwissenschaftler erzogen wurde, etwas wackelig sein, und die Genauigkeit der Vorhersagen ist tatsächlich unbefriedigend. Aber für Mathematiker sind selbst die physikalischen Theorien nicht ganz befriedigend. Beispielsweise läßt sich kein Schritt der Herleitung (jedenfalls der mir bekannten Herleitung) der berühmten Schrödinger-Gleichung mathematisch rechtfertigen. Trotzdem gehört ihre Herleitung durch Schrödinger, wie wir in Kapitel 10 sehen werden, zweifellos zu den Höhepunkten physikalischer Intuition. Schrödinger legte mit ihr die Grundlage für eine höchst fruchtbare Theorie und trug dazu bei, daß wir die Welt genauer kennenlernen können.

Das gleiche gilt für Thorndikes Gesetz und auch für andere wichtige Anwendungen in der Psychologie. Offensichtlich sagt unser Modell nichts darüber aus, was in den Spielern vorging, als sich in der asynchronen Situation schließlich doch Zusammenarbeit entwickelte. Trotzdem hat die Intuition, die auf dem allgemeinen Schluß beruhte, der sich aus der Erforschung der synchronen Situation ergab, sich auch in der asynchronen Situation als richtig erwiesen. Beide Paare, die am Ende beständig kooperierten, hatten sich unmittelbar zuvor gegenseitig bestraft.

Die Überlegungen, mit denen wir die Situationen der gegenseitigen Schicksalskontrolle analysierten, haben gezeigt, wie ein rein theoretisches mathematisches Modell zu interessanten und gültigen psychologischen Schlüssen führen kann. Die kognitive Psychologie ist ein Zweig der Psychologie, der auf solchen in anderen Naturwissenschaften bewährten Methoden beruht: Wir stellen rein theoretische Modelle auf, analysieren deren theoretische Folgen und erforschen die Gültigkeit und die Grenzen der Modelle mit Hilfe von Experimenten. So wollen wir es auch mit der Spieltheorie machen.

Zusammenarbeit durch Wettbewerb

Die Antwort auf die Frage, ob ein Spiel wettbewerbsorientiert ist oder nicht, wird oft von den Umständen diktiert und nicht von den Spielregeln. Wie wir auf Seite 52 sahen, konnten die Sekretärinnen am Institut von Merrill Flood eine offenbar wettbewerbsorientierte Situation in ein kooperatives Spiel umwandeln. Sowohl die Goldene Regel als auch der kategorische Imperativ haben die Menschheit mit allgemeinen Grundsätzen versehen, mit deren Hilfe viele Situationen, die zur Konkurrenz herausfordern, in Zusammenarbeit verwandelt werden können. Aber das Gegenteil gilt genauso. Oft – beispielsweise in bestimmten Bereichen der Marktwirtschaft (Kapitel 9) – läßt sich nützliche Zusammenarbeit am besten durch Wettbewerb erreichen. Aber selbst unter viel einfacheren Umständen kann man beobachten, wie Wettbewerb ein wirksames Hilfsmittel zum Erreichen eines gemeinsamen Ziels sein kann.

Um das zu untersuchen, haben wir ein kurzes Video hergestellt, das wir *Kaninchenjagd* nannten. Zwei Spieler hatten die Aufgabe, alle auf dem Feld herumlaufenden Kaninchen zu fangen. In einer Fassung spielten die beiden Spieler gegeneinander, und der Spieler siegte, der die meisten Kaninchen fing. Während des Spiels wurde der aktuelle Spielstand auf einem Monitor angezeigt. In einer anderen Fassung sollten die beiden Spieler die Kaninchen so schnell wie möglich fangen; dabei kam es nicht darauf an, wie viele Kaninchen jeder Spieler fing, sondern der Monitor zeigte nur die verstrichene Zeit und die Zahl der insgesamt gefangenen Kaninchen an. Die erste Fassung war rein wettbewerbsorientiert, die zweite rein kooperativ.

Wir organisierten zwei Reihen von Spielen, also ein Turnier, bei dem in der wettbewerbsorientierten Fassung jeder gegen jeden spielte, und einen Wettbewerb für Paare, die die kooperative Fassung spielten. Die zweite Fassung wurde von vielen Paaren gespielt, wobei sich die Einzelspieler beliebig zu Paaren zusammentun konnten. Die Teilnehmer am Einzelwettbewerb wußten nicht, daß der Computer heimlich auch die Gesamtzeit registrierte, die die beiden Spieler brauchten, um alle Kaninchen zu fangen.

Wenn ein Spieler ein Kaninchen nicht fangen konnte, lag es im Interesse des Einzelspielers, das Kaninchen wenigstens außer Reichweite des Gegners zu bringen – und das passierte auch gelegentlich. Beim kooperativen Spiel hatten die Spieler, sachlich gesehen, die gleichen Möglichkeiten wie im wettbewerbsorientierten Spiel (das Spiel selbst war in beiden Fassungen genau das gleiche), deshalb hätten dieselben Spieler im Prinzip in der kooperativen Fassung bessere Zeiten erreichen sollen. Aber die rivalisierenden Spieler fingen die Kaninchen im Mittel in kürzerer Zeit als die kooperierenden, und die besten Zeiten überhaupt wurden beim wettbewerbsorientierten Spiel erreicht – obwohl der beste und der zweitbeste Spieler des rivalisierenden Spiels wiederholt gemeinsam versuchten, den Rekord in der kooperativen Fassung zu brechen.

8 Falken und Tauben

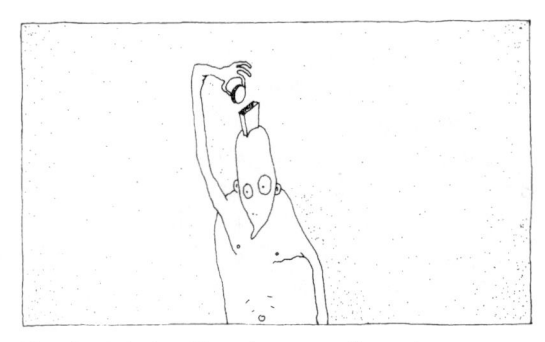

Ein altruistischer Mensch tut vor allem seinem Altruismus etwas Gutes.

Die natürliche Auslese und der Kampf ums Überleben gelten in der Öffentlichkeit als ein grausames Naturgesetz. Die Stärkeren, Schlaueren und Klügeren bringen die Art voran, der Rest sollte verschwinden. Wenn das wirklich ein Naturgesetz ist, wundert es nicht, wenn es bis zu einem gewissen Maß auch für uns Menschen gilt. Genau das ist mit dem Sprichwort „Der Mensch ist des Menschen Wolf" gemeint.

Unabhängig aber davon, wie grausam der Kampf verlief, der siegreiche Wolf durchbeißt niemals die Kehle des Verlierers. Wenn wir an die fürchterlichen Massaker der menschlichen Geschichte oder auch nur an unser irrationales Verhalten beim Dollarauktionspiel denken, ist die Lage für den Menschen vielleicht noch schlimmer, als das Sprichwort es nahelegt. Aber in der Natur gilt kein Satz wie „Der Wolf ist des Wolfes Mensch". Vielleicht ist die natürliche Auslese gar kein so schrecklicher Mechanismus, wie es auf den ersten Blick erscheint. Womöglich sind die Wurzeln der Unmenschlichkeit in der menschlichen Rasse woanders zu suchen.

Wir wissen, daß die Natur immer neue überlebensfähige Geschöpfe hervorbringen kann, die sich recht genau reproduzieren. Die Naturkraft, die das verwirklicht, heißt Evolution. Möglicherweise ist die natürliche Auslese eine Form dieser Naturkraft, aber vielleicht ist sie nicht die einzige. Der Begriff der Evolution half uns, die Einzelheiten der konkreten Wege der natürlichen Auslese beiseite zu lassen und die Funktionsprinzipien der Natur abstrakt und allgemeiner zu untersuchen.

Ähnliches gilt für die Schwerkraft, jene Naturkraft, die zwischen massereichen Objekten wirkt; sie verursacht, daß Himmelskörper sich drehen und wir nicht von der Erde fallen. Wie Newton bewies, ist die Schwerkraft ein wichtiger physikalischer Begriff, mit dessen Hilfe sich die Gesetze und Regelmäßigkeiten in der Bewegung von Körpern erstaunlich genau beschreiben lassen. Wie Darwin zeigte, ist die Evolution ein wichtiger biologischer Begriff, mit dessen Hilfe die Gesetze und Regelmäßigkeiten in der Entwicklung der Arten beschrieben werden können. Diese wissenschaftlichen Begriffe sind – da sie das Wesen der Sache klar und effizient erfassen – außerordentlich rasch in das alltägliche Denken eingedrungen. Sie liegen sogar dem wissenschaftlichen Denken der Anhänger der sogenannten Schöpfungslehre zugrunde.

Selbst der Papst hat 1996 erklärt, der Gedanke der Evolution könne mit der Lehre der katholischen Kirche in Einklang gebracht werden, zumindest soweit der Körper betroffen sei. Unabhängig davon, ob die Welt von Gott erschaffen wurde oder sich von selbst entwickelte, gehören sowohl Schwerkraft als auch Evolution zu den Grundprinzipien, die die Welt bestimmen. Das bedeutet jedoch nicht, daß wir sie wirklich verstehen. Die herkömmliche Sicht der Schwerkraft ist unverträglich mit einer Reihe von Hinweisen der Quantenphysik, aber bis jetzt wurden keine neueren, aktuelleren Begriffe entwickelt. Wer behauptet, die Schwerkraft genau verstanden zu haben, sollte besser darauf verzichten, die Quantenphysik verstehen zu wollen.

Jacques Monod schrieb einmal, es sei eines der besonderen Merkmale der Evolutionstheorie, daß jeder glaube, sie zu verstehen. Aus unserer Sicht erklärt die Evolution nicht vor allem die Entstehung der Arten; sondern sie ist ein Naturgesetz höherer Ordnung, das der Entwicklung und dem Erhalt der Stabilität in der lebendigen Welt dient. Das Evolutionsprinzip läßt sich auf die Entstehung der Arten anwenden, betrifft aber nicht die allgemeinen Fragen der Evolutionstheorie, wie ja auch die allgemeinen Fragen der Gravitationstheorie nicht durch die Tatsache beeinflußt werden, daß diese Theorie die Umlaufbahnen der Planeten erklären kann.

Auch bei der Spieltheorie geht es um die Frage der Stabilität. Das beweist Neumanns Satz – jedenfalls bei gewissen Arten von Spielen – mit Hilfe eines einfachen und klugen Mechanismus, nämlich der gemischten Strategien. Daraus folgt die Notwendigkeit der Vielfalt, und das paßt gut zu den Problemen der Biologen. Aber ausgerechnet die Säule der Spieltheorie, nämlich das Prinzip der Rationalität, spricht gegen die Anwendung der Spieltheorie auf die Biologie. Es fällt schwer, sich vorzustellen, daß Tiere einander rationales Verhalten unterstellen.

Diese Art Rationalität kann aber sehr wohl Grundlage eines abstrakten höheren Leitprinzips sein, nämlich der Evolution. Es ist nicht nötig, daß jedes Wesen über die Fähigkeit verfügt, das Prinzip der Rationalität vollkommen zu überdenken. Es genügt, wenn jede Lebensform, die dieser Rationalität nicht entspricht, von der natürlichen Auslese zum Aussterben verdammt wird. Aber die Frage bleibt unbeantwortet, warum das Prinzip der Rationalität als Eckstein der Evolution dienen sollte. Wäre es nicht nützlicher, nach einem plausibleren allgemeinen Prinzip zu suchen?

Die Analogie, die zwischen den Begriffen der Schwerkraft und der Evolution gezogen wurde, war nicht rein zufällig. Wie wir in Kapitel 10 sehen werden, stellen sich in der Quantenphysik Fragen, die überraschend viel Ähnlichkeit mit jenen haben, die sich bei der Erforschung der Grundgesetze der Evolution ergeben.

Wenn wir nach der letzten Rationalität suchen, die die Welt bewegt, geraten wir leicht in eine ähnliche Situation wie der Mann, der im Geschäft für Militärbedarf fragt: „Haben Sie Hosen in Tarnfarbe?" und dem der Verkäufer antwortet: „Ja, schon. Aber wir können sie nicht finden."

Die Theorie der Gruppenselektion

Anfangs meinten die Evolutionsbiologen, die natürliche Auslese betreffe offensichtlich die Individuen. Der Kampf ums Überleben wird vom Individuum bestritten, und die natürliche Auslese bevorzugt besser angepaßte Individuen, die mehr Nachkommen haben. Dieser Ansatz konnte jedoch nicht erklären, warum Tiere sich so nachsichtig behandeln. Außerdem findet sich im Tierreich entschieden altruistisches Verhalten. So sind beispielsweise Stichlinge bereit, ihr Leben für andere zu opfern. Bei Bienen läßt sich die natürliche Auslese noch schwerer deuten, weil die Tiere in einer Bienenkolonie überhaupt nicht an der Fortpflanzung beteiligt sind, aber als Arbeiterbienen eine wesentliche Rolle für das Überleben der Bienenkolonie spielen. Die Theorie der natürlichen Auslese kann diese Phänomene überhaupt nicht erklären.

Darwin meinte, die natürliche Auslese wirke möglicherweise so, als ob der gesamte Bienenstaat ein einziger Organismus wäre. Aber er sah auch die Schwierigkeiten dieses Ansatzes und unterstrich in seinem Tagebuch immer wieder mit Rot die Tatsachen, die seiner Theorie zu widersprechen schienen. Besonders oft stellte sich das folgende Problem: Die Kennzeichen, die für das Überleben nützlich sind, lassen sich nur durch die Reproduktion der Einzelwesen von einer Generation an die andere weitergeben. Deshalb kann die natürliche Auslese nur dann der alleinige Mechanismus der Evolution sein, wenn sie auch dem Individuum Vorteile bringt. Das aber läßt sich wohl kaum für das Selbstopfer behaupten.

Nach der Annahme der Theorie der Gruppenselektion ist die Einheit der Auslese nicht das Einzelwesen, sondern eine größere Gruppe, eine Klasse oder sogar eine Art. Wenn die Auslese die

Art betrifft, kann sie Individuen zwingen, sich im Notfall zu opfern, damit die Gruppe überlebt. Aber Stichlinge beispielsweise, die bereit sind, sich im Fall einer Gefahr zu opfern, kämpfen gewöhnlich als einzelne um Nahrungsvorräte, Territorien oder Weibchen. Das widerspricht jedoch nicht der Gruppenselektion. Wie wir am Ende des vorigen Kapitels am Beispiel der *Kaninchenjagd* sahen, kann der Wettbewerb auch dem Nutzen der Gruppe dienen. Es ist also denkbar, daß es Mechanismen gibt, die es der natürlichen Auslese ermöglichen, über das Konkurrenzverhalten einzelner Einfluß auf die Gruppe zu nehmen.

Die Theorie der Gruppenselektion sieht das Phänomen der Evolution verblüffend anders als Darwin, löst aber nicht die alten Probleme, sondern ignoriert einfach die roten Unterstreichungen in Darwins Tagebuch. Das ist kein Grund, die Theorie der Gruppenselektion aufzugeben, denn in jeder wissenschaftlichen Theorie gibt es ungelöste Probleme. Sowie sich zeigt, daß Wettbewerb ein Mittel zur Zusammenarbeit sein kann, ist der Weg für die Anhänger der Theorie der Gruppenselektion frei. Deshalb beschäftigen wir uns auch hier mit diesen Mechanismen. Konrad Lorenz beispielsweise hat gezeigt, daß der Kampf der Individuen um ein Territorium dem Interesse der Art dienen kann, weil die Art das zur Verfügung stehende Revier insgesamt optimal nutzt, wenn sie Übervölkerung vermeidet.

Die Mehrheit der Biologen denkt jedoch anders. Es hat sich gezeigt, daß die von Darwin gestellten Fragen nicht nur dann beantwortet werden können, wenn wir annehmen, daß die Einheit der natürlichen Auslese größer ist als das Einzelwesen, sondern daß überraschenderweise die Annahme, die Einheit der natürlichen Auslese sei viel kleiner als das Individuum, zu einer mindestens genauso logischen und allgemeinen Lösung führt. Wir veranschaulichen diesen paradoxen Gedanken am Beispiel der Wölfe.

Ein siegreicher Wolf tötet den anderen Wolf auch dann nicht, wenn er dazu am Ende des Kampfes gar keine Energie mehr braucht, denn wenn die beiden stärksten Wölfe sich gegenseitig bis auf den Tod bekämpfen würden, wäre das Rudel geschwächt. Es ist nicht im Interesse der Art, ein Tötungsverhalten zu entwikkeln; die Schwachen könnten bei späteren Kämpfen sowieso nicht gewinnen. Das ist nach der Gruppenselektion selbstverständlich.

Die Theorie der Genselektion

Man stelle sich einen Augenblick lang vor, daß die natürliche Auslese nicht das ganze Rudel betrifft, sondern nur das Überleben jener Verhaltensweise, die bestimmt, ob der Sieger den besiegten Gegner töten soll oder nicht. Nehmen wir an, daß es in der Population zwei Gene gibt, die miteinander um das Überleben streiten. Eines sagt: Töte den Gegner, dann gibt es einen Rivalen weniger. Das andere sagt: Töte ihn nicht, es bringt dir nichts. Die Gene brauchen das Verhalten, das sie vorschreiben, nicht zu rechtfertigen. Der Wolf mit dem Gen der einen Art kann sich nur so verhalten, wie es diesem Gen entspricht, der Wolf, der eine andere Art Gen hat, kann sich nur dem anderen Gen entsprechend verhalten, genau wie Menschen mit einem bestimmten Gen beispielsweise nur blaue Augen haben können, andere dagegen nur braune. Es stellt sich dann lediglich die Frage, welcher Wolf am besten überlebt, wenn alle anderen Faktoren gleich sind. Auf den ersten Blick scheint das Tier, das seinen Gegner tötet, seine Überlebenschancen zu verbessern, wenn es einen Gegner weniger hat. Vielleicht aber tut der Wolf, der seinen Gegner tötet, seinen Rivalen einen großen Gefallen, wenn es den Gegner beseitigt, den sie nur unter großen Schwierigkeiten hätten besiegen können. Auf Dauer ist also vielleicht der Wolf mit dem großzügigen Gen besser dran – was bedeutet, daß die natürliche Auslese dieses Gen begünstigen wird.

Nach der Annahme der Theorie der Genselektion ist die Einheit der natürlichen Auslese weder das Individuum noch gar eine Gruppe, sondern eine viel kleinere Einheit, nämlich das Gen. Der Kampf um das Überleben in der Natur ist der Kampf der Gene und nicht der Kampf der Individuen. Die natürliche Auslese begünstigt also eigentlich das großzügige Gen und nicht den großzügigen Wolf. Dieser Gedanke wird nach dem ausgezeichneten Buch von Richard Dawkins auch die Theorie des egoistischen Gens genannt.

Die Theorie des egoistischen Gens sieht Einzelwesen – von Amöben bis zu Elefanten und sogar Menschen – als Maschinen, die von den Genen einzig zum Zweck ihres Überlebens konstruiert wurden. Wir sind alle die Überlebensmaschinen unserer egoistischen Gene. Obwohl es ein Ergebnis des Überlebenskampfs ist, daß nicht einzelne Gene vergehen oder überleben, sondern nur vollständige Überlebensmaschinen, wirkt sich die Auslese doch auf die Gene aus: Schließlich überlebt das Gen, das einen Platz in einer besseren Überlebensmaschine findet. Es ist natürlich hilfreich, wenn die körperlichen Merkmale oder Verhaltensstrategien, die das Gen trägt, zum Erfolg der Überlebensmaschine beitragen, aber für das Gen ist das nur zweitrangig. Das Gen hat nur ein einziges Ziel: Es will sein Überleben sichern. Eine solche Redeweise ist jedoch stark anthropomorph. Vielleicht sollte man besser sagen, daß das Überleben die einzige Möglichkeit des Gens ist, zu existieren; für das Gen ist es eine Existenzfrage. Der Wettbewerb ist groß: Die Natur erzeugt durch Mutationen, Fehler beim Kopieren, Spaltung etc. fortwährend neue Gene. Aber auch alle alten Gene versuchen einen Platz in den besten Überlebensmaschinen zu finden, und bemühen sich, Überlebensmaschinen zu bauen, die durch sie besonders effizient sind.

Darwin hatte keine Ahnung von den Grundlagen der Genetik, obwohl Mendel seine Experimente mit Erbsen mit weißen und rosa Erbsenblüten schon zu Darwins Lebzeiten veröffentlichte. Die Theorie des egoistischen Gens verkörpert trotzdem ausgezeichnet Darwins ursprüngliche Gedanken, denn diese Theorie beruht wirklich ausschließlich auf der natürlichen Auslese. Gleichzeitig kann die Theorie nicht nur das edle Verhalten der Wölfe erklären, sondern auch die Phänomene des Altruismus und der Selbstaufopferung rechtfertigen. Es kann sein, daß das Gen, das unter bestimmten Umständen das Selbstopfer erzwingt, damit sein Überleben (als Gen) ermöglicht, weil durch das erzwungene Opfer eines Individuums viele Kopien des Gens in den anderen Lebewesen gerettet werden.

Aus dem gleichen Grund kann es für die anderen Gene der Überlebensmaschine nützlich sein, dieses Gen in ihr Team aufzunehmen: Dadurch verbessern sie auch die eigenen Überlebenschancen. Für das Gen ist es unwichtig, welche seiner Überlebensmaschinen überleben, denn für das Gen ist eine so gut wie die andere. Auch das Gen, das Altruismus bewirkt, ist nur am Überleben der eigenen Kopien interessiert. Es kann ihm völlig gleichgültig sein, ob die Überlebensmaschine und damit auch ein spezielles Gen – es selbst – in der Zwischenzeit sterben. Nach der Theorie der Genselektion ist das Gen – unabhängig davon, in welcher speziellen Überlebensmaschine es zu überleben versucht – nicht im eigenen Interesse egoistisch, sondern im Interesse aller genau gleich gebauten Gene. Es opfert „sich selbst", um „sich selbst" zu retten.

Die Konkurrenz der beiden Theorien

Wenn in der Natur die Gruppenselektion wirkt, können wir darauf vertrauen, daß die Natur die Zusammenarbeit zwischen Artgenossen weise lenkt – so weise, daß sich gelegentlich ein Individuum im Interesse der Gruppe aufopfert, falls das nötig ist. Wenn die Theorie des egoistischen Gens richtig ist, sind wir restlos dem Interesse unserer Gene ausgeliefert.

Vielleicht sollte ich sagen, welche Theorie – Gruppenselektion oder Genselektion – ich selbst für richtig halte. Die Debatten der Biologen wurden in den letzten zwanzig Jahren durch die Rivalität der Anhänger der beiden Theorien geprägt, aber selbst für einen Außenseiter wäre es interessant zu erfahren, welche der beiden Theorien wissenschaftliche Wahrheit verkörpert. Welche Ansicht sollten wir uns bilden – wenn möglich unter Berücksichtigung des heutigen Stands der Wissenschaft?

Die beiden Theorien legen zwei grundverschiedene Weltbilder nahe. Aus der Sicht der Gruppenselektion sorgt die Natur weise dafür, daß die Individuen innerhalb einer Art (oder jedenfalls einer Gruppe von Arten) zweckmäßig zusammenarbeiten und so die Erhaltung und Entwicklung der Art sichern. Es ist, als ob ein allgemeines Ziel, nämlich das Wohl der Gemeinschaft, das Handeln der einzelnen leitete, ohne daß die Individuen es merken. Nach der von der Theorie des egoistischen Gens geprägten Weltanschauung zählen nur die kurzsichtigen Interessen der einzelnen Gene, die keinerlei höheres Ziel verfolgen, und die Weiterentwicklung der Art ergibt sich im besten Fall aus den immer besseren Methoden des Egoismus der einzelnen Gene. Ähnliche theoretische Probleme stellten sich, wie in Kapitel 10 gezeigt werden wird, auch in der Physik.

Beide Theorien sind als wissenschaftliche Theorien in dem Sinn richtig, daß sie sich – jedenfalls theoretisch – experimentell überprüfen lassen und die Experimente die Vorhersagen der Theorie bestätigen oder widerlegen können. Wie wir bald sehen werden, können beide Theorien mit Hilfe der Spieltheorie quantitative Vorhersagen über gewisse Versuchsergebnisse machen.

Die Vertreter beider Theorien haben viele Experimente durchgeführt, um die Theorie zu bestätigen, die sie für die richtige halten. Bei der Durchsicht der letzten Ausgaben der Fachzeitschriften *Animal Behavior* and *Ethology* fand ich etwa fünfzig Artikel, die sich mit der Überprüfung der Vorhersagen einer dieser Theorien befassen. Die Untersuchungen wurden an allen Arten von Tieren, von Seepferdchen bis zu Elefanten, durchgeführt. Die Ergebnisse sind sehr unterschiedlich. Das beruht teilweise auf den gleichen Schwierigkeiten, wie sie sich bei der Durchführung solcher exakter Experimente stellten, die wir auf Seite 38 beschrieben haben, als wir die Anwendung gemischter Strategien untersuchten. Eine Theorie kann nur dann quantitative Vorhersagen machen, wenn die Auszahlung, der wahre Wert der möglichen Ergebnisse bei den in Frage kommenden Tieren, bekannt ist. Jedenfalls gibt es viele Arbeiten, die die eine oder die andere Theorie zu bestätigen scheinen (wobei mehr Arbeiten für die Theorie vom egoistischen Gen sprechen). In einigen Arbeiten allerdings werden die Vorhersagen keiner der beiden Theorien bestätigt.

Die Situation hat Ähnlichkeit mit jener, in der sich die Physiker befanden, als sie herausfinden wollten, ob das Licht Teilchen- oder Wellencharakter hat. Als die Versuche mit Detektoren durchgeführt wurden, die Teilchen entdecken (beispielsweise den Einfall einzelner Teilchen registrieren) konnten, antwortete das Licht: Ja, ich habe Teilchencharakter, hier sind meine kanonenkugelgleichen Stöße. Wenn die Instrumente jedoch nur Wellen entdecken konnten, erhielten die Wissenschaftler wunderschöne Interferenzbilder, wie sie nur Wellen erzeugen können. In diesen Fällen erwiderte das Licht: Ja, ich habe Wellencharakter. Die Antwort hing also von der Fragestellung ab. Wie wir in Kapitel 10, wo wir dieses Problem genauer untersuchen, sehen werden, hat Licht tatsächlich beide Wesenszüge. Oder, um genauer zu sein: Licht ist, wie es ist, aber es kann auf beide Weisen reagieren; die Reaktion hängt davon ab, was wir mit unseren menschlichen Begriffen von ihm wissen wollen.

Ich bin nicht sicher, daß die Theorien der Gruppenselektion und der Genselektion sich gegenseitig ausschließen. Wenn die Frage gestellt wird, ob die natürliche Auslese die Gene (oder die Art) beeinflußt, kann die Natur nicht anders antworten als im Fall des Lichts: Sie beantwortet die gestellte Frage unabhängig davon, welches der wirkliche Charakter der Evolution ist. Es ist, wie es ist, aber wir können nur soviel verstehen, wie es uns unsere menschlichen Begriffe erlauben. Wenn die Frage von Anfang an falsch gestellt ist, kann die Natur sie beantworten, indem sie die Theorien widerlegt, aber im Fall des Lichts beispielsweise gehören beide Fragen in einen sehr guten theoretischen Rahmen. Es war also eine neue Theorie (die Quantenmechanik) notwendig, denn beide alten Theorien galten für physikalische Größen, die definitiv einer der Hypothesen (Wellencharakter oder Teilchencharakter) entsprachen – man war früher einfach nicht auf den Gedanken gekommen, ein physikalischer Körper könne in seinem Verhalten beiden Hypothesen entsprechen. Da die beiden Theorien sich logisch ausschließen, konnten die Physiker nicht akzeptieren, daß im Fall des Lichts beide Theorien zutreffen. Man brauchte eine nagelneue Theorie.

In mancher Hinsicht hat die Theorie der Gruppenselektion Ähnlichkeit mit der sozialistischen Wirtschaftstheorie, und die Theorie der Genselektion entspricht der freien Marktwirtschaft. Diese Parallele wird in Kapitel 9 im einzelnen untersucht werden.

Jedenfalls lassen sich in den meisten Ländern Elemente aus beiden Systemen nachweisen, nämlich sowohl Privatunternehmen, die auf freiem Wettbewerb beruhen, als auch staatliche Unternehmen, und diese Symbiose wird durch volkswirtschaftliche Überlegungen gut gerechtfertigt.

Wenn wir den Begriff der Evolution abstrahieren und nicht nur auf die natürliche Auslese beziehen, sondern als universale Naturkraft verstehen, könnte es sich erweisen, daß die Evolution durch einen Mechanismus bestimmt wird, der seinen Einfluß einerseits durch natürliche Auslese ausübt, die ganze Gruppen betrifft, und der andererseits auf die Gene wirkt. Möglicherweise beruht diese Unterscheidung auch nur auf unserer menschlichen Begriffsbildung, während die Evolution so ist, wie sie ist; genau wie Licht gleichzeitig Welle und Teilchen ist.

Deshalb lege ich mich hier auch auf keine der rivalisierenden biologischen Theorien fest. Wenn ich wählen muß, würde ich sagen, daß die Theorie des egoistischen Gens meinen Ansichten besser entspricht, aber nicht, weil ich die Belege dafür überzeugender finde. Die Theorie des egoistischen Gens ist anscheinend bei der Erforschung der Evolution heute erfolgreicher als die Theorie der Gruppenselektion, denn die durch sie gestellten wissenschaftlichen Rätsel erscheinen weniger hoffnungslos. Heutige Forscher haben im Rahmen dieser Theorie bessere Aussichten, zu gültigen und interessanten Schlüssen zu gelangen, und deshalb ist es ganz natürlich, daß die meisten Wissenschaftler sich für sie entscheiden.

Die beiden Theorien sind Ausdruck zweier unterschiedlicher Weltanschauungen oder Paradigmen, die sich nicht in einer einzigen wissenschaftlichen Untersuchung vereinbaren lassen. Deshalb sind die Evolutionstheoretiker – wenn sie forschen wollen – gezwungen, sich so lange zu einer der beiden Theorien zu bekennen, bis es jemandem gelingt, beide Theorien in einen einheitlichen (und sicherlich radikal neuen) begrifflichen Rahmen zu bringen, oder bis sich explizit herausstellt, daß eine Theorie falsch ist. Die Methodologie der Wissenschaft zwingt sie, das zu tun, selbst wenn sie das Gefühl haben, daß wahrscheinlich keine der Theorien das letzte Wort zur wissenschaftlichen Erkenntnis der Evolution sprechen wird.

Der Kampf zwischen Falken und Tauben

Der grundlegende Unterschied zwischen den beiden Theorien läßt sich gut an einem hypothetischen Beispiel veranschaulichen, das von John Maynard Smith stammt. Smith hat als erster die Methoden der Spieltheorie auf die Evolutionsforschung angewendet. Dawkins führt den Gedanken, mit dem die Spieltheorie ihren Einzug in die Biologie hielt, so ein:

Nehmen wir an, es gäbe in einer Population einer speziellen Art lediglich zwei Kampfstrategien, die als Falke und Taube bezeichnet werden. (Die Namen sind entsprechend dem traditionellen menschlichen Sprachgebrauch gewählt und stehen in keiner Verbindung zu den Gewohnheiten der Vögel, von denen sie abgeleitet sind: Tauben sind in Wirklichkeit recht aggressive Vögel.) Alle Individuen unserer hypothetischen Population sind entweder Falken oder Tauben. Die Falken kämpfen immer so heftig und ungezügelt, wie sie nur können, und räumen das Feld erst, wenn sie ernstlich verletzt sind. Die Tauben drohen lediglich den Konventionen entsprechend auf eine würdevolle Weise und verletzen niemanden. Wenn ein Falke eine Taube angreift, läuft die Taube schnell fort und wird daher nicht verletzt. Wenn ein Falke mit einem Falken kämpft, hören sie erst auf, wenn einer von ihnen ernsthaft verletzt oder tot ist. Trifft eine Taube auf eine andere Taube, so wird niemand verletzt; in Imponierhaltung stehen sie einander geraume Zeit gegenüber, bis eine von ihnen müde wird oder den Entschluß faßt, sich nicht länger aufzuregen, und daher nachgibt.

Zu Beginn des Kampfes weiß keine der beiden Parteien, welche Strategie die egoistischen Gene dem Gegner vorschreiben. Nehmen wir an, daß ein Sieg 50 Punkte bringt, eine ernste Verletzung einen Verlust von 100 Punkten und daß die auf das Imponieren verwendete Zeit bei einem Kampf zwischen Tauben einen Verlust von 10 Punkten bedeutet. Wir wissen aus Kapitel 1, daß in diesem Fall die Tauben wahrscheinlich eine gemischte Strategie anwenden würden, mit der sie einen Mittelwert für die umstrittenen Güter zahlen, aber wir folgen jetzt Dawkins' Rechnung. Die gewählten Zahlen sind ziemlich zufällig, aber das hat höchstens in Extremfällen Einfluß auf den Gedankengang.

Wir stellen die Spielmatrix auf und beginnen mit den oben genannten Zahlen. Wenn zwei Falken miteinander kämpfen, gewinnt einer von ihnen 50 Punkte, der andere verliert 100. Nehmen wir an, daß jeder Falke die Hälfte der Kämpfe gewinnt und die andere Hälfte verliert. Dann liegt der erwartete Gewinn beider Falken in der Mitte zwischen +50 und −100, das heißt, sie verlieren bei jedem Kampf im Mittel 25 Punkte. Wenn eine Taube mit einer Taube kämpft, verliert eine von ihnen 10 Punkte, die andere gewinnt 50, da aber die Siegerin ebenfalls 10 Punkte verliert, weil sie mit Imponieren Zeit verschwendet, gewinnt sie insgesamt nur 40 Punkte. Der erwartete Gewinn einer Taube liegt wieder in der Mitte zwischen −10 und +40, also bei +15. Wenn eine Taube und ein Falke zusammentreffen, gibt es keinen Kampf, die Taube bekommt 0 Punkte, der Falke 50. Die Spielmatrix sieht so aus:

		Die andere Partei	
		Falke	Taube
Die eine Partei	Falke	−25, −25	50, 0
	Taube	0, 50	15, 15

Ein Vergleich dieser Matrix mit den Matrizen auf Seite 87 zeigt, daß dies ein Chicken-Spiel ist. Neumanns Spieltheorie (oder vielmehr ihre Verallgemeinerung durch Nash) sagt vorher, daß es zwei Gleichgewichtspunkte geben kann (Seite 136), wenn nämlich einer der Gegner eine Taube ist und der andere ein Falke. Das ist aber im vorliegenden Fall ohne Bedeutung, denn wenn es in einer Population sowohl Tauben als auch Falken gibt, läßt sich nicht vermeiden, daß manchmal Falken Falken begegnen und Tauben Tauben. Obwohl die Tabelle die gleiche ist, wie wir sie aus dem Spiel Chicken kennen, läßt sich Neumanns Spieltheorie hier also nicht direkt anwenden. Wir verdanken John Maynard Smith die Entdeckung, daß die Gedanken der Spieltheorie in diesem Fall dennoch im wesentlichen gültig bleiben.

Der Rationalitätsbegriff in der Theorie des egoistischen Gens

Das Prinzip der Rationalität läßt sich also bei biologischen Untersuchungen nicht unmittelbar anwenden. Trotzdem ist die Logik der Situation jener ähnlich, die in der Spieltheorie zur Entdeckung der gemischten Strategien führte. Wenn einige wenige Tauben in einer reinen Falkenpopulation auftauchen, geht es den Tauben ziemlich gut. Sie werden immer vor den Falken fliehen, aber wenn sie sich begegnen, erhält jede von ihnen im Mittel 15 Punkte – während die Falken bei jedem Kampf im Mittel 25 Punkte verlieren. Die Tauben werden sich also vermehren. Wenn die Population jedoch hauptsächlich aus Tauben besteht, gehört das Feld einem gelegentlichen Falken: Er kann in fast allen Fällen ohne Kampf 50 Punkte gewinnen. In einer Population, in der Tauben überwiegen, breiten sich also die Falkengene rasch aus.

Dieser Gedankengang folgte der Logik der Theorie vom egoistischen Gen. Das Dilemma, das sich aus dem Gedankengang ergibt, hat etwas Ähnlichkeit mit jenem, über das wir nachdachten, als wir über Spiele sprachen: Die Schleife „Ich denke, daß du denkst, daß ich denke, daß ..." hört niemals auf. Damals führte der Begriff der gemischten Strategie zu einer beruhigenden Lösung – und das tut er auch im Fall der Tauben und Falken.

Wir betrachten, was passiert, wenn der Anteil der Falken $7/12$ beträgt und der der Tauben $5/12$. In diesem Fall begegnet ein Falke in $5/12$ der Fälle einer Taube, wobei er immer 50 Punkte gewinnt, und in $7/12$ der Fälle einem Falken, wobei er immer 25 Punkte verliert. Insgesamt gewinnt er im Mittel

$5/12 \times 50 - 7/12 \times 25 = 6{,}25$ Punkte.

Ähnlich gewinnt eine Taube in derselben Population im Mittel

$5/12 \times 15 - 7/12 \times 0 = 6{,}25$ Punkte.

Der Anteil von $7/12$ Falken hat zu einer ähnlichen Übereinstimmung der Zahlen geführt, wie wir sie in Kapitel 5 erhielten, als der Anteil des Bluffens $1/9$ war. Wenn wir weiterdenken, sehen wir, daß der Gewinn der Falken geringer wird, wenn der Anteil der Falken zunimmt, während gleichzeitig der Gewinn der Tauben wächst; folglich werden sich die Tauben bald auf Kosten der Falken ausbreiten, bis das Verhältnis zwischen Falken und Tauben wieder 7 zu 5 ist.

Das gilt auch umgekehrt: Nimmt der Anteil der Tauben zu, geht es den Falken gut, sie können sich vermehren, und wieder stellt sich das Verhältnis 7 zu 5 ein.

Wenn dieses Verhältnis 7 zu 5 also einmal erreicht ist, kann es sehr lange stabil bleiben. Beim Überlebenskampf der egoistischen Gene von Falken und Tauben kommt es immer zu diesem Gleichgewicht; die Schwankungen um diesen Punkt sind relativ gering, da größere Abweichungen sofort wieder ausgeglichen werden. John Maynard Smith nannte eine Strategie, die zu einem solchen Gleichgewicht führt, eine *evolutionär stabile Strategie* (ESS).

Evolutionär stabile Strategien sind gewöhnlich gemischte Strategien. Die ESS in unserem obigen Beispiel läßt sich in der Natur auf zwei Weisen verwirklichen: Entweder befolgen $7/12$ der Population immer die Strategie der Falken, während $5/12$ der Population immer die Strategie der Tauben befolgen, oder jedes Individuum der Population verhält sich mit den obigen Wahrscheinlichkeiten wie ein Falke oder wie eine Taube – das Gleichgewicht bleibt in jedem Fall stabil. Im ersten Fall hat die Natur die Gene einfach durch die natürliche Auslese in diesen Proportionen verteilt. Im zweiten Fall begünstigt die natürliche Auslese jene Individuen, deren Gene für die Wahl der Strategien von Falke und Taube die obigen Anteile vorschreiben.

Nach der Theorie vom egoistischen Gen verwirklicht die Evolution ein allgemeines Naturprinzip. Dieses Prinzip ist die Stabilität zwischen rivalisierenden einzelnen Genen. Stabilität entsteht durch evolutionär stabile Strategien, die eine Sonderform der gemischten Strategien sind. Nach der Theorie vom egoistischen Gen wird die Funktion, die das Rationalitätsprinzip in John von Neumanns Spieltheorie einnimmt, in der Evolution vom Stabilitätsprinzip der Genpopulation übernommen. Das also wäre die Rationalität höherer Ordnung der Leitprinzipien der Natur. Ähnlich wie das Rationalitätsprinzip kann auch das Stabilitätsprinzip nur mit Hilfe von gemischten Strategien verwirklicht werden. Die Theorie vom egoistischen Gen beantwortet auch die Frage, wie die Evolution Arten erschaffen kann, die stabil überleben, obwohl sich in ihnen viele verschiedene und rivalisierende Gene finden lassen.

Der Begriff der Rationalität in der Theorie der Gruppenselektion

Nach der Theorie der Gruppenselektion wirkt die natürliche Auslese nicht auf die Gene, sondern auf eine Population, zu der sowohl Falken- als auch Taubengene gehören können. Nach dieser Theorie ist es das Ziel der natürlichen Auslese, die Überlebensfähigkeit der ganzen Population zu maximieren. In diesem Fall ist der Kampf innerhalb einer Gruppe praktisch sinnlos, weil er für die gesamte Population Verschwendung bedeutet. Es wäre besser, den Gewinner durch das Los zu bestimmen. Dann jedoch würde eine rivalisierende Population, in der der Besitz der Güter durch Kampf entschieden wird, früher oder später unsere Population besiegen, weil in ihr die tauglichsten Individuen ausgelesen würden. Selbst wenn die Evolution innerhalb der Gruppen für die friedlichste Lösung sorgt, ist die Auslese in bezug auf die Gruppen selbst rücksichtslos. Auch die Notwendigkeit des Wettbewerbs innerhalb einer Gruppe wird von der Theorie der Gruppenselektion nicht bestritten, und deshalb können wir bei der Analyse des Streits zwischen Falken und Tauben von der gleichen Tabelle ausgehen wie bei den vorigen Überlegungen. Wenn es in einer solchen Population überhaupt keine Falken gäbe, könnten Tauben glücklich leben und im Mittel bei jedem Kampf selbst dann 15 Punkte gewinnen, wenn sie einen Teil ihrer kostbaren Zeit auf Imponierkämpfe verschwendeten. Nach der Theorie der Gruppenselektion sieht es zunächst so aus, als ob es in einer solchen Population keine Falken geben sollte, weil die natürliche Auslese sie im Interesse der Gruppe irgendwie eliminieren würde.

Die Theorie der Gruppenselektion käme jedoch wohl kaum als gleichwertiger Gegner der Theorie der Genselektion in Betracht, wenn sie diese Vorhersage machen würde, weil sie dann nicht die Vielfalt innerhalb einer Art erklären könnte. Die Sache ist aber so einfach auch nicht. Eine Gruppe von lauter Tauben ist mit ihren durchschnittlichen 15 Punkten sicher nicht die erfolgreichste Gruppe, denn wenn eine Gruppe $^1/_6$ Falken und nur $^5/_6$ Tauben enthält, gewinnt die Gruppe insgesamt im Mittel bei jedem Kampf 16,6 Punkte. Die Gruppe mit diesem Verhältnis von Falken und Tauben ist die erfolgreichste, und dieses Verhältnis wird Gruppenselektionsoptimum genannt. Auch die optimale Strategie der Theorie der Gruppenselektion kann eine Art gemischte Strategie sein.

Die Anhänger der Theorie der Genselektion meinen, daß die Evolution kaum zum Gruppenselektionsoptimum führen kann, weil dieses Optimum nicht stabil ist. Die Falken kommen in der Gruppe viel besser davon als die Tauben. Es besteht immer die Gefahr des Verrats von innen, daß also Tauben sich plötzlich wie Falken benehmen und das gemeinsame Optimum der Gruppe zerstören. Die Anhänger der Theorie der Gruppenselektion entgegnen darauf, daß die Individuen dann, wenn die natürliche Auslese einmal die ganze Gruppe betrifft, in der Gruppe keine Alternative haben und daß die Evolution selbst innerhalb der Gruppe die optimalen Verhältnisse schafft. Wir müssen untersuchen, wie die Evolution das tut und warum beispielsweise Arbeiterbienen nicht dagegen rebellieren, daß sie von der Fortpflanzung ausgeschlossen werden.

Komplexe Strategien

Das Beispiel mit den Falken und Tauben war absichtlich zu einfach. In der Natur können die Gene ihren Überlebensmaschinen komplexe Strategien vorgeben. Es ist möglich, daß aufgrund einer Mutation in unserer imaginären Population von Falken und Tauben ein neues Gen auftaucht, das dem Vogel die folgende Strategie auferlegt: Verhalte dich zu Beginn eines jeden Kampfes wie eine Taube und beginne mit Drohgebärden, aber wenn der Gegner dich wie ein Falke angreift, bekämpfe ihn. Dieses Gen könnte „Rächer" genannt werden. Wenn die Population nur Tauben und Rächer enthält, lassen sich die Rächer nicht von den Tauben unterscheiden, weil es zu keinem Kampf kommt. Falls es jedoch in der Population auch Falken gibt, lassen sich die Träger der drei Gene an ihrem Verhalten erkennen.

Smith untersuchte weitere Strategien, etwa die des „Prahlhans" und des „Erkunders". Der Prahlhans beginnt den Kampf als Falke, aber sowie jemand sich wehrt, läuft er weg. Der Erkunder verhält sich im wesentlichen wie ein Rächer, beginnt aber gelegentlich einen Kampf, weil er hofft, sein Gegner könne sich als Taube erweisen. Mit Hilfe von Computersimulationen untersuchte Smith, wie sich die Anteile dieser fünf Gene im Lauf mehrerer Generationen veränderten. In Abhängigkeit von den ursprünglichen Anteilen der einzelnen Gene fand er evolutionär stabile Strategien, aber gelegentlich stellte sich keine deutliche Gleichgewichtslage ein, sondern die Population blieb in einem stabilen Schwingungszustand. Dieser Fall tritt ein, wenn die ursprüngliche Population vor allem aus Rächern und Erkundern besteht; Tauben können dann in der Population überleben, wenn auch in kleinen Anteilen, denn wenn es viele Tauben gibt, nehmen die Erkunder allmählich zu, und den Rächern geht es etwas (aber nur sehr wenig) schlechter. Für die Tauben bedeutet es einen schweren Schlag, wenn es den Erkundern gutgeht, deshalb sinkt ihre Zahl. Wenn es jedoch nur noch wenige Tauben gibt, nimmt die Zahl der Rächer auf Kosten der Erkunder zu, weil es ihnen dann besser geht als den Erkundern. Das jedoch verbessert wiederum die Lebensbedingungen für die Tauben. Diese Oszillation kann für immer aufrechterhalten bleiben, und es entwickelt sich kein stabiles Gleichgewicht, obwohl das Auftreten eines neuen Gens die Lage radikal verändern kann. Die Theorie vom egoistischen Gen kann sich nicht – wie das Rationalitätsprinzip auf Neumanns Satz – auf einen rein mathematischen Satz stützen; die Existenz eines stabilen Gleichgewichts wird also durch nichts garantiert. Trotzdem entwickelt sich in den meisten Fällen ein Gleichgewicht. Die Theorie vom egoistischen Gen kann auch erklären, warum es trotz der allgemeinen Stabilität gelegentlich zu signifikanten und sich niemals stabilisierenden Schwingungen kommen kann. Die Existenz dieser Schwankungen scheint im Widerspruch zum Prinzip der Stabilität zu sein, von dem die Theorie vom egoistischen Gen ausgeht, zeigt aber tatsächlich, daß das auf individuellen Interessen beruhende Stabilitätsprinzip nicht nur zu einem stabilen Gleichgewicht führen kann, sondern auch zu stabilen Schwingungen.

In der Theorie der Gruppenselektion kann sich oft selbst dann der gleiche Wert für das Gruppenoptimum ergeben, wenn die Anteile der Gene verschieden sind. Obwohl die Theorie der Gruppenselektion in diesen Fällen keine stabilen Oszillationen vorhersagt, läßt sie doch zu, daß sich die Genanteile in einer Population gelegentlich spontan verändern.

Gene schreiben ihren Überlebensmaschinen vielleicht sogar noch komplexere Strategien vor, sagen ihnen also nicht nur, was sie bei einer bestimmten Auseinandersetzung tun sollen, sondern auch, wie sie sich langfristig verhalten sollen. Sie können beispielsweise dem Individuum die TFT-Strategie oder ein anderes Programm aus Axelrods Wettbewerb (S. 61) vorgeben. Es ist auch möglich, daß ein Gen zwischen Spielen von der Art des Gefangenendilemmas und Chicken unterscheiden kann und für die beiden Fälle unterschiedliche Strategien vorschreibt. Die Evolution kann Gene erschaffen, die immer raffiniertere Strategien verwirklichen und zugleich das Überleben der wirklich erfolgreichen Gene sichern, die gute Ideen tragen.

Die Theorie der Gruppenselektion und die Theorie des egoistischen Gens liefern gleich gute Erklärungen für die Vielfalt innerhalb einer Art. Nach beiden Theorien kann die Rationalität höherer Ordnung, die die Evolution aufweist, nur durch gemischte Strategien verwirklicht werden. Damit verlagert sich die Debatte über die beiden Theorien im wesentlichen auf die Frage nach dem Wesen dieser Rationalität höherer Ordnung.

Die quantitativen Vorhersagen der beiden Theorien für eine hypothetische Population – die nur aus Falken und Tauben besteht – unterscheiden sich wesentlich in bezug auf die Anteile der Falken- und Taubengene, die die Evolution in der Population ausbildet. Die eine Theorie sagt einen 7 zu 5-Überhang von Falken vorher, die andere eine 5 zu 1-Mehrheit von Tauben. Wir sollten diesen großen Unterschied experimentell nachweisen können, selbst wenn die konkreten Zahlen in den Spielmatrizen jeder Grundlage entbehren. Es ist jedoch ein Problem, daß die Vertreter der Theorie des egoistischen Gens ihre Experimente mit ganz anderen Tierarten durchführen als die Anhänger der Theorie der Gruppenselektion. Währenddessen reagiert die Natur auf die Fragen der Menschen mit der Resignation des Rabbis, der in einem Streit beiden Parteien recht gegeben hat und seinem Schüler, der ihm deswegen Vorwürfe macht, entgegnet: „Auch du hast recht, mein Sohn."

9 Sozialismus und freier Wettbewerb

Wenn zwei sich streiten, freut sich der Dritte.

Nach einem alten Aphorismus ist die Grundlage des Kapitalismus die Ausbeutung des Menschen durch den Menschen. Im Sozialismus ist es genau umgekehrt.

Entgegen dem Anschein ist dieser Aphorismus fast völlig unpolitisch. So unpolitisch, daß er seinen Weg in die berühmte „Volkswirtschaftslehre" von Samuelson und Nordhaus gefunden hat, obwohl es darin – so unpolitisch wie möglich – nur um die Volkswirtschaft und die darin wirkenden Prozesse geht.

Wir untersuchen im folgenden Sozialismus und Marktwirtschaft nicht als politische Systeme, sondern als unterschiedliche Anwendungsbereiche der Wirtschaftswissenschaften. Wir möchten gern die schon angedeutete These erörtern, daß die den Reinformen der beiden Wirtschaftssysteme zugrundeliegende Logik ziemlich genau den Formen der Rationalität entspricht, die die Theorien der Gruppen- und der Genselektion verwirklichen, mit allen ihren logischen Folgen.

Diese beiden biologischen Prinzipien sind bei den Biologen noch umstritten. Im wesentlichen geht es darum, welches von ihnen die Evolution beschreibt. Im Rahmen der heutigen Theorien kann man sich keine Zwischenlösung vorstellen, aber wir haben im vorigen Kapitel die Möglichkeit offengelassen, daß die beiden Theorien sogar gleichzeitig gültig sein könnten. In der Volkswirtschaft läßt sich beobachten, wie beide Arten von Prinzipien gleichzeitig am Werk sind.

Früher wurde eine ähnliche Debatte wie bei den Biologen zwischen Vertretern der beiden politischen Systeme geführt. Heute jedoch gibt es weder einen Kapitalismus, der auf dem freien Wettbewerb beruht, noch einen im Sinn von Marx auch nur annähernd reinen Sozialismus. Beide Prinzipien wurden erprobt und in ihren Reinformen für ungeeignet befunden. Aus den Kombinationen der beiden Prinzipien ergaben sich Systeme, die sich als mehr oder weniger geeignet erwiesen. Volkswirtschaftler sprechen von „ökonomischen Mischsystemen".

Die von mehreren Ländern unternommenen Versuche, eine reine freie Marktwirtschaft oder einen reinen Sozialismus zu verwirklichen, können als (oft tragisch endende) Experimente im großen Maßstab betrachtet werden, die nebenbei bewiesen, daß diese Systeme auf Dauer nicht erfolgreich sein können. Diese Experimente wurden nicht von Volkswirtschaftlern, sondern von Politikern durchgeführt, aber die Volkswirtschaftler konnten die Ergebnisse der Experimente beobachten und sogar beeinflussen. Den Biologen bleiben solche Beobachtungen versagt, denn die Evolution ist eine Naturkraft, und es liegt nicht einmal in der Macht der Politiker auszuprobieren, welche Welt sich ergeben würde, wenn die Evolution auf die eine oder andere Weise wirkte. Deshalb sind politische Versuche im großen Stil, bei denen unterschiedliche Wirtschaftssysteme in ihrer reinsten Form erprobt wurden, auch für Evolutionsbiologen höchst lehrreich.

Andererseits können Biologen Experimente durchführen, die wiederum Volkswirtschaftlern versagt sind, und beispielsweise beobachten, wie Tiere unter künstlichen Umständen leben – genau, wie es Milinski machte, als er Stichlinge untersuchte (Seite

66). Volkswirtschaftler können solche Experimente nicht anstellen, denn sie wären aus ethischen Gründen so unannehmbar wie die medizinischen Experimente, die von den Nazis in den Konzentrationslagern durchgeführt wurden.

Alle Zweige der Wissenschaft sind gelegentlich gezwungen, die methodologischen Lücken auf ihren Gebieten durch Anleihen bei fremden Disziplinen zu füllen. In diesen Fällen ist es gewöhnlich richtiger, die Ergebnisse einer anderen, genauso reinen wissenschaftlichen Disziplin zu betrachten, als sich auf Spekulationen zu verlassen. In unserem Fall ist das jedoch nur dann eine vernünftige Möglichkeit, wenn die Annahme gerechtfertigt ist, daß die Naturkraft, die wir Evolution nennen, auch in Wirtschaftssystemen wirkt.

Volkswirtschaftler können diese Frage zur Seite wischen, indem sie sagen, daß Wirtschaftsprozesse sich zwar in einer Welt abspielen, in der die Evolution genauso wirkt wie die Schwerkraft, diese Naturkräfte aber für die wirtschaftlichen Prozesse unmittelbar keine wesentliche Rolle spielten. Wir vermuten jedoch, daß das zwar für die Schwerkraft zutreffen mag, die Evolution aber könnte eine Naturkraft sein, die für die Wirtschaft genauso grundlegend ist wie für die Welt der Lebewesen.

Wirtschaft und Evolution

Wenn sich das Wirken der Evolution vor allem in der natürlichen Auslese, also beim Kampf ums Überleben, manifestiert, sollten sich in der Volkswirtschaft relativ leicht Analogien finden lassen. In der Welt der Lebewesen kämpfen die Teilnehmer am Wettbewerb der Evolution um natürliche Ressourcen, während es beim wirtschaftlichen Kampf darum geht, Kunden zu gewinnen. Das könnte ein wesentlicher Unterschied sein, denn Verbraucher können bewußte und sorgfältige Entscheidungen fällen, natürliche Ressourcen aber nicht. Wie wir sehen werden, spielt dieser Unterschied in den Modellen zwar eine Rolle, hat aber wenig Einfluß auf ihre logische Struktur.

Für die biologische Evolution gibt es von Anfang an ein festes eindimensionales Maß, das anzeigt, wie überlebensfähig ein Individuum (oder ein Gen oder eine Gruppe) ist, nämlich die Zahl der Nachkommen. Dieses Maß wird je nach der gewählten Evolutionstheorie unterschiedlich bestimmt. Beispielsweise mißt die Theorie des egoistischen Gens nicht direkt die Zahl der Nachkommen, sondern die Zahl der Gene, die in der nächsten Generation vorhanden sind. Trotzdem geht jede Theorie zu Recht davon aus, daß das Subjekt der Auslese ein wohldefiniertes Maß kennt, das es maximieren möchte. Im Wirtschaftsleben ist die Lage nicht ganz so eindeutig, denn obwohl das Grundprinzip die Maximierung des Profits ist, haben darauf auch viele andere Faktoren Einfluß, vom gesellschaftlichen Verantwortungsbewußtsein bis hin zur Rücksichtslosigkeit, die sich in der Umweltverschmutzung zeigt. Auch diese Faktoren könnten jedoch von der Evolution gelenkt werden, falls auch die Mechanismen der Gruppenselektion berücksichtigt werden.

In der Wirtschaft spielen öffentliche Güter eine Rolle – und entwickeln eine eigene Dynamik –, deren Entstehung nicht im Interesse eines einzelnen liegt, die aber trotzdem für alle wichtig sind; dazu gehören Schulen, Straßen, Krankenhäuser, die Aufrechterhaltung der inneren Ordnung, die nationale Verteidigung und vieles andere. Ein glänzendes Beispiel, das Samuelson anführt, ist die Notwendigkeit der Leuchttürme. Sie retten Leben und Schiffsladungen, aber das Licht wird kostenlos zur Verfügung gestellt, denn die Leuchtturmwärter können nicht gut die Schiffe anhalten und Gebühren kassieren. Schließlich können sie auch nicht beweisen, daß die Schiffe ihr Licht zu Hilfe nahmen. Außerdem kostet es genausoviel, hundert Schiffe zu warnen, wie ein einziges.

Ohne die Existenz solcher Güter könnte keine Volkswirtschaft funktionieren, und eine wirklich natürliche Auslese kann sie nicht entwickeln. Aber das gleiche Problem ergab sich in der Biologie, als die Evolution von Bienenstaaten untersucht wurde. Offenbar konnte die Evolution die Arbeitsteilung, wie sie in Bienenstaaten gefunden wird, erschaffen. Warum könnte die Evolution dann nicht auch Volkswirtschaften hervorbringen, die

die obigen Güter erzeugen? Die Probleme sind jenen in der Biologie ähnlich. Warum sollten dann die Lösungen radikal verschieden sein? Die Existenz öffentlicher Güter in der Volkswirtschaft schließt nicht aus, daß die Mechanismen der Evolution die Volkswirtschaft beeinflussen; im schlimmsten Fall ähneln diese Mechanismen jenen der Gruppenselektion.

Die Regeln der Volkswirtschaft werden von Menschen geschaffen, und sie haben dabei ziemlich viel Freiheit. Das kann ein wichtiges Argument gegen den Versuch sein, die Mechanismen der Evolution in der Wirtschaft zu suchen. Die Lebewesen selbst haben überhaupt keinen Anteil an der Entwicklung der Gesetze der Natur. Es war Darwins geniale Idee, die Entwicklung der Arten durch den Mechanismus der natürlichen Auslese zu erklären, womit Begriffe wie Absicht oder Rationalität aus der Biologie restlos verbannt werden können. Allerdings kann diese Verbannung, wie wir am Ende von Kapitel 10 sehen werden, möglicherweise auch dann nicht als endgültig gesehen werden, wenn sich die Evolutionstheorie als vollkommen zutreffend erweisen sollte. Auf keinen Fall jedoch lassen sich diese Begriffe aus den von Menschen entwickelten Wirtschaftssystemen wegdenken.

Trotzdem führt das scheinbar ziellose Wirken der Evolution zu der zweckgerichteten menschlichen Logik, die diese Systeme schafft. Jemand, der aufgrund einer Eingebung oder auch einer Glückssträhne wirtschaftlich vernünftig handelt, hat vielleicht nicht die geringste Ahnung davon, welcher Rationalitätsbegriff dem zugrunde liegt, und erweckt doch den Eindruck von vollständig rationalem Denken. Die überlebenden Individuen müssen zumindest so getan haben, als ob sie vernünftige Entscheidungen gefällt hätten – deshalb haben sie ja überlebt. Wirtschaftswissenschaftler wie Milton Friedman erklären aufgrund eben dieses Als-ob-Phänomens, warum Menschen in ihren Theorien als rationale Wesen gesehen werden, obwohl sie engstirnig sind und oft unüberlegt handeln. Ziellose Evolution kann den Anschein zielgerichteter Vernunft geben. Das gilt genauso für zielgerichtete, von Menschen geschaffene Wirtschaftsgesetze.

Die unsichtbare Hand

Vermutlich ist das für die Wirtschaftswissenschaften folgenreichste Werk das 1776 veröffentlichte Buch *An Inquiry into the Nature and Causes of the Wealth of Nations (Der Wohlstand der Nationen)*, in dem Adam Smith das Prinzip der „unsichtbaren Hand" begründete. Danach wird jedes Individuum – während es seine egoistischen Ziele verfolgt – wie durch eine unsichtbare Hand dazu gebracht, in Wirklichkeit das Allgemeinwohl zu fördern. Schauen wir uns einmal einige Abschnitte aus Smith' Buch genauer an:

Nicht vom Wohlwollen des Metzgers, Brauers oder Bäckers erwarten wir das, was wir zum Essen brauchen, sondern davon, daß sie ihre eigenen Interessen wahrnehmen. Wir wenden uns nicht an ihre Menschen-, sondern an ihre Eigenliebe, und wir erwähnen nicht die eigenen Bedürfnisse, sondern sprechen von ihrem Vorteil. (...) Und tatsächlich hat er dabei den eigenen Vorteil im Auge und nicht etwa den der Volkswirtschaft. (...) Und er wird in diesem wie auch in vielen anderen Fällen von einer unsichtbaren Hand geleitet, um einen Zweck zu fördern, den zu erfüllen er in keiner Weise beabsichtigt hat. (...) Gerade dadurch, daß er das eigene Interesse verfolgt, fördert er häufig das der Gesellschaft nachhaltiger, als wenn er wirklich beabsichtigte, es zu tun.

Adam Smith wurde zu einem Propheten der freien Marktwirtschaft, denn er deckte ihr rationales Wesen auf. Natürlich gab es schon vor der Entwicklung der freien Marktwirtschaft Wirtschaftssysteme, und auch in ihnen stellte sich ein hohes Maß an Gleichgewicht ein, so etwa im Fall der sogenannten „asiatischen Produktionsweise" (Karl Marx), die fast unverändert jahrtausendelang überlebte. Selbst solche Systeme könnten ein Ergebnis der Evolution sein, bei der die Betonung möglicherweise stärker auf der Gruppenselektion lag. Vielleicht ist die Entwicklung der freien Marktwirtschaft die Folge des Auftretens eines „neuen Gens" in der Volkswirtschaft, das das Wesen der Evolution veränderte, so daß die Genselektion mehr in den Vordergrund rückte.

Tatsächlich hat Adam Smith die Richtigkeit des Prinzips der unsichtbaren Hand niemals streng bewiesen. Wir haben zwar in Kapitel 7 gesehen, daß der Wettbewerb Zusammenarbeit fördern kann, aber vor John von Neumann wußte niemand, wie auch nur Teile von Adam Smith' sehr bewährter Theorie mit exakten Methoden bewiesen werden könnten. Die Theorie von Adam Smith ist rein intuitiv und erweist sich nur unter Bedingungen des vollkommen freien Wettbewerbs als richtig; Smith selbst führt Beispiele aus der Geschichte und aus seiner Zeit dafür an, wie wohlgemeinte Eingriffe der Regierung in mehreren Ländern ungünstige Auswirkungen hatten.

John von Neumanns Satz und seine Verallgemeinerungen auf Spiele mit mehreren Spielern in der Volkswirtschaft haben die intuitiven Einsichten von Adam Smith überwiegend bestätigt. Wie sich herausstellte, kann das Rationalitätsprinzip, wonach jeder Spieler nur sein Interesse verfolgt und annimmt, daß auch die anderen Spieler das tun, im Verlauf des gesamten Spiels ein längeres und stabileres Gleichgewicht bewirken. Jeder kann sicher sein, daß er in Ruhe essen kann.

Aber die Spieltheorie wies auch auf die theoretischen Grenzen von Adam Smith' Theorie hin. Bei Nicht-Nullsummenspielen kann die unsichtbare Hand sehr weit vom gemeinsamen Optimum wegführen. So führt die unsichtbare Hand beispielsweise beim Gefangenendilemma (und seiner Fassung für mehrere Spieler, der Gemeindewiese) zu gegenseitigem Verrat – und damit zur Katastrophe als einzigem Nash-Gleichgewichtspunkt des Spiels. In diesem Fall ist die Regierung unverzichtbar, um die Teilnehmer am Wirtschaftsleben irgendwie zur Kooperation zu bringen.

Adam Smith' Buch war ein Vorläufer nicht nur mehrerer moderner Richtungen in den Wirtschaftswissenschaften, sondern auch der fast hundert Jahre später von Darwin aufgestellten Evolutionstheorie. Nach Darwin gründet die Wirkungsweise der Natur auf nichts anderem als dem Kampf, den völlig egoistische Individuen um das Überleben austragen. Genau das führt zu den vielen und dauerhaften Formen des Lebens in der Welt der

Lebewesen, zur Entwicklung der Arten. Die Evolution beherrscht diesen Prozeß als unsichtbare Hand, und zwar mittels der natürlichen Auslese. Die Theorie von Adam Smith jedoch trifft nur für den Teil der Evolution zu, der im Rahmen unserer heutigen Begriffe durch die Genselektion dargestellt wird. Wenn zur Wirkungsweise der Evolution in der Natur aber auch Mechanismen der Gruppenselektion gehören, müssen sie irgendwo in der Wirtschaft auftreten, selbst in Wirtschaftssystemen mit völlig freiem Wettbewerb.

Gleichgewichtstheorien

Bei dem großen Spiel, das Volkswirtschaft heißt, sind die Spieler die Produzenten und die Verbraucher. Jeder Produzent hat sein System von Vorgaben, die bestimmen, was er zu welchen Kosten erzeugen kann. Auf diese Weise sind jedem Produzenten die möglichen reinen Strategien – die von ihm hergestellten Güter – zugänglich. Die meisten Produzenten setzen ihre gesamte Leistungsfähigkeit nicht nur für eine Art von Produkt ein, sondern befolgen auch eine gemischte Strategie. Welches Ergebnis ein Produzent mit seiner gemischten Strategie erreichen kann, hängt einerseits von seinen Kosten ab und andererseits davon, welchen Preis er mit seinen Produkten erzielt. Wenn der Preis für jedes Produkt (einschließlich der menschlichen Arbeitskraft) bekannt ist, kann der Produzent das Ergebnis genau berechnen.

Die Spieler, die die Rolle der Verbraucher übernehmen, werden auch durch persönliche Wünsche und Vorgaben gesteuert. Sie wissen, wieviel Geld sie haben, und sie wissen auch, wie zufrieden sie mit dem Ergebnis sein können, wenn sie für einen bestimmten Geldbetrag eine bestimmte Menge an Waren erhalten. Einige Produkte können durch andere ersetzt werden. Verbraucher geben nicht ihr ganzes Geld für ein einziges Produkt aus, auch sie spielen also eine gemischte Strategie.

Natürlich sind Produzenten auch Verbraucher, denn sie kaufen Rohstoffe und Dienste, aber wir wollen die Lage nicht unnötig komplizieren. Wir können also jeden Produzenten als zwei Spieler sehen: einmal als Produzenten und einmal als Verbraucher.

Wenn alle Produkte in unbegrenzter Menge und zu einem festen Preis zur Verfügung stünden, könnten wir schon jetzt die Spielmatrix aufstellen und sie nach den Methoden der Spieltheorie untersuchen. In der Volkswirtschaft ist die Lage jedoch komplizierter. Verbraucher können nicht mehr Produkte kaufen, als von den Produzenten hergestellt wurden, und die Preise der Produkte hängen auch von Angebot und Nachfrage ab. Deswegen muß die Spielmatrix entsprechend abgeändert werden. Wenn die Strategien aller Spieler bekannt sind, können wir sagen, bei welchen Produkten es zu einem Überschuß oder zur Knappheit kommt. Aber noch bevor wir das berechnen können, reagiert schon der Markt darauf. Einerseits steigen die Preise für Güter, die knapp sind, sie sinken aber für Güter, die es im Übermaß gibt. Andererseits verändern sowohl die Fabrikanten als auch die Verbraucher ihre gemischten Strategien, sobald sie das bemerken. Die Produzenten bemühen sich, mehr von den gewünschten Gütern herzustellen, wohingegen die Verbraucher versuchen, die fehlenden Güter durch andere zu ersetzen. Dann kann alles wieder von vorn beginnen.

Wir sind wieder in der gleichen unendlichen Schleife gefangen, der wir bei den Spielen begegneten, als wir über „Ich denke, daß du denkst, daß ich denke, daß ..." nachdachten. Wieder stellt sich die Frage, ob sich auf dem Markt ein Gleichgewicht herausbilden kann und, falls ja, unter welchen Bedingungen.

Die Nobelpreisträger Kenneth Arrow und Gerald Debreu fanden die Antwort auf diese Frage; sie ist im wesentlichen eine Verallgemeinerung von Neumanns Theorem auf das obige Spiel. Nach dem Satz von Arrow-Debreu gibt es für das obige Spiel unter recht allgemeinen Bedingungen ein Nash-Gleichgewicht. (Wirtschaftswissenschaftler sprechen lieber vom „schwachen Pareto-Optimum", meinen damit aber im wesentlichen das gleiche.) In der Wirtschaft kann sich also ein Gleichgewicht herausbilden, wenn niemand seinen Profit einseitig vermehren kann, indem er einfach seine Strategie verändert. Dieser Satz von Arrow-Debreu führte zu wichtigen analytischen Verfahren der modernen Wirtschaftswissenschaften, die auch als Allgemeine Gleichgewichtstheorien bezeichnet werden.

Auf den ersten Blick beweist dieser Satz den vollständigen Erfolg der Ansichten von Adam Smith. Die unsichtbare Hand triumphiert und schafft stabile, für alle akzeptable Wirtschaftsbedingungen: Das wird schon durch die unnachgiebige Strenge der Mathematik garantiert. Aber der Teufel sitzt im Detail. Ich sprach oben von „recht allgemeinen Bedingungen". Diese Bedingungen sind zwar wirklich recht allgemein, nur werden sie von keinem wirklichen Wirtschaftssystem voll erfüllt. Beispielsweise hat der Satz von Arrow-Debreu nur dann seine allgemeine mathematische Gültigkeit, wenn Effekte, die außerhalb der Volkswirtschaft liegen, sich innerhalb der Volkswirtschaft nicht bemerkbar machen und Vorgänge innerhalb der Volkswirtschaft keinerlei externe Effekte haben (beispielsweise Umweltverschmutzung), wenn Preise und Löhne völlig flexibel sind und wenn es keine Monopole gibt. Außerdem müssen eine Reihe weiterer Bedingungen erfüllt sein, so muß etwa das sogenannte „Gesetz des abnehmenden Ertragszuwachses" gelten. Wir werden die Einzelheiten dieser Bedingungen hier nicht erörtern.

Wenn eine Regierung eine möglichst reine freie Marktwirtschaft erschaffen will, wenn sie also die unsichtbare Hand so vollkommen wie möglich wirken lassen will, dann müssen diese Bedingungen erfüllt sein, selbst wenn das nur durch starke Eingriffe in die spontanen wirtschaftlichen Prozesse möglich ist, also durch die Einschränkung des reinen freien Wettbewerbs. Samuelson schließt:

Wenn die wechselseitige Kontrolle des vollkommenen darwinistischen Wettbewerbs fehlt, wenn die ökonomische Aktivität sich von den Märkten nach außen ergießt, wenn Einkommen auf politisch unannehmbare Weisen verteilt werden, wenn die Ansprüche der Menschen nicht ihren Bedürfnissen entsprechen – wenn sich irgendeine dieser Bedingungen einstellt, dann wird die Volkswirtschaft nicht von einer unsichtbaren Hand zu einem Optimum geleitet. Falls es schließlich zu einem Zusammenbruch kommt, können sorgfältig geplante und zurückhaltende Eingrif-

fe der Regierung die wirtschaftliche Lage auf diesem unvollkommenen und vernetzten Globus verbessern.

Im obigen Zitat wird der Ausdruck „vollkommener darwinistischer Wettbewerb" in der eher pauschalen Sprechweise von Laien benutzt. Die Möglichkeit der Gruppenselektion wird nicht in Betracht gezogen, obwohl, wie wir sahen, Darwin selbst sie erwog. Die Zwänge und Kompensationen des „vollkommenen darwinistischen Wettbewerbs" gibt es in der Natur wirklich, nämlich die Mechanismen der Gruppenselektion, obwohl wir nicht genau wissen, was sie sind. Vielleicht sind ihre unvollkommenen irdischen Gegenstücke in der menschlichen Gesellschaft die Regierungen. Wenn eine Regierung jedoch einmal an der Macht ist, kann sie auch zu anderen Zwecken und mit anderen Zielsetzungen in wirtschaftliche Prozesse eingreifen.

Die Planwirtschaft

Eine Volkswirtschaft muß nicht unbedingt durch eine unsichtbare Hand geleitet werden, die durch die geplanten und raffinierten einschränkenden Manöver der Regierung „ergänzt" wird. Wenn eine Regierung nichts anderes zu tun hätte, könnte man sie als einen Teil der unsichtbaren Hand sehen, die ihre Tätigkeit ein wenig beeinflußt oder vielleicht auch ihre Effizienz verbessert. In den früheren sozialistischen Ländern waren die staatlichen Behörden für Planung und Preisfestsetzung deutlich sichtbare Hände, die die wirtschaftlichen Prozesse grundsätzlich festlegten. Es ist charakteristisch für die rein sozialistischen Wirtschaftssysteme, daß die Regierung die Verteilung und Nutzung der Ressourcen bestimmt und den Bürgern die staatlichen Pläne verordnet.

Wir sind geneigt, Planwirtschaften als irrationale Utopien zu sehen oder als einen Alptraum, den wir durchmachen mußten. Aber dieses Wirtschaftssystem ist auch das Ergebnis von Rationalität, und theoretisch könnte es sogar ihren Höhepunkt darstellen. In der Planwirtschaft wird die Vorstellung, es könne sich ein Gleichgewicht von Angebot und Nachfrage einstellen, von Anfang an abgelehnt; vielmehr bemüht sie sich darum, den Nutzen für die Gemeinschaft zu optimieren. Paradoxerweise kann sie das mit den gleichen mathematischen Methoden tun, mit denen die Existenz des Gleichgewichts bewiesen werden konnte, das von der unsichtbaren Hand geschaffen wird. Vielleicht überrascht das weniger, wenn wir bedenken, daß die Theorien der Gruppen- und Genselektion beide zur Anwendung der Spieltheorie und gemischter Strategien führten.

Das von Adam Smith begründete Gedankengebäude konnte erst dann endgültig zu den Höchstleistungen der Rationalität gezählt werden, als der Satz von Arrow-Debreu entdeckt worden war. Wir haben auch gesehen, daß das Nash-Gleichgewicht weit davon entfernt ist, für die gesamte Gemeinschaft optimal zu sein; oft kann es sich nicht einmal entwickeln. Um unseren weiteren Gedankengang zu veranschaulichen, stellen wir uns vor, daß eine Volkswirtschaft zwanzig Teilnehmer hat, deren wirtschaftliche Tätigkeit darin besteht, daß sie mit jedem der anderen Spieler entsprechend der untenstehenden Matrix eine Runde des Gefangenendilemmas spielt. Natürlich ist dieses Modell als ein „Modell für eine Volkswirtschaft" absurd, aber es kann das, was wir sagen wollen, besser verdeutlichen als eine lebensnähere Beschreibung.

		Spieler 2	
		kooperiert	rivalisiert
Spieler 1	kooperiert	3, 3	0, 10
	rivalisiert	10, 0	1, 1

Diese Matrix hat Ähnlichkeit mit der von Axelrods Spiel (S. 61), aber hier ist die Versuchung, sich auf einen Wettbewerb einzulassen, noch größer: Der wettbewerbsorientierte Spieler, der auf einen Trottel trifft, gewinnt 10 Einheiten und nicht nur 5. Wenn beide Spieler zusammenarbeiten, gewinnen sie insgesamt 6 Einheiten. Wenn beide rivalisieren, erhalten sie zusammen 2 Einheiten. Wenn einer der Spieler kooperiert und der andere rivalisiert, gewinnen die beiden Spieler insgesamt 10 Einheiten. Das Brut-

tosozialprodukt wird also um jeweils 6, 2 und 10 Einheiten vermehrt.
Jeder Spieler spielt mit 19 anderen Spielern, also werden insgesamt 190 Spiele gespielt. Wenn alle Spieler immer kooperieren, gewinnen sie

$$190 \times 6 = 1140 \text{ Einheiten.}$$

Dazu würde die Goldene Regel führen. Nach dem Rationalitätsprinzip wird das einzige Nash-Gleichgewicht erreicht, wenn alle rivalisieren. In diesem Fall gewinnen die Spieler jedoch nur

$$190 \times 2 = 380 \text{ Einheiten.}$$

Das wird durch die Theorie der Genselektion vorhergesagt, und auch Adam Smith' unsichtbare Hand führt die Spieler dahin. Aber was passiert, wenn 14 Spieler immer kooperieren, während die anderen immer rivalisieren? In diesem Fall kooperieren beide Spieler bei 91 von den 190 Spielen, bei 15 Spielen rivalisieren sie, und in 66 Fällen wird einer der Spieler kooperieren und der andere rivalisieren. Die Spieler gewinnen also insgesamt

$$91 \times 6 + 15 \times 2 + 66 \times 10 = 1236 \text{ Einheiten.}$$

Bei diesem Gefangenendilemma, bei dem die Versuchung zu rivalisieren besonders groß ist, läßt sich das gemeinsame Optimum also nicht durch Zusammenarbeit erreichen. Die Situation hat mehr Ähnlichkeit mit der des Chicken-Spiels: Der kategorische Imperativ oder die Theorie der Gruppenselektion schreibt hier wieder eine gemischte Strategie vor.

Was kann ein Volkswirt tun, der in einer Planwirtschaft über unbegrenzte Macht verfügt und immer das Wohl der Gemeinschaft im Blick hat? Im Interesse des Gemeinwohls schreibt er am besten 6 der 20 Spieler eine rivalisierende Strategie vor, während er die anderen zur Zusammenarbeit verpflichtet. Auf diese Weise ist der Ertrag um fast zehn Prozent höher, als wenn alle kooperierten, und natürlich noch viel höher, als wenn alle rivalisierten.

Ein solches Optimum läßt sich in der Volkswirtschaft erst erreichen, wenn mehrere theoretische und praktische Hindernisse überwunden wurden. Eine theoretische Hürde ist, daß ein solches System unter Menschen von Fleisch und Blut wohl kaum lange aufrechterhalten werden kann, wenn die Regierung auch die Verteilung der Güter unternimmt, also den perfekten Kommunismus einführt. Aber selbst in diesem Fall ließen sich die zum Wettbewerb verdammten Einheiten wohl nur schwer daran hindern, ihre vorteilhaften Positionen zu Geld zu machen. Außerdem könnten die Kosten für die Überwachungsbehörden leicht den durch das Optimum erreichten Gewinn aufbrauchen.

Ein sowohl theoretisches wie praktisches Hindernis besteht darin, daß man oft nicht leicht sagen kann, was genau optimiert werden soll. Es gab in der Sowjetunion eine Zeit, in der die Kochtöpfe immer dickwandiger, also immer schwerer wurden. Damals schrieben die Planzahlen vor, wieviel Tonnen Rohstoff verarbeitet werden mußten. Das hatte seinen guten Grund, denn der Rohstoff wurde wiederum von der Stahlindustrie geliefert, die ihre Produktion von Roheisen nur in Tonnen bemessen kann (solange gewisse qualitative Anforderungen erfüllt sind), und das erzeugte Eisen mußte irgendwie aufgebraucht werden. Wären die Planzahlen dagegen als Gesamtrauminhalt vorgegeben worden, wären früher oder später nur riesige Kessel produziert worden.

Das praktische Hindernis besteht darin, daß unser allmächtiger Volkswirt ungeheure Mengen an Information sammeln und analysieren müßte. Vielleicht könnten die heutigen Computer diese Analyse bereits durchführen, obwohl sie dazu Gleichungen mit Milliarden von Unbekannten lösen müßten – aber es würde selbst bei den schnellsten Computern einige Jahre brauchen. Es ist wohl unmöglich, alle nötigen Daten zu sammeln, weil das oft den wirtschaftlichen Interessen zuwiderläuft. In der Sowjetunion war das schon immer so, aber selbst die USA konnten 1974/75 nur einen Bruchteil der notwendigen Daten zusammentragen, als die Regierung versuchte, ein für das ganze Land gültiges Energiemodell zu entwickeln.

Wie die Erfahrung zeigt, ist eine effiziente Durchführung solcher Arbeiten praktisch ausgeschlossen. Aber die Regierung hat nicht nur die Aufgabe, die Vorschriften zu erlassen, die das ungestörte Funktionieren des Markts ermöglichen (also etwa die Voraussetzungen des Arrow-Debreu-Theorems zu erfüllen), sondern sie sollte auch die Interessen vertreten, die die Öffentlichkeit mehrheitlich für unabdingbar hält, und genauso für eine Abnahme der Umweltverschmutzung sorgen wie für den Betrieb von Leuchttürmen. Deshalb kam es zur Entwicklung von Mischökonomien.

Die Vielfalt der Mischökonomien

In Mischökonomien wird die Rolle der wirtschaftlichen Lenkung teilweise vom Markt und teilweise von den der Regierung unterstellten öffentlichen Institutionen bestimmt. Die eine Komponente – die Gesamtheit der Wirtschaftsteilnehmer – ist dafür verantwortlich, daß die Volkswirtschaft von der unsichtbaren Hand der Marktmechanismen gelenkt wird. Deren Wirken wird ziemlich genau durch die Theorie der Genselektion beschrieben. Die andere Komponente – der Staat – lenkt die Wirtschaft auf zweierlei Weise. Zum einen kann er das Wirken der unsichtbaren Hand durch Planvorgaben und Finanzierungsanreize beeinflussen, und zum anderen kann er öffentliche Angelegenheiten vielleicht ohne direkte Produktionspläne, aber im Geist von deren Rationalität durchführen. Die Regierung ist die Komponente der Wirtschaft, auf die die Theorie der Gruppenselektion angewendet werden kann.

Diese beiden Komponenten werden in jedem Land anders gewichtet; so ist in den USA der Anteil der ersten, in Schweden der Anteil der zweiten Komponente größer. In einer Demokratie können die Bürger bei den Wahlen Einfluß darauf nehmen, welche Komponente die Regierung stärker betonen sollte. Trotzdem sind radikale Veränderungen auch in Ländern mit einer langen demokratischen Tradition selten. Der schwedische rechte Flügel würde in den USA für extrem links gehalten. In Ländern, in denen das System bereits lange demokratisch ist, schwankt der Anteil der beiden Komponenten innerhalb recht enger Grenzen, obwohl es zwischen den Ländern beträchtliche Unterschiede geben kann.

Beim Kampf zweier männlicher See-Elefanten steht gewöhnlich viel auf dem Spiel, denn der Siegespreis ist ein Harem. Es erstaunt nicht, daß der Kampf im allgemeinen heftig ist und der Verlierer gewöhnlich schwere Verletzungen davonträgt. Bei diesen Tieren scheint überwiegend die Theorie vom egoistischen Gen gültig zu sein, während bei Ameisen die Theorie der Gruppenselektion besser zuzutreffen scheint. Stichlinge sind irgendwo in der Mitte. Die Gene der Individuen bestimmen auch, in welchem Maß eines der beiden Prinzipien Gültigkeit haben soll. In der Volkswirtschaft ist die Lage ähnlich: Einstellungen, Arbeitsmentalität, Kultur, Nationalcharakter, Ausbildung der Arbeitskräfte können den Anteil der beiden Komponenten der Mischökonomie bestimmen und zur Annäherung an das Optimum (das sich im Lauf der Evolution einstellt) führen.

Die Parallele zur Biologie ist nicht ganz unbegründet. Die amerikanischen Biologen Ch. Lumdsen und E. O. Wilson bemerkten, daß unser Alltagsleben ähnlich aus austauschbaren Elementen besteht, wie unser biologisches Sein von unseren Genen bestimmt wird. Jeder kann beispielsweise seine Kleidung selbst bestimmen und aussuchen, welche Geschichten er seinen Kindern erzählt oder wie er einen bestimmten Konflikt löst. Man könnte das so sehen, als ob jeder die eigenen Gene zusammenstellt, seine Hautfarbe, Größe und den Körperbau also selbst bestimmt. Obwohl die oben erwähnten Elemente nicht genetisch verankert sind, werden sie als eine Art kulturelles Erbe weitergegeben, und man könnte sogar sagen, sie führten ihren eigenen Überlebenskampf. Lumdsen und Wilson nannten diese Elemente Kulturgene und versuchten, sie mit den für Gene entwickelten mathematischen Modellen zu beschreiben. Ihr Versuch war recht erfolgreich. Die Gleichungen der Evolutionsbiologie haben sich auch für diese Größen gut bewährt und konnten ziemlich viele Merkmale einer Kultur ausgezeichnet simulieren, von den Launen der Mode bis zu dem, was als klassisch gilt.

Es gibt große Unterschiede zwischen den Kulturgenen der einzelnen Länder, und deshalb kann die Evolution zu unterschiedlichen Arten von Mischökonomien führen. Der optimale Anteil von Markt- und Planwirtschaft kann in jedem Land anders sein. Die Gesetze der Marktwirtschaft jedoch sind allgemeingültig, und in bezug auf sie unterscheiden sich die Länder nicht wirklich.

Davon, wie die Mechanismen der Genselektion funktionieren, haben wir ziemlich genaue Vorstellungen, die für alle Arten zutreffen. Die Kampfesweisen der Arten aber unterscheiden sich stark voneinander, obwohl das Ziel aller Kämpfe immer das Überleben ist. Die Tiere der einen Art kämpfen einen blutigen Kampf, um einen Konflikt auszutragen, den eine andere Art durch unblutiges Imponiergehabe löst. Das wird durch den konkreten Gensatz der jeweiligen Art festgelegt. Die allgemeinen Bedingungen für den Kampf werden jedoch nicht durch die Genselektion bestimmt, sondern vielmehr durch die Mechanismen der Gruppenselektion, obwohl wir viel weniger darüber wissen, wie diese eigentlich wirken.

Bei unseren Überlegungen entsprachen die einzelnen Arten den einzelnen Volkswirtschaften. Wenn eine Volkswirtschaft die unsichtbare Hand beeinflussen will (und das ist, wie wir gesehen haben, notwendig), kann das je nach der Kultur, den Traditionen, also dem Kulturgenbestand, des Landes in jedem Land völlig andere Schritte erfordern. Was sich in einem Land bewährt, versagt womöglich in einem anderen.

Zur Logik der Evolution

Aufgrund unserer Erfahrung mit der Volkswirtschaft scheint es nicht ausgeschlossen, daß die Evolutionsforschung den Konflikt zwischen den beiden fundamentalen Theorien der Genselektion und der Gruppenselektion gar nicht zu lösen braucht, indem sie sich für die eine oder die andere entscheidet. Möglicherweise veranschaulichen beide Theorien in Wirklichkeit einfach zwei gleich wertvolle Aspekte des Mechanismus der Evolution. In der Volkswirtschaft bewähren sich jene Systeme besonders gut, in denen beide Prinzipien nebeneinander bestehen können.

Es ist, als ob die Evolution selbst eine gemischte Strategie verfolgt, indem sie die beiden Rationalitätsbegriffe verwendet, die durch die Theorien der Genselektion und der Gruppenselektion verkörpert werden. Sowohl im Wirtschaftsleben wie auch bei den Arten wendet sie die beiden Formen der Rationalität in den unterschiedlichsten Anteilen an.

Die Natur kann die Anwendung gemischter Strategien auf zwei Weisen verwirklichen. Sie kann Populationen von Einzelwesen mit optimalen Genanteilen schaffen, die reine Strategien befolgen, oder sie kann Individuen schaffen, die die angemessene Mischung von Strategien in sich selbst verwirklichen und sich mal so und mal anders verhalten. Beispiele für beide Arten optimaler Mischstrategien finden sich in den Ergebnissen von Experimenten, die entweder die Theorie der Genselektion oder die Theorie der Gruppenselektion zu beweisen versuchen. Die Evolution selbst mischt die beiden Selektionstheorien vermutlich mit den Methoden der Gruppenselektion. Beide Mechanismen beeinflussen jede Art, ihre Anteile aber können von Art zu Art variieren.

Als wir fragten, mit Hilfe welcher Mechanismen die Naturkraft, die wir Evolution nennen, ihren Einfluß ausübt, war meine Antwort – in erster Näherung – mit der natürlichen Auslese. Wir haben jedoch gesehen, daß die natürliche Auslese in der Natur viele Formen annehmen kann, etwa Gruppenselektion und Genselektion, und es ist auch möglich, daß es andere, noch unbekannte Formen gibt. Die nächste Frage könnte auf einem höheren Niveau gestellt werden: Mit Hilfe welcher Mechanismen bestimmt die Evolution die Anteile der verschiedenen Formen der natürlichen Auslese? Diese Frage ist in der Biologie noch nicht systematischer wissenschaftlicher Erforschung zugänglich, aber das Beispiel der Volkswirtschaft könnte einige Hinweise geben.

In demokratischen Systemen lassen sich die Anteile der beiden Arten von Regelmechanismen sehr subtil durch reguläre Wahlen steuern. Letztlich geht es bei den Wahlen um die Richtung, in die eine Regierung gehen sollte. Ganze Bibliotheken befassen sich mit den theoretischen Problemen der Demokratie, von der Diskussion der Tatsache, daß die Rationalität der Wähler recht beschränkt ist, bis zu der Aussage, daß die Demokratie selbst mit demokratischen Mitteln abgeschafft werden kann. Wir können nicht sicher sein, daß unter der rein rationalen Oberfläche der Demokratie (51 ist mehr als 49) auch wirklich rationale Kräfte wirken. Trotzdem hat sich dieses Instrument der Wirtschaft bisher als das wirksamste Mittel der Evolution erwiesen.

Deshalb müssen die Mechanismen höherer Ordnung in der Natur noch keine abstrakte Form der Demokratie sein. Höchstwahrscheinlich sind sie es nicht. Wir können nur sagen, daß die Demokratie einige unbekannte Mechanismen der Evolution, wenn auch unabsichtlich, erfolgreich verwirklicht. Schließlich ist die Demokratie selbst ein Produkt der Evolution: Vielleicht ist sie nichts anderes als ein höchst erfolgreiches Kulturgen. Die Demokratie ist vermutlich deshalb so erfolgreich, weil sie Stabilität und Funktionsfähigkeit menschlicher Sozialsysteme und damit auch das Überleben des egoistischen Kulturgens garantieren konnte. Und vielleicht konnte sie das aufgrund ihrer oberflächlichen Rationalität und der tief verborgenen, aber dennoch rationalen Irrationalität.

Diese flüchtige Bemerkung sollte hier nicht zu ernst genommen werden, obwohl wir im dritten Teil des Buchs, wenn wir menschliches Denken untersuchen, gerade über solche Fragen sprechen werden.

Was könnte das endgültige Prinzip sein, das die Evolution selbst bestimmt? Möglicherweise ist dieses letzte Prinzip höherer Ordnung jene bisher nicht entdeckte Form der Rationalität, die die schon entdeckten Formen der Rationalität mischt, also das Rationalitätsprinzip, das Stabilitätsprinzip, den kategorischen Imperativ und vielleicht auch noch andere Prinzipien. Aber vielleicht geht dieses höhere Prinzip auch über die Rationalität hinaus, jedenfalls über die Art der Rationalität, die die Menschheit sich bis jetzt vorstellen kann.

10 Die Spiele der Elementarteilchen

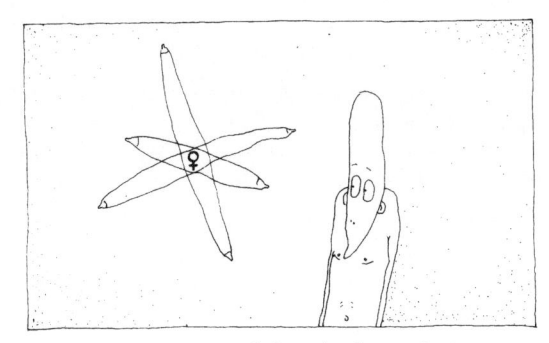

Eine Frau ist immer noch berechenbarer als ein Elektron.

Albert Einstein, der sich nach Abschluß seines Studiums in fast ganz Europa vergeblich um eine Assistentenstelle beworben hatte, nahm 1902 eine bescheiden besoldete, aber nicht sehr aufreibende Arbeit am Patentamt in Bern an, wo er über den Sinn des Lebens und die drei Grundprobleme der damaligen Physik nachdenken konnte. Er veröffentlichte seine Ergebnisse 1905, 26jährig, in drei nobelpreiswürdigen Arbeiten. Das brachte das Nobelkomitee später in Schwierigkeiten. Einstein erhielt den Nobelpreis schließlich weder für die Aufstellung der Theorie der Brownschen Bewegung noch für seine spezielle Relativitätstheorie, sondern für die Lösung des Problems des photoelektrischen Effekts. Wir werden bald sehen, worum es dabei geht.

Die Öffentlichkeit war rasch angetan von der Relativitätstheorie – trotz oder wegen ihrer Unbegreiflichkeit –, und die Welt lachte noch lange über das Nobelpreiskomitee. Aus fast einem

Jahrhundert Abstand können wir im Rückblick jedoch sagen, daß tatsächlich der Gedanke gewürdigt wurde, der sich als der fruchtbarste erwiesen hat.

Die spezielle Relativitätstheorie, die Krönung der klassischen Physik, ergänzt deren Gedankengebäude durch ein geniales neues Prinzip. Einsteins Gedanke war typisch revolutionär, so wie ihn jede etablierte Ordnung bewundert: aufregend, witzig, effizient, ohne die altbewährte Weltsicht auf den Kopf zu stellen. Newtons deterministische Weltsicht blieb mit all ihren beruhigenden Folgen unangetastet. Die spezielle Relativitätstheorie bestätigte sie sogar und bewies, daß es auch innerhalb dieses Rahmens noch Neues unter der Sonne gibt.

Die Lösung des Problems des photoelektrischen Effekts lenkte die Physik jedoch in eine ganz neue Richtung. Nicht einmal Einstein selbst mochte den neuen Wissenschaftszweig, also die Quantenmechanik, zu der seine Überlegungen Anlaß gaben, je voll und ganz akzeptieren. Er blieb ein genialer und höchst respektierter Kritiker der neuen Physik, auf dessen Meinung jeder Wert legte, und half so, daß nur die besten Gedanken, die in ernsthaften Debatten vervollkommnet wurden, überlebten. Auf diese Weise trug er zu der bemerkenswert raschen Entwicklung des neuen Zweigs der Wissenschaft bei.

Das wohl überzeugendste Argument zugunsten der seltsamen, der Intuition widersprechenden Welt der Quantenmechanik ist, daß sie sich in der Welt der kleinen Teilchen so gut bewährt wie Newtons Mechanik in der Welt der großen Objekte. Die Atombombe ist eine Sekundärerscheinung und vielleicht kein sehr gutes Beispiel. Aber die Entwicklung von Mikroelektronik und Lasertechnik sowie viele andere technische Leistungen wären ohne Kenntnis der Quantentheorie unmöglich gewesen. Der Nobelpreisträger und Forschungsorganisator Leon Ledermann schätzte, daß mehr als 25 Prozent des Bruttosozialprodukts hochentwickelter Industrienationen auf Produkten beruhen, deren Entwicklung ohne Quantenphysik unmöglich gewesen wäre.

Zwar wurden die technischen Möglichkeiten, die die Quantenphysik eröffnete, bald in die Praxis umgesetzt, aber die Quantentheorie als solche wird nur allmählich in unser Weltbild eingebaut. Wir spüren noch immer Widerstreben gegen die Annahme, daß die Welt wirklich so ist, wie die Quantenphysik sie zeigt.

Einsteins Hauptargument gegen die Theorie war bis zu seinem Tod, daß – wie er gelegentlich sagte – Gott nicht würfele. Deshalb versuchte Einstein, den Geist in die Flasche zurückzudrängen, aus der er ihn freigesetzt hatte, und neue Theorien zu entwickeln, aus denen sich hätte ergeben können, daß Elementarteilchen und damit die ganze Welt letztlich doch nicht vom blinden Zufall regiert werden. Die Physik nahm jedoch einen anderen Weg.

Mit den Mitteln der Spieltheorie läßt sich der Grundgedanke der Quantenmechanik auch folgendermaßen beschreiben: Die Elementarteilchen verwirklichen den Gedanken der gemischten Strategie. Selbst Einstein hätte wohl die folgende Aussage akzeptieren können: „Gott hat die Welt von den Elementarteilchen bis zum menschlichen Denken mit gemischten Strategien versorgt." Wie wir aus der Spieltheorie wissen, lassen sich Vielfalt und Stabilität oft nur mit Hilfe von gemischten Strategien vereinbaren.

Es gibt eine Reihe ausgezeichneter populärwissenschaftlicher Bücher zur Quantenphysik, mit denen der Überblick auf den nächsten Seiten überhaupt nicht wetteifern will. Ich werde kein Wort verlieren über zahlreiche Höchstleistungen der Quantenphysik, auch nicht über meine Lieblinge: Heisenbergs Unschärfeprinzip oder die Quarks. Mein Ziel ist lediglich, die enge Beziehung zwischen Quantenphysik und Spieltheorie zu erhellen.

Die Doppelnatur des Lichts

Nach unserer alltäglichen Auffassung läuft Licht pfeilgerade. Nach 200 Jahren systematischer und gründlicher Versuche haben Physiker jedoch zweifelsfrei bewiesen, daß sichtbares Licht sich wie jedes andere Ding verhält, das Wellen bildet. Man kann an die Wellen denken, die auf der Wasseroberfläche entstehen, wenn man einen Stein hineinwirft, oder an die Wellen auf einer Gitarrensaite, wenn sie gezupft wird. Licht hat eine sehr kurze Wellenlänge (etwa ein Tausendstelmillimeter), erzeugt aber jedes Wellenphänomen, das wir auch bei längeren Wellen beobachten. Zwei Lichtwellen können einander verstärken oder auslöschen oder auch alles tun, was zwischen den beiden Extremen liegt, je nachdem, in welcher relativen Phase sie zusammentreffen, genau wie wenn man zwei Kieselsteine ins Wasser wirft und nicht nur einen oder wenn eine Wasserwelle auf einen Fels trifft und reflektiert wird. Diese Phänomene sind experimentell genau untersucht worden; immer verhält sich Licht so, wie man es schon lange aufgrund allgemeiner mathematischer Überlegungen zu Wellen vorhergesagt hat.

In gewissem Sinn hat sich Licht als eine Welle erwiesen, die noch einfacher ist als eine Welle im Wasser oder auf einer Gitarrensaite. Wasserwellen pflanzen sich nicht mit immer der gleichen Geschwindigkeit fort, sondern die großen Wellen sind schneller und die kleinen langsamer. Licht aber breitet sich im Vakuum immer, unabhängig von der Wellenlänge, mit der gleichen Geschwindigkeit aus, nämlich mit 300 000 Kilometern pro Sekunde. Das stellte für Physiker jedoch überhaupt kein mathematisches Problem dar.

Schwierigkeiten ergaben sich erst bei der Untersuchung des sogenannten photoelektrischen Effekts. Dieser Effekt besteht darin, daß Metall, das mit starkem einfarbigem Licht bestrahlt wird, Elektronen ausschickt. Das ist in Übereinstimmung mit der klassischen Physik: Wenn Lichtwellen Energie leiten, können sie auch leicht einige wenige Elektronen ablösen. Die Gleichungen der klassischen Physik sagten jedoch völlig andere Anfangsgeschwindigkeiten für die Elektronen vorher, als die Experimentalphysiker maßen.

Die Lösung dieses Widerspruchs erfolgte in zwei Schritten. In einem ersten Schritt fand Max Planck aufgrund einer ganz anderen Untersuchung, daß Licht möglicherweise nicht stetig als eine Welle entsteht, sondern in Päckchen, sogenannten Quanten. Diese Annahme löste Plancks damaliges Problem (er wollte die

Strahlung sogenannter schwarzer Körper verstehen, aber das ist für uns hier unwichtig), konnte aber für sich allein nicht den photoelektrischen Effekt erklären, der in den Experimenten gefunden wurde. Dazu war darüber hinaus der Gedanke notwendig, für den Einstein den Nobelpreis erhielt, daß nämlich Stoffe Licht nicht nur in Quanten aussenden, sondern auch in Quanten absorbieren. Die von der Welle mitgeführte Energie entsteht also nicht nur in Quanten, sondern kommt auch quantisiert an, obwohl sie anscheinend in der Zwischenzeit von einer stetigen Welle getragen wird. Diese Annahme mag recht absurd erscheinen, aber mit ihrer Hilfe erhielt Einstein eine sehr schlaue und einfache Formel, die jedem (früheren und späteren) Versuchsergebnis genau entsprach.

Das einzige, was in Einsteins Theorie nicht zu unserem alltäglichen Denken paßt, ist, daß Licht, obwohl es eine Welle ist, als Quantum beginnen und enden kann. Das ist entschieden ein Kennzeichen von Teilchen und nicht von Wellen. Schon die Entstehung von Licht als Quantum ist merkwürdig und schwer zu verstehen, obwohl man es sich irgendwie vorstellen kann, wenn man an den Stein denkt, der ins Wasser fällt. Die Ankunft als ein Quantum jedoch widerspricht vollkommen der Art, wie wir uns Wellen vorstellen und wie sie sich bisher verhalten haben. Aber Einsteins Formel enthielt auch die Wellenlänge, und die kann man einem Teilchen nicht zuschreiben.

Douglas R. Hofstadter zog einmal folgenden Vergleich: Ein Frosch springt ins Wasser, und daraufhin entstehen im Wasser Wellen. Die Wellen breiten sich „vorschriftsmäßig" aus, aber kurz bevor sie das Ufer erreichen, sind sie plötzlich keine Welle mehr, das Wasser wird ruhig, und die Welle verwandelt sich in einen Frosch, der aus dem Wasser ans Ufer springt. Je größer die Wellenlänge, um so kleiner der Frosch und umgekehrt. Eine Wasseroberfläche mit sehr kleinen raschen Schwingungen gebiert riesige Frösche, die sogar die Felsen am Ufer umstoßen können. Die Form der Welle hängt davon ab, wie groß und träge der Frosch ist, der ins Wasser springt, aber die Größe des Frosches, der aus dem Wasser herausspringt, hängt nur von der Wellenlänge ab und nicht von den Eigenschaften des Frosches, der ins Wasser springt. Der Schlüssel zu diesem Vergleich ist: Der Frosch ist das Licht, das Ufer ist die Metallfläche, die Licht abstrahlt, die Felsen am Ufer sind die Elektronen in dem Metall, ja, und die Welle, die aus dem Frosch entstand und wieder zum Frosch wurde – sie ist ebenfalls Licht.

Obwohl der Vergleich absurd ist, entspricht dieses Bild recht genau den Ergebnissen der Experimente. Das Bild wird später noch etwas komplizierter, denn der Frosch ist auch in der sich ausbreitenden Welle, und die Welle ist dann, wenn sie das Ufer erreicht, in dem Frosch, der aus dem Wasser springt. Aber das ist ja zu erwarten: Wie sollte die Welle schließlich wissen, wann das Ufer kommt? Sie muß immer bereit sein, sich in einen Frosch zu verwandeln.

Wenn es sein muß, gewöhnen wir uns irgendwie an diese Absurdität des Verhaltens von Licht – genau wie wir uns seit Galilei an die Absurdität gewöhnt haben, daß die Fallzeit eines Körpers unabhängig ist von seiner Masse. Im Vergleich mit dem Frosch scheint es jedoch unrealistisch, wenn Licht überhaupt für eine Welle gehalten wird. Das folgt aus nur einem einzigen, wenn auch sehr wichtigen Punkt in der Analogie, nämlich aus der Beziehung zwischen der Wellenlänge und der Größe des Frosches. Daß die Größe des Frosches ausschließlich von der Wellenlänge abhängt, folgt aber eindeutig aus Einsteins Formel. Vielleicht könnten wir den Begriff der Wellenlänge durch einen anderen abstrakten Begriff ersetzen, der auch auf Teilchen angewendet werden kann? Schauen wir einmal, ob die Hinweise auf die Welleneigenschaften des Lichts gut genug sind, um uns davon zu überzeugen.

Doppelspalt-Experimente

Eines der wichtigsten Experimente, das die Welleneigenschaften des Lichts bewies, wurde 1804 von Thomas Young durchgeführt, einem Arzt, der sich auch für das Wesen des Lichts interessierte. Er schnitt zwei parallele, eng benachbarte Spalte in einen undurchsichtigen Schirm, ließ einfarbiges Licht auf den

Schirm fallen und fing dieses Licht mit einem anderen Schirm auf. Bei einem solchen Versuch ist schon mit dem bloßen Auge zu sehen, wieviel Licht die Teile des zweiten Schirms erreicht. Wenn einer der Schlitze abgedeckt wird, zeigt der andere Schirm ein Bild des offenen Schlitzes, bei dem die Ränder verschwommen sind, was von der Lichtbeugung am Rand des Schlitzes herrührt. Wenn der andere Spalt bedeckt wird, entsteht ein Bild des ersten Schlitzes. Wenn Licht Teilcheneigenschaften hätte, sollten wir auf dem zweiten Schirm das Bild der beiden Spalte sehen, wenn sie beide geöffnet sind. Aber erstaunlicherweise zeigte das Bild dann ein Muster von dunklen und hellen Streifen, deren Zahl und Form von der Entfernung zwischen den beiden Spalten und der Farbe des Lichts abhing.

Diese typischen Interferenzerscheinungen lassen sich an den uns vertrauten Wasser- und Schallwellen leicht nachweisen. Interferenzen ergeben sich dann, wenn die Punkte auf dem zweiten Schirm von den beiden Schlitzen nicht gleich weit entfernt sind und deshalb die Lichtwellen einen bestimmten Punkt auf dem zweiten Schirm nicht genau gleichzeitig erreichen. Deshalb können sie einander verstärken oder auslöschen, je nachdem, in welcher Phase sie auf dem Schirm ankommen. Man kann mathematisch berechnen, welche Streifen auf dem zweiten Schirm auftreten sollten, wenn das Licht wirklich eine Welle ist. In den Versuchen erschienen die Streifen genau wie von den Berechnungen vorhergesagt. Licht verhält sich also genau so, wie man es von einer wohlerzogenen Welle erwartet.

Theoretisch läßt sich dieses Experiment auch mit Elektronen durchführen, praktisch erfordert das jedoch eine kompliziertere Apparatur. Es lohnt sich, Zeit und Geld für die Durchführung eines solchen Experiments aufzuwenden, wenn wir erwarten, daß Elektronen auch Welleneigenschaften haben. Ich werde später sagen, woher dieser Verdacht rührt, aber es ist schon hier wichtig, das Ergebnis des Versuchs zu kennen. Historisch gesehen, ist der Versuch niemals genau so durchgeführt worden, wie ich es hier schildere. Davisson und Germer haben in den zwanziger Jahren dieses Jahrhunderts viel kompliziertere Versuche durchgeführt, aus deren Resultaten das Ergebnis dieses einfacheren Experiments abgeleitet worden ist.

Wir brauchen eine Elektronenkanone, damit wir Elektronen einzeln auf den Schirm schießen können, und einen Zähler, damit wir wissen, wie viele Treffer die Elektronen erzielen. Ein Geiger-Müller-Zähler, der radioaktive Strahlung zählt, dient diesem Zweck ausgezeichnet.

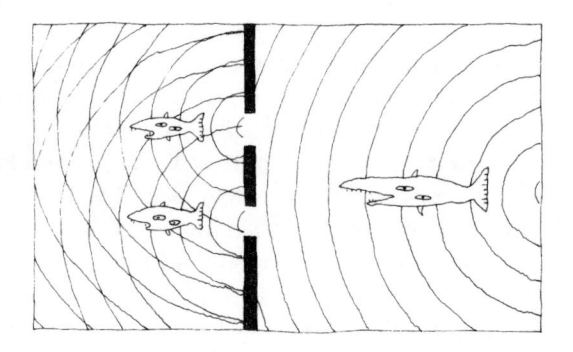

Bei diesem Experiment werden wie bei dem von Thomas Young zwei Schirme aufgestellt. Der erste Schirm besteht aus Blei, das für Elektronen undurchdringlich ist, und hat zwei eng benachbarte Spalte. Auf dem zweiten Schirm verzeichnen viele Detektoren, wo ein Elektron auf den Schirm auftrifft. Zuerst wird ein Spalt von einer Bleiplatte abgedeckt, dann der andere, dann werden beide offengelassen. Die Elektronen werden einzeln vom Elektronengewehr gefeuert, das rasch von links nach rechts schwenkt, die Elektronen treffen also nacheinander auf den einen oder den anderen Schlitz und oft auch auf den Schirm. Das Ergebnis des Experiments ist: Auf den Schuß eines Elektrons folgt jeweils ein Einschlag, wenn das Elektron durch den Spalt hindurchkommt. Das überrascht niemanden, denn wir stellen uns das Elektron ja als Teilchen vor. Wenn nur ein Spalt offen ist, ist sein Bild auf dem zweiten Schirm scharf, also nur ein einzelner Streifen, wenn auch mit verschwommenem Rand.

Wenn jedoch beide Spalte offen sind, ergibt sich auf dem zweiten Schirm genau das gleiche Bild, wie es Thomas Young sah: Es besteht aus ungeheuer vielen dunklen und hellen Streifen!

Die Elektronen wurden nacheinander abgeschossen, jeweils erst nachdem das vorangehende bestimmt schon den zweiten Schirm erreicht hatte, falls es durch einen der Schlitze gegangen war. Die Interferenz, die das Experiment deutlich zeigt, läßt sich also nicht als Wechselwirkung einzelner Elektronen miteinander erklären. Die Elektronen erzeugen das gemeinsame Bild mit vielen Streifen auf jeden Fall unabhängig voneinander, wenn beide Schlitze offen sind. Aber als nur ein Schlitz offen war, bildeten sie nur einen einzigen Streifen. Dennoch verursachte jedes Elektron nur einen einzigen Treffer, und insofern verhielten sich die Elektronen genau wie Teilchen. Wie konnte ein Teilchen beim Durchgang durch einen Spalt wissen, ob der andere offen war oder nicht? Und doch „wußte" es das irgendwie, sonst hätte es nicht das eine Mal in einem System ankommen können, in dem viele Elektronen als Gesamtheit einen einzelnen Streifen bilden, und das andere Mal in einem System, in dem das Ergebnis viele Streifen sind und nicht nur zwei.

Wieder kann der Vergleich mit dem Frosch helfen, dieses Phänomen zu verstehen. Das Feuern der Elektronenkanone ist der Augenblick, in dem der Frosch ins Wasser springt. Dann verhält sich der Frosch oder das Elektron wie eine Welle, und natürlich nimmt eine Welle wahr, ob ein oder zwei Schlitze offen sind: Sie läuft entsprechend nur durch einen oder durch beide. Jeder offene Spalt ist die Quelle einer anderen Welle, ähnlich wie bei Wasserwellen, die an einem engen Gitter ankommen. Die Wellen breiten sich dann von dem Gitter aus, als ob sie dort entstanden wären. Wenn ein Schlitz offen ist, läuft nur eine einzige Welle weiter zum zweiten Schirm. Wenn zwei benachbarte Schlitze offen sind, interferieren die beiden Wellen, die an den beiden Schlitzen entstehen. Wenn wir am Ufer, also am zweiten Schirm, ankommen, verschwindet die Welle, bevor sie den Schirm erreicht und verwandelt sich wieder in einen Frosch, also in ein Elektronteilchen, das vom Zähler entdeckt wird. Das ist der Grund, warum wir auf dem zweiten Schirm mehrere

Streifen empfangen, entsprechend der Interferenz, wenn beide Schlitze offen sind.

Wir müssen noch einem weiteren wichtigen Gedanken folgen – eben dem, der zeigt, wie unsere jetzige Erzählung zum Thema dieses Buches paßt. Wie sich bald herausstellen wird, sind unsere Frösche tatsächlich Wahrscheinlichkeitsfrösche, die die gemischte Strategie von Elektronen verwirklichen.

Auf dumme Fragen gibt es keine Antworten

Der Vergleich mit dem Frosch kann uns helfen zu verstehen, wie dieses verblüffende Ergebnis zustande gekommen sein könnte. Trotzdem kann man sich zu Recht fragen, wo das Elektron war, während es eine Welle war. Was wäre passiert, wenn die Detektoren in den ersten Schirm eingebaut gewesen wären? Wir könnten das ausprobieren; dann beobachten wir, daß die von der Elektronenkanone abgefeuerten Elektronen manchmal wirklich den einen Spalt treffen, manchmal den anderen und meistens den Bleischirm.

Es ist, als ob das Elektron wie eine ordentliche Welle den ersten Schirm zunächst überall absucht und immer dann, wenn es einen Spalt findet, hindurchgeht; wenn es zwei findet, geht es eben durch beide. Wir können aber nirgendwo wirkliche Wellen messen, weder bei den Spalten noch auf dem ersten oder auf dem zweiten Schirm, weil sich die Welle, sobald wir sie messen, sofort in einen Frosch verwandelt. Deshalb können wir niemals sagen, wo das Elektron den zweiten Schirm getroffen hätte, wenn wir es nicht auf dem ersten Schirm beobachtet hätten. Wir haben keine Möglichkeit, solche Fragen zu beantworten wie die, wo das Elektron war, bevor es auf den Schirm traf. Wir können nicht einmal sagen, durch welchen Schlitz es ging, als beide offen waren. Das ist einfach keine gute Frage, und die Natur (oder der Schöpfer) schüttelt vermutlich nur mißbilligend den Kopf und murmelt dabei das alte russische Sprichwort: „Auf dumme Fragen gibt es keine Antworten."

Zweifellos verhält sich das Elektron seltsam. Wenn wir es an einem der beiden Schlitze erwischen, trifft es wie eine Kanonenkugel auf den Detektor und zeigt lautstark an: „Hier strahle ich, ich bin nirgendwo sonst, ich gehe nicht durch den anderen Schlitz." Wenn wir es jedoch nicht fangen, streckt es uns spöttisch am zweiten Schirm die Zunge heraus und sagt: „Ich war auch am anderen Schlitz. Ich habe gesehen, daß er offen war, sonst könnte ich ja gar nicht wissen, daß ich nicht am Rand eines Spalts ankommen muß, sondern an einem von vielen Interferenzstreifen."

Bei solchen Versuchsergebnissen ist es kein Wunder, daß wir unsere Weltsicht radikal umgestalten müssen, um die Phänomene der Quantenwelt zu erfassen.

Das also ist mit der Doppelnatur des Elektrons gemeint. Wir haben heute Instrumente, mit denen wir Youngs Experiment mit Photonen (der Quantenform des Lichts) durchführen können. Wir senden die Photonen einzeln aus, nicht in großen Massen, wie Young es tat. Auf diese Weise wird zusätzlich zum Wellencharakter des Lichts auch seine – von Einstein vorhergesagte – Teilchenstruktur sichtbar; man kann sogar zeigen, daß beide gleichzeitig gegenwärtig sind. Das ist heute keine große Überraschung mehr: Wenn sich die Theorie als grundlegend falsch herausstellen würde, könnten wir alle Computer und CD-Spieler der Welt wegwerfen. Newtons Physik wurde durch sie keineswegs widerlegt, vielmehr wurden ihre Grenzen deutlich. Die Weltsicht jedoch, die die Folgerungen aus Newtons Mechanik für allgemeine Naturgesetze hielt, ist veraltet. Trotzdem können wir uns beruhigt in ein Flugzeug setzen, das auf der Grundlage von Newtons Physik konstruiert wurde.

Die Schrödinger-Gleichung

Erwin Schrödinger wollte 1925 die klassische Physik retten. Er beschäftigte sich mit Elektronen und ging von einer Überlegung aus, die jener ähnelte, die wir anstellten, nachdem wir den Vergleich mit dem Frosch gezogen hatten und herausfinden wollten, wie stark die Hinweise zugunsten der Welleneigenschaften des Lichts sind. Einen Augenblick lang bestand die Möglichkeit, daß wir vielleicht einen abstrakten Wellenlängenbegriff finden könnten, der auch auf Teilchen anwendbar ist. Damit hätten wir den Gedanken retten können, daß die Eigenschaften des Lichts einheitlich sind, denn dann hätte sich vielleicht herausgestellt, daß Licht in Wirklichkeit aus Teilchen besteht und der Wellencharakter nur eine Täuschung ist.

Beim Elektron war es genau umgekehrt: Die Physiker meinten immer, es habe Teilchennatur, Schrödinger aber glaubte, wenn er dem Licht entgegen der allgemeinen Ansicht nur Wellencharakter zuschriebe, würde sich die Teilchennatur als reine Illusion herausstellen. Es gäbe dann nur stoffliche Wellen, die überall hinlaufen könnten und für die sich vielleicht ein abstrakter Teilchenbegriff finden ließe.

Mit diesem Ziel und um das Energieniveau berechnen zu können, stellte Schrödinger eine Gleichung auf, in der Elektronen richtige Wellen sind, nicht nur Teilchen, die sich gelegentlich wie Wellen verhalten. In dieser Gleichung wird ein Elektron durch eine Funktion charakterisiert, die die gesamte meßbare Information über das Elektron enthält. Schrödinger bezeichnete diese Funktion mit dem griechischen Buchstaben ψ (psi) und nannte sie die Wellenfunktion. Die Schrödinger-Gleichung beschreibt die räumlichen und zeitlichen Veränderungen der Wellenfunktion, wenn die Kräfte bekannt sind, die das Elektron beeinflussen.

Schrödingers Herleitung wird von einem Mathematiker kaum als wirkliche Herleitung akzeptiert, denn fast alle ihre Schritte sind mathematisch falsch. Trotzdem gehört diese Herleitung zu den Spitzenleistungen der physikalischen Intuition. Die Herleitung der Formel (ich würde lieber sagen, die intuitive Methode ihrer Zusammenstellung) macht von fast allen wichtigen Ergebnissen der klassischen Mechanik Gebrauch und ergänzt diese durch die schon bekannten Beziehungen zwischen Quantenphänomenen. Aber die Formel ist erstaunlich einfach, und man kann gut mit ihr rechnen.

Später stellte sich heraus, daß sie, wie Schrödinger behauptet hatte, nicht nur auf Elektronen angewendet werden kann, sondern überhaupt auf alle Teilchen und selbst auf quantenmechanische Systeme, auch auf solche, die aus mehreren Teilchen bestehen, also auf Atome und sogar auf Moleküle.

Robert Oppenheimer sagte einmal über die Schrödinger-Gleichung: „Sie ist wohl eine der vollkommensten, genauesten und schönsten Formeln, die Menschen je entdeckt haben." Wenn die Schrödinger-Gleichung auf ein System von vielen Teilchen oder ein makroskopisches Objekt angewendet wird, führt sie im Grenzfall zu Newtons Physik. Diese Eigenschaft ist besonders schön, weil sie zeigt, daß Newtons Mechanik für die Phänomene der Makrowelt ihre Gültigkeit behält.

Die Schrödinger-Gleichung erklärt auch schön, warum ein Teil eines Elektronenbündels ein Hindernis (genauer: ein dämpfendes Kraftfeld) überwinden kann, ein anderer dagegen nicht. Wenn die Wellenfunktion höher ist als das Hindernis, kann ein Teil der dargestellten Substanz dieses natürlich überwinden, genau wie Brecher gelegentlich über den Damm hinüberschäumen. Der Prozentsatz der Materie, die das Hindernis überwinden kann, läßt sich mit Hilfe der Schrödinger-Gleichung leicht berechnen. So können wir beispielsweise beim Doppelspalt-Experiment berechnen, wie viele Prozent der Elektronen schließlich auf dem zweiten Schirm entdeckt werden.

Obwohl Schrödinger im einzelnen erklärt hat, warum er seine Gleichung genau so zusammenstellte, läßt sich seine Gleichung kaum als physikalisches Gesetz sehen, das durch eine Folge logischer Herleitungen aus anderen physikalischen Gesetzen folgt. Man kann sich eher vorstellen, daß diese Formel ein Axiom ist, eine Ausgangsthese, eine Aussage, die keinen Beweis braucht, weil offensichtlich ist, daß die Welt so operiert, unabhängig davon, warum das so ist – ähnlich wie Euklids Axiome oder Newtons Gesetze. Ein berühmter ungarischer Professor schrieb zu Beginn jeder seiner Vorlesungen zur Quantenmechanik die Schrödinger-Gleichung an die Wandtafel und sagte zu den Studenten:

Meine Damen und Herren! Dieses ist die berühmte und gefeierte Schrödinger-Gleichung. Ich weiß, daß niemand diese Gleichung versteht. Sie nicht, ich nicht und Herr Schrödinger auch nicht. Aber lassen Sie sich dadurch nicht stören. Ich werde diese Gleichung bei jeder Vorlesung an die Tafel schreiben und erklären, was man mit ihr machen kann. Und bald werden Sie sich an sie gewöhnt haben.

Wahrscheinlichkeitsfrösche

Die Quantenphysiker hatten sich bald an die Schrödinger-Gleichung gewöhnt, und sie gefiel ihnen sogar, weil sie sich als ein Hilfsmittel erwies, das sich ausgezeichnet bewährte. Einen Augenblick lang schien es zu stimmen, daß alles in der Welt wellenähnlich ist und die Existenz von Teilchen nur eine Illusion.

Diese neue, mutige Weltsicht warf jedoch auch hartnäckige Probleme auf. So schien es nicht möglich, die Schrödinger-Gleichung anzuwenden, wenn man bei einem einzelnen Elektron (oder einem anderen Teilchen) wissen wollte, ob es die Schranke jetzt durchlaufen würde. Wir wissen schon von den Doppelspalt-Experimenten, daß das Teilchen manchmal hindurchgeht und manchmal nicht und daß wir dann, wenn es hindurchgeht, nicht sagen können, auf welchem Weg es hindurchging, und daß wir nicht einmal von einem Weg sprechen dürfen. Die Schrödinger-Gleichung würde für diesen Fall aussagen, daß das Elektron das Hindernis zum Teil durchläuft und zum Teil nicht. Tatsächlich trifft das fast zu, aber es gibt einen Haken. Noch hat niemand je ein Teil eines Elektrons gefangen! Ein Elektron trifft entweder als intaktes Elektron auf den Detektor, oder es vermeidet ihn vollständig. Die einzelnen Elektronen können nicht als kleine Wellen gesehen werden, weil jeder empirische Hinweis genau das Gegenteil belegt.

Dank Max Born wurde dieser Widerspruch schon 1926 aufgehoben, und dadurch wurde die Quantenmechanik zu einem einheitlichen und logisch widerspruchsfreien Zweig der

Wissenschaft – obwohl sie deshalb nicht verträglich wird mit unseren Anschauungen.

Nach der Schrödinger-Gleichung wird die Dichte eines Stoffs in einem Punkt durch das Quadrat der lokalen maximalen Amplitude der Wellenfunktion gegeben. Wenn es also an einem bestimmten Punkt ein Hindernis gibt, dann können wir mit Hilfe der Quadratformel den Prozentsatz der Elektronen berechnen, die das Hindernis passieren. Nach Max Borns großartiger Idee bedeutet das nicht, daß beispielsweise 370 von je 1000 Elektronen die Barriere passieren und die anderen nicht, sondern daß jedes Elektron die Schranke mit einer Wahrscheinlichkeit von 37 Prozent passiert und mit einer Wahrscheinlichkeit von 63 Prozent nicht.

Wenn wir so denken, können wir die Wellenfunktion selbst als ein einzelnes Elektron interpretieren, ohne in Widerspruch zu den Experimenten zu gelangen. Aufgrund von Borns Überlegung können wir mit Hilfe einiger weniger mathematischer Schritte folgendermaßen schließen: Im Fall eines einzelnen Elektrons gibt das Quadrat der Amplitude an einem bestimmten Punkt der Wellenfunktion die Wahrscheinlichkeit an, das Elektron an jenem Punkt zu finden, wenn wir unseren Detektor gerade an diesem Punkt aufgestellt hätten. Auf diese Weise sind wir völlig in Übereinstimmung mit dem experimentellen Ergebnis, daß nur ganze Elektronen gemessen werden können: eines oder keines. Die physikalische Bedeutung der Wellenfunktion ist eben diese Wahrscheinlichkeit des Findens und nichts sonst. Und eben dieses gehört zum Wesen des Elektrons (und anderer Elementarteilchen), daß es in einem gewissen Sinn den Charakter einer Welle hat und in einem gewissen Sinn den eines Teilchens und in einem gewissen Sinn den Charakter von beiden und in einem gewissen Sinn den Charakter weder des einen noch des anderen – es ist also etwas, von dem wir uns bis heute kein anschauliches Bild machen können.

Wenn wir zu unserer Analogie mit dem Frosch zurückkehren, können wir sagen, daß die Wellenfunktion in jedem Raumpunkt unsichtbar ist, aber aus sprungbereiten Fröschen besteht. Diese Frösche sind keine wirklichen, existierenden Frösche, aber auch keine nichtexistenten Frösche – sie sind Wahrscheinlichkeitsfrösche.

Die Wellenfunktion gibt die Wahrscheinlichkeit an, mit der der Frosch an einem bestimmten Punkt gefunden wird, wenn wir dort nach ihm suchen. Wenn wir ihn finden, springt immer ein ganzer Frosch heraus, dessen Größe nur von der Wellenlänge abhängt. Aber wir können niemals sicher sein: Wo immer wir ihn suchen, finden wir ihn nur mit einer gewissen Wahrscheinlichkeit. Insgesamt enthält die ganze Wellenfunktion nur einen einzigen Frosch, aber er ist mit der Wahrscheinlichkeit $1/2$ an einem Punkt, mit einer Wahrscheinlichkeit von $1/4$ an einem anderen Punkt und wiederum mit einer Wahrscheinlichkeit von $1/4$ an einem dritten. Im allgemeinen ist er auf sehr viel mehr Punkte verteilt. Wenn wir den Frosch finden, springt er heraus, und alle anderen Wahrscheinlichkeitsfrösche verschwinden augenblicklich: Der Wellencharakter verwandelt sich in einen Teilchencharakter, wie wir es beim Doppelspalt-Experiment gesehen haben. Es gibt dann keine Wellenfunktion mehr, aber ein wirkliches Teilchen.

Die überwiegende Mehrheit der Physiker akzeptiert heute die Wahrscheinlichkeitsdeutung der Wellenfunktion. Es wird aber noch diskutiert, was der Frosch, der aus der Wellenfunktion herausspringt, physikalisch bedeutet, oder, um in der Fachsprache zu bleiben, warum, wann und worauf die Wellenfunktion reduziert wird. Wir kommen in Kapitel 11 auf diese Frage zurück.

Interessanterweise wehrte sich Albert Einstein, der Begründer der Gedankenwelt der Quantenmechanik, bis zu seinem Lebensende gegen die Wahrscheinlichkeitsdeutung, obwohl selbst er zugab, daß das Modell sich bewährt und niemand eine ähnlich gute Alternative gefunden hat.

Das Elektron spielt also eine Art gemischter Strategie in diesem großen Versteckspiel, bei dem es darum geht, wo das Teilchen wirklich ist. Die Quantenphysiker fanden ähnliche gemischte Strategien, als sie andere Kennzeichen des Elektrons (oder anderer Teilchen) untersuchten, beispielsweise seine Geschwindigkeit. Bei jeder gemischten Strategie werden die Wahrscheinlichkeiten, die zu einer bestimmten reinen Strategie gehören, durch die Wellenfunktion bestimmt. Eine reine Strategie kann, wie in unserem Fall, die möglichen Orte betreffen oder, in einem anderen Fall, die mögliche Geschwindigkeit.

Wir wissen nicht, ob Schrödinger die Wellenfunktion ψ nannte, weil er vermutete, daß diese Idee eine große Wirkung nicht nur auf jene haben würde, die Atome und Moleküle erforschen, sondern auch auf jene, die die menschliche Psyche erkunden, oder weil dieser griechische Buchstabe damals noch nicht für andere wichtige Begriffe der Physik gebraucht wurde. Jedenfalls haben sich, wie wir im nächsten Kapitel sehen werden, gewisse Kennzeichen der Wellenfunktion über physikalische Systeme hinaus als leicht zu verallgemeinern erwiesen. Das überrascht jedoch wenig bei einer Funktion, die jede meßbare Eigenschaft einer Größe erfaßt und aus der sich das Gesamtverhalten einer Größe herleiten läßt. Aber wir wollen uns vor vorschnellen Analogien hüten: Kein anderer Zweig der Wissenschaft hat die Schrödinger-Gleichung bisher außerhalb der Physik und der mit ihr verwandten Bereiche als ein Hilfsmittel nutzen können. Solange das so ist, sollten wir uns jedem Vergleich mit gesundem Mißtrauen nähern – das gilt auch für die Gedanken, die ich weiter unten zu diesem Thema ausführen werde.

Der Zufall als ordnende Kraft

Bereits seit über 300 Jahren, seit den Arbeiten von Pascal und Fermat, haben wir recht nützliche mathematische Hilfsmittel zur Beschreibung des Zufalls, und die Wahrscheinlichkeitsrechnung, die – ähnlich anderen mathematischen Disziplinen – mit idealisierten Objekten arbeitet, hat sich entwickelt und ist einflußreich geworden. Idealisierung bedeutet im Fall der Wahrscheinlichkeitstheorie, daß wir annehmen, ein Würfel falle mit gleicher Wahrscheinlichkeit auf jede seiner Seiten und das Ergebnis des nächsten Wurfs sei unberechenbar. Aus Newtonscher Weltsicht ist das nicht so, denn wenn wir alle Parameter, alle Atome des Würfels und der würfelnden Hand kennen würden und wenn wir die nötige (aber hoffnungslos umfangreiche) Rechenfähigkeit hätten, könnten wir genau berechnen, auf welche Seite der Würfel fallen wird.

Hinter dem scheinbar zufälligen Verhalten des Würfels stecken also viele verborgene Parameter: die Eigenschaften aller Atome des Würfels und der würfelnden Person, deren Werte wir nicht kennen. Wenn wir würfeln, fällt der Würfel anscheinend rein zufällig auf eine Seite, aber nach Newtons Physik läßt sich dieser Zufall – jedenfalls theoretisch – berechnen.

Nach Max Borns schon allgemein akzeptierter Deutung der Quantenphysik beruhen die Wahrscheinlichkeitswellen der Elektronen nicht auf einem solchen Zufall. Der „Ort" eines Elektrons ist wirklich zufällig, läßt sich also nicht einmal theoretisch berechnen. Deshalb habe ich das Wort in Anführungsstriche gesetzt: Wir können nicht wirklich über den Ort eines Elektrons sprechen, bis wir es gefunden haben und es dadurch zwingen, uns seine Teilcheneigenschaft zu zeigen. Vielleicht würden wir gern über den Ort eines Elektrons sprechen, auch wenn wir es gerade nicht aufspüren können, aber das ist nur wieder eine unserer dummen Fragen, die sich aus unseren gewohnten menschlichen Begriffen ergeben und auf die die Natur keine sinnvolle Antwort geben wird, unabhängig davon, wie sehr wir sie mit unseren Fragen quälen. Ein Elektron hat keinen Ort, solange wir es nicht entdecken; in einem solchen Fall ist es nichts anderes als die Summe der Wahrscheinlichkeitsfrösche überall.

Das allein hätte Einstein noch nicht gestört. Jedenfalls sehen wir es heute so. Später, wenn wir mehr über die Geheimnisse der Natur (oder, wie Einstein sagte: des Alten) wissen, werden wir sehen, welche Art von tieferen Gesetzen dieses scheinbar zufällige Verhalten bestimmt.

Das Wesen der Debatte läßt sich gut am Briefwechsel zwischen Einstein und Max Born verfolgen. Einstein schrieb 1944: „In unserer wissenschaftlichen Erwartung haben wir uns zu Antipoden entwickelt. Du glaubst an den würfelnden Gott, und ich an volle Gesetzlichkeit in einer Welt von etwas objektiv Seiendem." Born antwortete darauf, Gott habe, falls er das

Weltall mit einem vollkommenen Mechanismus ausgestattet habe, die Unvollkommenheit unseres Geistes doch so weit berücksichtigt, daß wir nicht unzählige Differentialgleichungen lösen müssen, um auch nur kleine Teile vorhersagen zu können, sondern er habe uns erlaubt, höchst erfolgreich zu würfeln.

In bezug auf die Rolle des Zufalls ist die Meinung der meisten Physiker jetzt sogar noch radikaler als Borns, und dazu hat die Arbeit John von Neumanns viel beigetragen. Neumann kam auch eine wichtige Rolle bei der mathematischen Grundlegung der Quantenmechanik zu. In einem seiner mathematischen Sätze geht es um die verborgenen Parameter: Man kann, so sagt dieser Satz, unter sehr allgemeinen Bedingungen beweisen, daß die Zufallsnatur der Wellenfunktion nicht auf Ursachen beruht, die wir noch nicht kennen. Sie kann also nicht mit Hilfe sogenannter verborgener Parameter bewiesen werden. Damit sind Parameter gemeint, deren Kenntnis es uns erlauben würde, das zufällige Verhalten eines Würfels genau zu berechnen.

Man hat sich seitdem sogar Experimente ausgedacht, die gezeigt haben, daß man andere Meßergebnisse erhält, wenn es verborgene Parameter gibt, als wenn es sie nicht gibt (unabhängig davon, was sie sind). Aus diesen Experimenten läßt sich schließen, daß es in der Quantenmechanik keine verborgenen Parameter gibt. Die Mehrheit der heutigen Physiker halten diese Versuche für überzeugend.

Mit großer Wahrscheinlichkeit ist die Wellenfunktion also nicht deswegen zufällig, weil unser Wissen eingeschränkt ist (obwohl unser Wissen wirklich höchst begrenzt ist). Der Zufallscharakter der Wellenfunktion ergibt sich vielmehr aus dem Wesen der Welt selbst. Wir können im Geist von Einstein (wenn auch ihm widersprechend) sagen: Falls Gott würfelt, tut er es mit einem so vollkommenen Würfel, wie nur er ihn erschaffen konnte. Darwins Evolutionstheorie war die erste wissenschaftliche Theorie, die den Zufall als treibende Kraft sah. Zu Darwins Zeit waren die Mechanismen der Vererbung noch nicht bekannt, aber inzwischen haben auch sie Darwins Gedanken bestätigt. Nach der modernen Vererbungslehre ist die Mischung der Gene in einem Menschen das Ergebnis wirklichen Zufalls, genau wie der Ort eines Elektrons bei der Messung. Genetiker nehmen keine verborgenen Parameter an, und zwar nicht, weil sie sich Experimente ausdenken können, durch die diese Frage endgültig beantwortet würde, sondern weil sie, von der Annahme der zufälligen Vererbung ausgehend, eine logisch vollständige und abgeschlossene Theorie konstruieren konnten, die ausgezeichnet zu den experimentellen Ergebnissen paßt. Wenn man die Ergebnisse der Physik kennt, wird man die Suche nach verborgenen deterministischen Parametern, die hinter den virtuellen hoch zufälligen Mechanismen der Vererbung stecken könnten, für wenig vielversprechend halten. Möglicherweise wird der genetische Zufall sogar von quantenmechanischen Zufallsereignissen verursacht, obwohl Gene etwas zu groß sind, um als quantenmechanische Objekte gelten zu können.

Aber wir können die Möglichkeit nicht ausschließen, daß es im Fall der Lebewesen noch eine andere Quelle des Zufalls gibt. Selbst wenn das zutrifft (oder dann vielleicht sogar erst recht), können wir jedoch feststellen, daß wirklicher, idealer Zufall ein wichtiges Leitprinzip ist, das für die Welt der Elektronen und der Gene und, wie wir sehen werden, vielleicht selbst für menschliches Denken eine Rolle spielt.

In John von Neumanns Spieltheorie führt der Begriff der gemischten Strategie diesen Gedanken bis ins logische Extrem fort. Es liegt im Wesen der gemischten Strategien, daß sie auf wirklichem Zufall beruhen, ohne daß irgendwo deterministische Parameter verborgen sind. Sonst wären sie sinnlos, weil ein grenzenlos rationaler Gegner genau berechnen könnte, was unser nächster Zug sein würde, und ihn mit dem erfolgreichsten Gegenzug beantworten würde. Die ganze Spieltheorie, einschließlich des Begriffs der gemischten Strategie (oder der evolutionär stabilen Strategie), ist nur dann sinnvoll, wenn der Zufall in der optimalen gemischten Strategie wirklich nicht berechenbar ist, weder praktisch noch theoretisch.

Wir wissen aus der Spieltheorie, daß sich eine Art höherer Rationalität, Stabilität und Gleichgewicht oft nur dann verwirklichen lassen, wenn eine gemischte Strategie befolgt wird. Es gibt beispielsweise keine andere Möglichkeit zur Entwicklung langfristig stabiler Lebensformen. Außerdem hat die Quantenphysik gezeigt, daß dieses auch für unbelebte Materie gilt, selbst wenn sich später herausstellen sollte, daß die Experimente zur Nichtexistenz verborgener Parameter in dieser Hinsicht nicht vollkommen schlüssig sind. Die Spieltheorie half zu begreifen, weshalb und auf welche Weise der Zufall – wirklicher blinder Zufall, ohne verborgene Parameter – ein wichtiges Ordnungs- und Leitprinzip der Welt sein könnte.

Die Suche nach der Großen Vereinheitlichten Theorie

Nach Meinung von Leon Ledermann ist die Große Vereinheitlichte Theorie (Grand Unified Theory: GUT) der Heilige Gral der Physiker. Sie wäre ein System von Gedanken (wir könnten auch sagen: ein Gleichungssystem), das einheitlich und so einfach wie möglich ist und das vor allem die Beschreibungen aller Elementarteilchen und aller Kräfte der Physik innerhalb eines vollkommen logischen Rahmens zusammenfaßt. In den achtziger Jahren meinten viele hervorragende Physiker, eine solche einheitliche Theorie sei schon in Reichweite.

Dieser Optimismus wurde mit der Entwicklung des sogenannten Standardmodells der Quantenphysik begründet. Dieses Modell faßte alle damals bekannten Teilchen und Kräfte (mit Ausnahme der Schwerkraft) innerhalb eines einigermaßen einheitlichen Rahmens zusammen.

Die Physiker sind heute im allgemeinen pessimistischer, obwohl die Lebensfähigkeit des Standardmodells immer besser bestätigt wurde: Das 1994 von dem Modell vorhergesagte sogenannte Topquark wurde mit Hilfe eines mehrere Kilometer langen Teilchenbeschleunigers gefunden, der nur wenige hundert Millionen Dollar kostete. Das Standardmodell umschließt fast alles bis auf eine schmerzliche Ausnahme, nämlich die Schwerkraft, die eine im Vergleich mit den im Atom wirkenden Kräften sehr schwache Form der Kraft ist. Alle anderen kleineren oder größeren Anomalien werden sicherlich früher oder später durch einige gewöhnliche, wenn auch nobelpreiswürdige Entdeckungen geklärt werden.

Einstein sprach schon 1901, als 21jähriger, von der Beziehung zwischen den elektromagnetischen Molekularkräften und der Schwerkraft, suchte aber bis zu seinem Tod vergeblich danach. Es gelang ihm 1915 im Rahmen der allgemeinen Relativitätstheorie, die Gravitation logisch herzuleiten, denn diese enthält eine eingebaute Symmetrie, aus der sich die Beschaffenheit der Schwerkraft und ihre Verschiedenheit von den elektromagnetischen Kräften ergibt. Einstein glaubte jedoch nicht, daß der Weg zur Vereinheitlichung über die Quantentheorie führt. Heute dagegen ist das fast sicher.

Ledermann erinnert sich daran, wie Heisenberg und Pauli in den fünfziger Jahren in einer Vorlesung über ihre neue Auffassung der einheitlichen Theorie der Elementarteilchen sprachen. Paulis letzte Bemerkung war das Eingeständnis: „Ja, das ist eine verrückte Theorie." Darauf folgte Niels Bohrs Bemerkung, die seitdem fast sprichwörtlich geworden ist: „Das Schlimme an dieser Theorie ist, daß sie noch nicht verrückt genug ist." Wie sooft in der Geschichte der Quantenphysik sollte Bohr recht behalten: Die besagte Theorie ist wie ein Dutzend anderer schon lange der Vergessenheit anheimgefallen.

Das Hauptproblem bei der Vereinheitlichung besteht darin, daß die mathematische Beschreibung der Reduktion der Wellenfunktion (der Wahrscheinlichkeitsfrösche, die als wirkliche Frösche herausspringen) unbeabsichtigt eine Art mathematischer Beschreibung der Struktur des geometrischen Raums enthält, die jedoch nicht mit der allgemeinen Relativitätstheorie übereinstimmt. Mathematisch sind beide Geometrien völlig logisch und widerspruchsfrei, aber sie schließen einander aus. Da Quantentheorie und Relativitätstheorie mit sehr unterschiedlich großen Dingen umgehen, führt diese Unverträglichkeit nie zu praktischen Problemen: Beide Theorien bewähren sich großartig in ihren jeweiligen Geltungsbereichen. Aber es ist etwas unbefriedigend, daß diese beiden für sich hervorragenden Theorien nicht in Übereinstimmung gebracht werden können. Wer weiß, was wir alles unter den Teppich kehren würden, wenn wir uns damit zufriedengäben, daß beide Theorien gemeinsam schließlich allen unseren Ansprüchen genügen.

Die Frage ist jedoch nicht nur aus ästhetischer Sicht interessant, denn wir kennen schon einen Berührungspunkt der beiden Theorien, nämlich die Kosmologie. Kosmologische Theorien fragen nach der Entstehung der Welt, nach dem Geschehen beim Urknall.

Die heutigen kosmologischen Theorien (jedenfalls alle, die auf Physik beruhen) stimmen darin überein, daß es einen Urknall gegeben haben muß. Die Forschungsbereiche der Quantentheorie und der Relativitätstheorie unterscheiden sich nach den ersten wenigen Sekunden des Urknalls so sehr, daß jede Frage, die sich auf Zeiten nach dem Urknall bezieht, recht befriedigend beantwortet werden kann. Aber der Anfang des Anfangs, die physikalischen Ereignisse der ersten wenigen Sekunden, bleiben verborgen, weil die geometrischen Ansätze der beiden Theorien völlig unverträglich sind.

Roger Penrose, der hervorragende theoretische Physiker und Mathematiker, schrieb 1989 (ich zitiere ihn zunächst und erläutere dann seine Worte): „Meiner Meinung nach müssen die quantenmechanischen Regeln der linearen Superposition versagen, sobald eine ‚signifikante' Raum-Zeit-Krümmung eingeführt wird. An dieser Stelle werden die Superpositionen der komplexen Amplituden, die mögliche Alternativzustände bedeuten, durch tatsächliche Alternativen mit Wahrscheinlichkeitsgewichten ersetzt – und eine der Alternativen wird nun tatsächlich Wirklichkeit."

Dieser Gedanke stellt die Verbindung zwischen der Quantenphysik und der Spieltheorie her. Im wesentlichen sagt Penrose in diesem Zitat, daß die Beschreibung der Wahrscheinlichkeitsfrösche durch die heute übliche Quantenmechanik vermutlich zu kompliziert ist. Dagegen ist der technische Apparat, mit dem wir tatsächliche Berechnungen durchführen, relativ einfach. Vermutlich muß sich die ersehnte vereinheitlichte Theorie mit einer vereinfachten Beschreibung zufriedengeben, die unserer Beschreibung der Wahrscheinlichkeitsfrösche ähnelt: Sie sind einfach mit einer gewissen Wahrscheinlichkeit an einem Ort und mit einer anderen Wahrscheinlichkeit an einem anderen. Sie bewegen sich mit einer gewissen Wahrscheinlichkeit mit der einen Geschwindigkeit und mit einer anderen Wahrscheinlichkeit mit einer anderen Geschwindigkeit. Zweifellos müssen wir für diese einfachere Beschreibung einen Preis zahlen: Der technische Apparat wird komplizierter, aber wir wissen nicht, wie sehr und auf welche Weise.

In die Wahrscheinlichkeitsbeschreibung des mathematischen Apparats der heutigen Quantenmechanik ist automatisch eine Geometrie eingebaut, die die Struktur des geometrischen Raums dann etwas ungenau beschreibt, wenn er groß ist. Wenn das vermieden werden sollte, müßten wir dafür auf die Quantenphysik verzichten, die – nach unserem heutigen Wissen – abgeschlossen ist und sich ausgezeichnet bewährt, wohingegen sich anscheinend keine andere Theorie von ähnlichem Wert anbietet.

Mathematiker können nicht mehr tun, als die logische Äquivalenz mehrerer möglicher geometrischer Welten (beispielsweise der Geometrie des Euklid und der von Bolyai-Lobatschewsky) nachzuweisen. Es ist Aufgabe der Physiker zu entscheiden, wie die Welt wirklich ist. Aber unseren besten heutigen Theorien zufolge ist die Geometrie der Mikrowelt anders als die Geometrie der Makrowelt. Die GUT, die diesen Unterschied überbrücken könnte, ist noch nicht geboren.

Die Physik hat unsere jahrtausendealte Auffassung unter anderem der Begriffe Zeit und Determinismus radikal verändert. Vielleicht sind nur unsere Grundansichten der Geometrie mehr oder weniger unberührt geblieben (die Raumkrümmung spielte für diese Einstellungsänderung keine wesentliche Rolle). Es könnte wohl sein, daß die Große Vereinheitlichte Theorie auch diesen praktisch letzten noch intakten unserer Begriffe grundlegend durcheinanderbringt.

Nach Penrose könnte es zur Lösung führen, wenn wir den geometrischen Exzeß aus der quantenphysikalischen Beschreibung hinauswerfen könnten. Schließlich sind Teilchen nichts als Teilchen – was haben sie mit der Geometrie des Raums zu tun, in dem es sie gibt? Was bleibt, sind die echten Alternativen und die damit einhergehenden Wahrscheinlichkeiten oder, in der

Sprache der Spieltheorie, die reinen Strategien der Teilchen und die Wahrscheinlichkeiten, die die Teilchen dazu auswählen – anders gesagt, die gemischten Strategien der Teilchen, ohne verborgene Parameter oder Geometrie, eben das, was die Spieltheorie gemischte Strategien nennt.

Das große Spiel der Natur

Wenn man die Spieltheorie kennt, wundert man sich nicht, daß Teilchen gemischte Strategien verwirklichen, da wir wissen, daß bei einigen Spielen Stabilität nur so erreicht werden kann. Natürlich ist Teilchen nur der Name des Teilchens, das eine gemischte Strategie spielt, denn inzwischen hat sich der Sinn dieses Wortes verändert. Wir wissen jetzt, daß ein Teilchen Wahrscheinlichkeitscharakter hat, und um ihn zu verwirklichen, handelt es wie eine Wahrscheinlichkeitswelle. Kurz, es ist, wie es ist. Es existiert. Auf den Namen kommt es schließlich nicht an.

So gesehen, stellt sich jedoch die Frage, was das Spiel sein könnte, bei dem die Elementarteilchen mitspielen. Welche Regeln gelten für sie, wenn sie ihre gemischte Strategie wählen? Können wir in irgendeinem Sinn sagen, daß Elementarteilchen eine optimale gemischte Strategie spielen? Kurz: Welches sind die Grundprinzipien des Spiels der Natur im Großen?

Es könnte wohl sein, daß eine Große Vereinheitlichte Theorie nebenher auch diese Fragen beantworten wird. Aber eine andere unserer Fragen schlägt in die gleiche Kerbe: Welchem Prinzip gehorcht die Evolution? Die Verbindung zwischen den beiden Fragen läßt sich aus der Tatsache ablesen, daß sie beide Grundeinheiten betreffen, die keine weitere innere Struktur haben – zumindest nicht aus der Perspektive des betroffenen Zweigs der Wissenschaft. Ein Gen ist wie jedes andere: Wenn ein Gen in einem Individuum gegen eine Kopie desselben Gens von irgendwo sonst ausgetauscht wird, ändert sich nichts. Das gleiche gilt auf einem anderen Niveau für Elementarteilchen: Wenn ein menschliches Elektron durch ein Elektron aus einem Hufeisen ersetzt wird, tritt weder im Menschen noch im Hufeisen eine Veränderung ein. Das ist eine logische Folge der Quantenmechanik.

Wie wir in Kapitel 8 sahen, wendet die Evolution nicht nur gemischte Strategien an, sondern sie vermischt auch die Prinzipien der beiden uns bekannten Formen der Rationalität (der Genselektion und der Gruppenselektion). Die beiden Prinzipien wirken auf jede Art anders. Auch Elementarteilchen mischen ihre reinen Strategien, denn sie können ihre Zustände mit bestimmten Wahrscheinlichkeiten annehmen. Wir verstehen noch nicht, was das Leitprinzip sein könnte, nach der die gemischte Strategie gewählt wird. Die Existenz solcher Prinzipien ist in der Physik jedoch nicht unbekannt.

Newtons Mechanik läßt sich auf der Grundlage des sogenannten Prinzips der kleinsten Wirkung vollständig konstruieren, wonach ein Objekt, das sich frei von einem Punkt zu einem anderen bewegt, immer den Kurs einschlägt, der die geringste Energie erfordert; es kann seinen Kurs entsprechend optimieren. Dieses Prinzip ist seltsam, weil es vollständig teleologisch ist: Die Bewegung eines Objekts wird bestimmt durch das Ziel, das das Objekt erreichen will. Besonders seltsam ist, daß Newtons Gesetze aus dem Prinzip der kleinsten Wirkung hergeleitet werden können und andersherum das Prinzip der kleinsten Wirkung aus Newtons Gesetzen.

Eine Physik, deren Grundprinzip besagt, daß jedes physikalische System danach strebt, ein Ziel zu erreichen, ist mathematisch vollkommen äquivalent zu einer Physik, in der eine solche Annahme nicht gemacht wird. Die Physiker haben diese seltsame logische Tatsache unter den Teppich gekehrt; auch die meisten Evolutionsbiologen seit Darwin sehen die Evolution als ziellos, weil die Annahme eines Ziels zur Erforschung der Evolution nicht nötig ist. Trotzdem kann es ein unbekanntes Ziel geben, und seine Existenz kann aus den Gesetzen der ziellosen Evolution folgen (oder aus Newtons Gleichungen, die auch kein Ziel voraussetzen). Deshalb konnten wir auf Seite 191 sagen, daß solche Begriffe wie Sinn oder Zweck noch nicht endgültig aus der Biologie verbannt sein müssen, selbst wenn sich die Evolutionstheorie als vollkommen richtig erweist.

In diesem Sinn kann ein Prinzip höherer Ordnung die unabhängige Bewegung der Elementarteilchen oder der natürlichen Auslese bestimmen. Es ist möglich, daß sowohl Elementarteilchen als auch Gene eine noch unbekannte Art optimaler gemischter Strategie verwirklichen, die bei den Mitspielern des großen Spiels der Natur zu Stabilität und Gleichgewicht führt. Vielleicht hat John von Neumann eine wesentliche Komponente der zukünftigen Großen Vereinheitlichten Theorie gefunden, als er seine Spieltheorie aufstellte; wir wissen schon, daß er die mathematische Grundlage zweier unterschiedlicher Evolutionstheorien legte. Jetzt lautet die Hauptfrage: Welche Regeln gelten für das große Spiel der Natur? Welche Prinzipien leiten die Spieler? Was sind die allgemeinen Gesetze für jene gemischte Strategie, die die Evolution befolgt und denen die Elementarteilchen gehorchen?

Selbst wenn wir die Antworten auf diese Fragen noch nicht kennen, können wir mit Hilfe der von der Spieltheorie entwickelten Begriffe im Rahmen eines einheitlichen, bewährten Gedankengebäudes über sie nachdenken. Deshalb sagten wir oben, die von John von Neumann begründete Spieltheorie habe die Quellen der Vielfalt eröffnet, indem sie den Begriff der gemischten Strategie entwickelte, von der Ebene der Elementarteilchen bis hin zur biologischen Evolution. Wir können mit einiger Berechtigung hoffen, daß sie wichtige Aufschlüsse über menschliches Denken und über die Ursachen und den Sinn seiner Vielfalt bringen wird. Schließlich ging es der Spieltheorie ja ursprünglich um menschliches Denken, genauer: um die Untersuchung der Rationalität als eines möglichen Leitprinzips.

Die Psychologie der Rationalität

11 Liebt mich, liebt mich nicht ...

Wer Blütenblätter zupft, möchte im Grunde wissen, ob er selbst verliebt ist.

Menschliches Denken setzt – unabhängig davon, was wir unter Rationalität verstehen – oft Mittel ein, die nicht vollständig rational sind, wenn es darum geht, die Welt zu verstehen. Selbst jene Probleme, deren Lösungen sich angemessen und effizient mit Hilfe der Logik finden lassen, werden oft nicht mit den Mitteln der reinen Logik gelöst. Manchmal aber stellen wir logische Überlegungen an und kommen trotz unseres im Grunde unlogischen Wesens zu richtigen Lösungen. Die Dualität von rationalem und nichtrationalem Denken ist ein großes Geheimnis in der Psychologie des Denkens.

Die Spieltheorie hat das Denksystem höherer Ordnung geschaffen, in dem sich das Paradoxon der Dualität zumindest weitgehend auflösen läßt. Ihr Königsweg führt durch die Gedankenwelt der Quantenmechanik („Es gibt keinen Königsweg zur Mathematik", sagte Archimedes zu König Hieron, als der König rasch und problemlos in die Geheimnisse der Mathematik eingeführt werden wollte).

Schrödingers Katze

Wir erwähnten in Kapitel 10, daß die Wahrscheinlichkeitsdeutung der Wellenfunktion heute von den meisten Physikern bejaht wird. Nur wenige Physiker würden etwas gegen unseren Vergleich einwenden, nach dem die Wellenfunktion, die das Elektron oder ein anderes Elementarteilchen beschreibt, sich im wesentlichen wie ein Wahrscheinlichkeitsfrosch verhält und sich entsprechend ausbreitet. Bei den Debatten der Fachleute geht es meistens darum, was es physikalisch bedeutet, daß der Frosch aus der Wellenfunktion herausspringt, oder genauer, warum, wann und auf welchen Effekt die *Wellenfunktion reduziert wird*. Warum verwandeln sich die Wahrscheinlichkeitsfrösche der Wellenfunktion in einen einzigen richtigen Frosch? Wie weiß das Photon (oder Elektron), daß es sich wie ein Teilchen verhalten muß, wenn es als Teilchen beobachtet wird? Warum vermeidet nicht die Wellenfunktion den Detektor genauso, wie sie den Bleischirm vermied und durch den engen Spalt ging?

Das größte Problem liegt darin, daß das Elektron dann, wenn wir es nicht am Detektor beobachten (weil wir beispielsweise vergessen haben, den Detektor einzustellen), den Detektor weiterhin genauso vermeidet, wie es zuvor den Bleischirm vermieden hat! Wenn wir es jedoch an einer anderen Detektorwand beobachten, finden wir, daß die erste Reihe von Detektoren das Elektron genauso beeinflußte wie der Schirm mit den beiden Schlitzen: Er ließ das Elektron Wellenfunktion sein, also eine Gesamtheit von Wahrscheinlichkeitsfröschen, wenn auch entsprechend der Zahl der Spalte aufgeteilt. Viele große Physiker haben gemeint, die bewußte menschliche Beobachtung reduziere die Wellenfunktion und lasse einen wirklichen Frosch herausspringen. Aber das klingt sehr unwahrscheinlich. Kann unser Bewußtsein wirklich die physikalische Welt beeinflussen? Und wenn ja, wessen Bewußtsein?

Schrödinger veranschaulichte dieses Dilemma nicht an einem Frosch, sondern an einer Katze. Sie ist zu einem beliebten Gesprächsthema von Physikern und Laien geworden, die über die Geheimnisse der Quantenphysik nachdenken. Die bittersüße Geschichte von Schrödingers Katze lautet so: In einem gutverschlossenen Kasten sitzt eine Katze. Außerdem ist im Kasten ein Stück Radium, von dem mit einer Wahrscheinlichkeit von fünfzig Prozent in jeder Stunde ein Teilchen zerfällt. Dieser Zerfall wird ausschließlich vom Zufall bestimmt, ganz ohne verborgene Parameter. Deshalb läßt sich theoretisch auch dann nicht vorhersagen, wann ein Teilchen zerfällt, wenn alle momentanen Parameter aller Radiumatome bekannt sind. Wenn ein Teilchen zerfällt, wird es augenblicklich von einem Detektor innerhalb des Kastens entdeckt, der ein Ventil öffnet und etwas Zyan freisetzt, das die Katze tötet. Eine Stunde nachdem wir die Katze eingesperrt haben, öffnen wir den Kasten und schauen nach, ob die Katze noch lebt oder nicht. Schrödinger stellte die folgende Frage: Was können wir kurz vor dem Öffnen des Kastens darüber sagen, ob die Katze im Kasten noch lebt oder nicht?

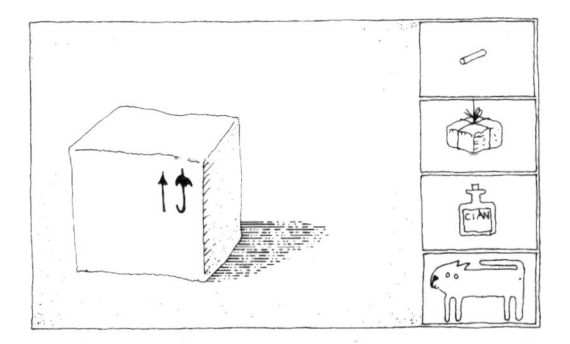

Nun, in diesem Augenblick können wir nicht sagen, ob die Katze tot oder lebendig ist, sondern nur, daß die Katze mit einer Wahrscheinlichkeit von fünfzig Prozent lebendig ist und mit einer Wahrscheinlichkeit von fünfzig Prozent tot. Wir können über den Zustand der Katze genausowenig sagen wie über den Ort des Elektrons, bis wir es in dem Doppelspalt-Experiment aufgespürt haben. Wenn wir den Kasten öffnen, wissen wir mit hundertprozentiger Gewißheit, daß die Katze lebt, oder wir wissen mit hundertprozentiger Gewißheit, daß sie tot ist. Ganz unabhängig davon, was wir über den Zustand der Katze sagen würden, bevor wir den Kasten öffnen, können wir immer nur eine Wahrscheinlichkeitsaussage machen, weil im Kasten eine Zufallsquelle ist, die frei ist von verborgenen Parametern, deren Verhalten wir also auf keine Weise erraten oder berechnen und nicht einmal näherungsweise vorhersagen können.

Nehmen wir an, die Katze sei tot, wenn wir den Kasten eine Stunde später öffnen. Können wir dann sagen, es sei objektive Realität, daß die Katze bereits vor dem Öffnen des Kastens tot war? Wenn wir den Kasten nicht geöffnet hätten, lebte die Katze mit einer Wahrscheinlichkeit von fünfzig Prozent munter weiter. Zumindest hätte sich der Kasten in den Augen der Beobachter so verhalten, als ob er mit einer Wahrscheinlichkeit von fünfzig Prozent eine lebendige Katze enthielte. Ist es möglich, daß die Beobachtung selbst die Katze tötet oder sie aus einem Zustand, in dem sie zu fünfzig Prozent tot ist, zum Leben erweckt, falls sie beim Öffnen lebt? Vielleicht geht eine solche Aussage zu weit, aber zweifellos gelangte das System in einen Zustand, in dem es *möglich* wurde, daß unsere Erörterung über Leben oder Tod der Katze mit hundertprozentiger Gewißheit ein Ergebnis bewußter Beobachtung war.

Ein Ausflug in „poetische" Gedanken

So viele Urheber, so viele Deutungen der Beziehung zwischen Quantenmechanik und Bewußtsein, aber noch befriedigt keine Antwort. Die Unterschiede zwischen den möglichen Deutungen sind recht drastisch. Um eine Ahnung davon zu geben, fasse ich die Deutungsversuche einiger hervorragender Physiker jeweils in einem Satz zusammen – sie muten dann eher poetisch als wissenschaftlich an. Es ist ihr gemeinsames Merkmal, daß kein Deutungsversuch den Gleichungen der Quantenphysik widerspricht, aber es besteht keinerlei Chance, irgendeine Interpretation experimentell zu beweisen. Die Gedanken verdienen jedoch wegen ihres Gehalts und ihrer Vielfalt, daß wir ihnen einen Abschnitt widmen.

Nach Eugene Wigner könnte für bewußte Wesen eine vollständig andere Physik gelten, deren Grundgesetze sie von jeder bisher bekannten Physik unterscheiden. Roger Penrose und Ilya Prigogine meinen, es sei zwischen Mikro- und Makrophysik eine radikal neue Physik versteckt, deren Gesetze sich von den beiden anderen grundlegend unterscheiden und von der wir noch kaum eine Ahnung haben – sie könnte für die Physik des Geistes verantwortlich sein. Nach Danah Zohar entspricht die Teilchen-Wellen-Dualität genau der Dualität von Geist und Körper, und deshalb ist es nötig, eine Theorie für die Physik des Beobachters zu entwickeln. Nach John A. Wheelers Theorie vom „partizipierenden Universum" ist unsere Vergangenheit lediglich eine mögliche Existenz, die durch unsere jetzige bewußte Gegenwart in wirkliche Existenz verwandelt wird. Nach Paul Davies bildet unser Bewußtsein in jedem Augenblick eine sich zufällig verzweigende Wellenfunktion, und nicht Gott, sondern wir selbst werfen den Würfel. Hugh Everett schlug eine Deutung vor, nach der die Welt sich in jedem Augenblick in eine unendliche Zahl von Kopien verzweigt; es gibt uns in unendlich vielen Kopien, mit einer unendlichen Zahl von Lebensgeschichten in einer unendlichen Zahl ebenfalls existierender Welten.

Soviel zum Geheimnis von Mythen. Die Welt ist, wie sie ist, und die Quantenmechanik ist nichts anderes als eine Theorie, die Menschen in bezug auf gewisse Phänomene der Welt aufgestellt haben. Diese Theorie funktioniert erstaunlich genau, so können wir beispielsweise mit ihrer Hilfe Mikroprozessoren und Kernreaktoren bauen, aber wie jede Theorie hat sie auch ihre Grenzen.

Meine kurzen Zusammenfassungen tun den von mir erwähnten hochgeschätzten Autoren großes Unrecht, denn jeder unbestimmte Gedanke enthält einen bestimmten, fachspezifischen harten Kern, den ich in diesen Beschreibungen nicht einmal erwähnt habe und der mathematisch beweist, daß die jeweilige Beschreibung den Gleichungen der Quantenmechanik nicht widerspricht. Die Quantenmechanik schließt also selbst dann die Möglichkeit nicht aus, daß die Welt mit jeder der Deutungen verträglich ist, wenn die Deutungen einander teilweise ausschließen. Natürlich kann sich herausstellen, daß keine von ihnen das wahre Wesen der Welt erfaßt. Aber es ist auch möglich, daß mehrere dieser Deutungen sich als zutiefst wahr erweisen.

Allen obigen Deutungen (mit Ausnahme jener von Everett) ist gemeinsam, daß sie die Lösung der quantenmechanischen Paradoxa im Bewußtsein suchen, aber keine von ihnen sieht das Bewußtsein notwendig als etwas, das auf dem Prinzip der reinen Rationalität beruht. Tatsächlich haben beispielsweise nach Penrose die von ihm vermuteten neuen physikalischen Gesetze zur Folge, daß das Bewußtsein nicht nur nicht völlig rational ist, sondern auch deutlich nichtalgorithmische Komponenten hat – also von den heutigen Computern nicht einmal theoretisch nachgeahmt werden kann, auch dann nicht, wenn wir einen perfekten Zufallszahlengenerator einbauen.

Obwohl diese poetischen Gedanken alle von großen Physikern stammen, glaubt die Mehrzahl der Physiker heute, das Bewußtsein sei eine äußere Größe, die man nicht unbedingt berücksichtigen müsse, wenn man innerphysikalische Probleme berücksichtigen wolle. Beispielsweise schreibt John Wheeler in einer späteren Arbeit, die Reduktion der Wellenfunktion könne auch durch die Tatsache der Beobachtung selbst verursacht sein, unabhängig von der bewußten Wahrnehmung des Beobachters.

Auch Eugene Wigner meinte lange, es sei das menschliche Bewußtsein, das die Reduktion der Wellenfunktion verursache, änderte aber später seine Meinung und sagte dann, es sei eine Selbsttäuschung, wenn die Menschen dächten, das Bewußtsein *bewirke* das alles. Was wir nicht wissen, wissen wir nicht, so ist es eben. Die Quantenmechanik sagt nichts über das Bewußtsein aus. Auch Bohr und Heisenberg waren dieser Meinung.

Beenden wir unseren „poetischen Ausflug" mit Wigners Gedanken: „Die wunderbare Effizienz der Sprache der Mathematik für die Formulierung der Naturgesetze ist ein großartiges Geschenk, das wir weder verstehen noch verdienen. Wir sollten dafür dankbar sein und hoffen, daß sie in zukünftiger Forschung gültig bleibt und daß sie sich, was auch immer geschieht, zu unserer Freude und vielleicht auch zu unserer Verblüffung, auf weite Bereiche des Lernens ausbreiten wird."

Die Zufälligkeit menschlicher Begriffe

Schrödingers Gedankenexperiment kann leicht mißverstanden werden, wenn es wortwörtlich genommen wird. Es geht nicht um einen wirklichen Kasten und um eine wirkliche Katze. Der Kasten ist nur dann eine relativ genaue Analogie für Teilchen, wie sie die Quantenmechanik sieht, wenn wir den ganzen Kasten – zusammen mit der Katze, dem Radium und dem Zyan – als einziges, unteilbares System sehen (also als Elementarteilchen). Der Kasten *zusammen mit seinem Inhalt* entspricht also dem Elektron (oder Photon); Katze und Radium lassen sich in keiner Weise von dem Kasten trennen. Der Kasten kann natürlich trotzdem eine innere Struktur haben (wie es in unserem Beispiel der Fall war), genau wie Elementarteilchen eine eigene innere Struktur haben, also ein eigenes Kraftfeld und eine eigene komplexe Wellenfunktion. Aber Elementarteilchen sind elementar eben deswegen, weil diese innere Struktur nicht weiter unterteilt werden kann, sondern nur als Ganzes einem Elementarteilchen entspricht. Diese komplexe Innenstruktur wurde in unserer Analogie durch die Einheit von Katze, Radium, Teilchendetektor und Zyan dargestellt. Man darf sich nicht durch die Tatsache irreführen lassen, daß eine wirkliche Katze oder ein Stück Radium aus einer Reihe von Atomen, Elektronen und anderen Teilchen bestehen. Der Kasten mit Schrödingers Katze ist so abstrakt, daß es darin solche Dinge nicht mehr gibt.

Aber wie können wir im Fall einer solchen Katze, die nicht mehr in kleinere Teile unterteilt werden kann, von Leben und Tod sprechen? *Genauso, wie wir bei einem Elektron von einem Ort sprechen!* Leben ist, ähnlich wie Ort oder Geschwindigkeit, ein *menschlicher* Begriff, womit wir solche Begriffe meinen, die wir auf dem heutigen Niveau unseres Denkens wahrnehmen können und für deren Wahrnehmung wir relativ zuverlässige Hilfsmittel entwickelt haben. Zu Schrödingers Katze gehört nicht wesentlich, ob sie lebt oder tot ist, sondern mit welcher Wahrscheinlichkeit sie lebt und tot ist. Zum Elektron gehört nicht dieser oder jener Ort, sondern die Wahrscheinlichkeit, mit der es gleichzeitig an verschiedenen Orten sein kann.

Das Öffnen des Kastens entspricht dem Vorgang der Messung und der Beobachtung. Das ist also der Moment, in dem das System *nichts anderes tun kann,* als seinen gemischten Zustand (in dem die Katze mit einer gewissen Wahrscheinlichkeit lebendig oder tot war) in einen *reinen Zustand* zu verwandeln und uns entweder eine erkennbar lebendige Katze oder eine tote Katze zu zeigen. Das System würde so etwas niemals aus eigenem Willen tun: Ohne äußeren Eingriff würde der Kasten immer so sein, daß die Katze in ihm mit einer gewissen Wahrscheinlichkeit lebt – obwohl diese Wahrscheinlichkeit im Lauf der Zeit allmählich abnehmen würde. Das, was wir Menschen Messung nennen, zwang den Kasten, uns für einen Augenblick die Katze zu zeigen und wirkliche Phänomene von Leben und Tod hervorzubringen – oder das Elektron, uns einen Moment lang seinen Ort zu zeigen.

Man stelle sich vor, was passieren würde, wenn wir den Kasten mit dem Radium und allem anderen wieder schlössen, nachdem wir ihn geöffnet und den Tod der Katze festgestellt haben. Offenbar wäre dieser „wiederbegonnene" Kasten nicht derselbe wie vor dem Öffnen, weil wir schon wissen, daß in ihm eine tote Katze ist. Wenn wir jedoch mit Schrödingers Katze das Verhalten der Elementarteilchen veranschaulichen wollen, müßten wir sagen, daß *die Katze in diesem wieder verschlossenen Kasten nach den Regeln der Wahrscheinlichkeit weiterleben wird,* und deshalb ist es möglich, daß wir beim nächsten Öffnen des Kastens eine lebende Katze finden! Das Elektron jedenfalls tut etwas Ähnliches: Nach seiner Entdeckung lebt es als eine Summe von Wahrscheinlichkeitsfröschen weiter, als ob wir gerade die Elektronenkanone auf den Detektor gerichtet hätten.

Das verdeutlicht, wie willkürlich alle unsere menschlichen Analogien zur Quantenwelt sind: Wenn wir nicht gerade an ein Leben nach dem Tod glauben, versagen unsere Analogien an diesem Punkt. (Ich glaube übrigens nicht an Wiedergeburt. Daran habe ich schon in meinem früheren Leben nicht geglaubt.)

Wie jeder Vergleich mit menschlichen Größenordnungen kann auch das Beispiel von Schrödingers Katze das Verhalten von Elementarteilchen nicht erschöpfend beschreiben, aber es kann helfen, verständlich zu machen, wie es mit den Wahrscheinlichkeitsfröschen ist, wie ein System gleichzeitig in verschiedenen Zuständen sein und trotzdem als ein Ergebnis von Messung und Beobachtung einen wohldefinierten Zustand annehmen kann.

In der Sprache der Spieltheorie können wir sagen, daß die Katze eine gemischte Strategie befolgt. Genauer gesagt, befolgt nicht die Katze eine gemischte Strategie, sondern der ganze Kasten, von dem die Katze ein untrennbarer Teil ist. Es ist der Kasten, der bei der Beobachtung eine zweifellos lebendige oder tote Katze zeigt, aber Leben und Tod haben nur unseren schwerfälligen menschlichen Begriffen zufolge einen Sinn; für den Kasten haben sie keinerlei Bedeutung.

Noch einmal Papier-Stein-Schere

Kehren wir zurück zu dem Spieler, der das Spiel Papier-Stein-Schere streng nach der optimalen gemischten Strategie auf Seite 131 spielte. Dieser Spieler gründete seine Entscheidung ausschließlich auf den blinden Zufall, denn er zeigte mit einer Wahrscheinlichkeit von einem Drittel Stein, mit einer Wahrscheinlichkeit von einem Drittel Papier und mit einer Wahrscheinlichkeit von einem Drittel Schere. Zur Realisierung des Zufalls benutzte er kein Radium, sondern einen Würfel – der seinen Zweck in menschlichen Größenordnungen ausgezeichnet erfüllte.

Wie wir in Kapitel 10 sahen, beschreibt Schrödinger den Gesamtzustand eines physikalischen Systems mit Hilfe der Funktion ψ. Das physikalische System kann ein Elektron sein oder auch ein größeres Objekt. In unserem Fall ist es der Mensch, der Papier-Stein-Schere spielt. Wir könnten sagen, es sei seine Psyche, aber wie wir in Kapitel 5 bemerkten, darf der Spieler bei einem rein psychologischen Spiel seltsamerweise alle Psychologie vernachlässigen, wenn er die optimale gemischte Strategie befolgt.

Im Fall von Schrödingers Katze ist die Größe ψ der ganze Kasten, der in einem von zwei reinen Zuständen sein kann: Die Katze im Inneren ist entweder lebendig oder tot. Diese beiden Zustände befinden sich in einer Mischung von Wahrscheinlichkeiten, bis wir den Kasten öffnen, also bis zur Beobachtung. Die Tatsache der Beobachtung führte von ψ zu einem reinen Zustand.

Wenn ein Mensch Papier-Stein-Schere spielt, ist er die Größe ψ und kann drei mögliche reine Zustände annehmen: Papier, Stein, Schere. Genauer: Der Spieler ist im Zustand „Papier", wenn er schon beschlossen hat, beim nächsten Zug Papier zu zeigen. Ähnlich kann der Spieler in einem der Zustände „Stein" oder „Schere" sein. Der Spieler, der eine gemischte Strategie befolgt, ist in einem gemischten Zustand bis er würfelt, genau wie Schrödingers Katze im geschlossenen Kasten. Ein gewiefter Spieler wird den Würfel erst anschauen, wenn der Augenblick zum Herzeigen gekommen ist, und sofort angeben, was der Würfel anzeigt, weil der Gegner auf diese Weise kaum eine Chance hat, seine Entscheidung zu erraten. Offenbar gelangt der Spieler durch die Aufforderung zum Herzeigen aus einem gemischten in einen reinen Zustand.

Vielleicht lassen sich die Grundprinzipien der Quantenmechanik besser als an Schrödingers Katze am Vergleich mit dem Spieler veranschaulichen, der Stein-Schere-Papier spielt. Wir können beim Spieler nicht nur das Wesen des gemischten Zustands nachvollziehen und sehen, warum er durch die Beobachtung in einen reinen Zustand übergeht, sondern wir sehen auch, daß der Spieler sofort nach der Beobachtung in einen gemischten Zustand zurückkehrt, weil er ja nach der Beobachtung nicht weiß, was er das nächste Mal zeigen wird, bis die nächste Aufforderung dazu kommt, also die nächste Beobachtung stattfindet. Der Spieler ist zwischen zwei Befehlen ebenso in einem stabilen gemischten Zustand wie das Elektron zwischen zwei Beobachtungen.

Der mogelnde Wirt

Der Spieler, der seine Entscheidung beim Spiel Papier – Stein – Schere auf der Grundlage des Würfelns fällt, kann als vollkommen rational gesehen werden. Er kennt die Spieltheorie und weiß deshalb, daß es für ihn das beste ist, die optimale gemischte Strategie zu befolgen, außer wenn er Grund hat anzunehmen, daß er schlauer ist als sein Gegner. Dieser Spieler handelt genau nach dem Rationalitätsprinzip, wenn er die Wahrscheinlichkeiten der reinen Strategien berechnet, den Würfel mit der entsprechenden Seitenzahl vorbereitet und das befolgt, was der Würfel vorschreibt, kurz: Wenn er das tut, was von dem rationalen Marsianer in Kapitel 2 erwartet wird.

Dieser idealisierte Spieler befindet sich völlig außerhalb des Bereichs, für den sich die Psychologie interessiert: Seine Handlungen werden nicht von psychologischen Kräften motiviert, sondern von rein mathematischen Grundsätzen. Seine Spielweise ist vollkommen automatisch, ja sie könnte sogar automatisiert werden. Nachdem er sich bewußt dafür entschieden hat, der optimalen gemischten Strategie zu folgen, sind in seinem Spielverhalten keinerlei bewußte oder unbewußte Elemente. Solange er spielt, brauchen wir ihn nicht einmal als Menschen zu sehen, denn er unterscheidet sich dann praktisch nicht von einem Elektron.

Bevor unser idealisierter Spieler mit seiner optimalen Strategie beginnen kann, muß er jedoch die Auszahlung, den Spielwert, kennen. Das ist bei den Spielen des wirklichen Lebens keineswegs immer einfach. Ein Elektron hat es leicht, denn seine gemischte Strategie wird in jedem Augenblick von den Naturgesetzen bestimmt, auch wenn wir Menschen diese Gesetze noch nicht kennen. Die gemischten Strategien, denen Menschen folgen, werden jedoch größtenteils durch ihre jeweils eigene, subjektive Wertepräferenz bestimmt. Wie wir in Kapitel 4 sahen, kann eine *allgemeine* Entscheidung darüber, welche Werte angestrebt werden, die optimale Strategie bei einem Spiel radikal verändern. So konnte die Wahl der Goldenen Regel das quälende Gefangenendilemma in eine extrem einfache Entscheidungssituation verwandeln.

Die menschliche Entscheidungsfindung wird gewöhnlich durch eine Kombination mehrerer komplexer Elemente bestimmt. Wir müssen nur selten unter sonst gleichen Bedingungen zwischen 100 Mark und 200 Mark wählen. Gewöhnlich können wir ein und dieselbe Situation unter den Aspekten der Wirtschaftlichkeit, Ethik, Effizienz, Ökologie, Tradition usw. betrachten – und kommen oft zu widersprüchlichen Ergebnissen. Menschen werden nicht wie Elementarteilchen von Naturgesetzen bestimmt, vielmehr werden ihre gemischten Strategien von vielen mehr oder weniger speziellen Aspekten bestimmt. Praktisch lassen sie sich nicht quantifizieren.

All das ändert jedoch nichts an der Tatsache, daß selbst eine näherungsweise gute Entscheidung nur mit Hilfe von gemischten Strategien getroffen werden kann. Der Mensch ist also gezwungen, irgendwie aus seiner Psyche die Wahrscheinlichkeiten herauszukitzeln, die den einzelnen möglichen Entscheidungen (oder Zügen, wie man bei Spielen sagt) zugeordnet sind. Er ist gezwungen, irgendwie die Entwicklung subjektiver Präferenzen herauszuarbeiten, die zu den unterschiedlichen Ergebnissen des Spiels gehören, und die Wahrscheinlichkeiten der unterschiedlichen Entscheidungen zu bestimmen. Diese beiden Aufgaben werden von Menschen gewöhnlich nicht so gelöst, wie es die Spieltheorie nahelegt, in der zuerst die Werte und dann die Wahrscheinlichkeiten berechnet werden. Die beiden Phasen gehen im menschlichen Denken gewöhnlich ineinander über, und die Entscheidung läßt sich im allgemeinen nur am Endergebnis ablesen. Wir sind weit davon entfernt, solche Entscheidungen allein aufgrund rein rationaler Mittel zu treffen.

Ein satirischer Roman erzählt von einem Wirt, der gewöhnlich die Würfel zu Hilfe nimmt, wenn er in seinem Leben eine schwierige Entscheidung treffen muß. Da er durch und durch ein Schwindler ist, versucht er zwar beim Würfeln zu mogeln, läßt aber die geworfene Zahl bedingungslos gelten.

Offensichtlich handelt dieser Wirt nicht nach den Regeln der reinen Rationalität. Man braucht sein Handeln aber auch nicht unbedingt für irrational zu halten. Wenn er gut mogelt, trifft er bemerkenswert oft gute Entscheidungen. Das Vorgehen des Wirts kann also weder rational noch irrational genannt werden. Wenn etwas nicht rational ist, bedeutet das nicht, daß es notwendig irrational oder unvernünftig ist.

Quasi-Rationalität

Der Mensch, der dem Gänseblümchen die Blütenblätter auszupft, wählt nicht den Kurs der reinen Rationalität. Es ist jedoch auch möglich, sein Handeln nicht für irrational zu halten. Beim Ausreißen der Blütenblätter möchte er ein Wissen erwerben, das ihn die Wahrheit über seine Umwelt erfahren läßt. Diese Wahrheit wäre ihm vielleicht durch reine Vernunft oder reine Rationalität nicht zugänglich gewesen. In diesem Fall ist das Herauszupfen der Blütenblätter nicht von Anfang an irrational zu nennen.

Wir bezeichnen Handlungen, Überlegungen, Situationsbeschreibungen, die nicht den Regeln einer reinen Rationalität folgen, ihnen aber auch nicht widersprechen, im folgenden als quasi-rational, um sie von irrationalen Sachverhalten zu unterscheiden, die der Vernunft widersprechen.

In Ausnahmefällen kann sogar Irrationalität zu Wahrheit führen. Wenn ich beispielsweise $2 + 2 = 6$ sage und $6 + 4 = 8$ und dann anschließend die 6 in der zweiten Gleichung durch die linke Seite der ersten Gleichung ersetze, habe ich recht, wenn ich sage, daß $2 + 2 + 4 = 8$ ist. Im Gegensatz zur Quasi-Rationalität führt

Irrationalität jedoch wohl kaum je zu tiefen, allgemeinen Wahrheiten.

Da der knobelnde Wirt die Auszahlungen der verschiedenen Möglichkeiten nicht kennt, wäre es für ihn von Anfang an aussichtslos, die Wahrscheinlichkeiten der optimalen gemischten Strategie zu bestimmen. Trotzdem kann sein Vorgehen, auch sein Mogeln, einen tiefen Sinn haben. Er fällt seine Entscheidung auf der Grundlage der vom Würfel angezeigten Augen, spielt also letztlich eine gemischte Strategie, wie es die reine Rationalität vorschreibt. Aber er mogelt auch und gewährt damit den ihm wenig bekannten innerpsychischen Kräften Einfluß. Sie bestimmen, wie sehr er sich auf das Mogeln konzentriert, wieviel Raum er also den weniger erwünschten, aber irgendwie nicht auszuschließenden Möglichkeiten einräumt. So könnte sich ein geübter Schwindler der unbekannten und unbestimmbaren optimalen gemischten Strategie annähern. Wir können sein Vorgehen deshalb zu Recht als quasi-rational bezeichnen.

Das Auszupfen der Blütenblätter

Als noch unvernünftiger als das Knobeln des Wirts erscheint es uns, die Blütenblätter eines Gänseblümchens auszuzupfen. Es ist sicherlich kein Beobachtungsvorgang, durch den ich das geliebte Wesen in den Zustand einer reinen Strategie versetze, um endlich eine Antwort auf die quälende Frage zu erhalten, ob es mich liebt oder nicht. Das geliebte Wesen wird mich weder mehr noch weniger lieben, wenn ich für mich allein Blütenblätter zupfe. Aber darum geht es bei diesem Spiel auch nicht.

Das Wesentliche des folgenden Gedankengangs steckt schon im Motto dieses Kapitels. Wer Blütenblätter zupft, möchte im Grunde wissen, ob er selbst verliebt ist. Mit aller Wahrscheinlichkeit ist der Gedankengang, der zu diesem Schluß führt, interessanter als das Endergebnis.

Schauen wir uns zuerst das Gegenargument an: Warum sollte der Mensch, der Blättchen ausreißt, nicht wirklich wissen wollen, ob sein Herzblatt ihn liebt oder nicht? Zum einen ist es nicht schlecht, das zu wissen, und zum anderen kann das Wissen praktische Vorteile bringen, denn wir müssen unser Herzblatt anders zu gewinnen trachten, falls es uns bereits liebt, aber noch keine Gelegenheit hatte, uns das wissen zu lassen, als wenn es noch niemals an die Möglichkeit gedacht hat, uns zu lieben.

Wenn man sich seiner Gefühle sicher ist, kennt man auch sein Ziel: Man will das Objekt seiner Liebe gewinnen, damit die Liebe erwidert wird. Um die beste Methode zum Erreichen seines Ziels wählen zu können, muß man wohl wissen, ob man vom geliebten Wesen geliebt wird oder nicht, und vielleicht findet man wirklich keine bessere Methode als das Blütenblätterzupfen, um diese Frage zu beantworten. Aber wenn einer zu solch anscheinend irrationalen Mitteln greift, würde er sie vermutlich dazu einsetzen, sein Ziel zu erreichen, und also vom wenig konstruktiven Auszupfen der Blütenblätter zur Hexerei übergehen, um sich des Objekts der Liebe zu vergewissern. Sollte man sich Katzenminze ins Haar reiben oder unbemerkt Schlamm, den man mit dem Urin einer schwangeren Ratte vermischt hat, auf die Schuhsohle der geliebten Person streichen? Sollte man über Poesie und Astronomie sprechen oder über Differentialgleichungen und doppelte Buchführung?

Die rationalste Strategie bei diesem Spiel beruht höchstwahrscheinlich ebenfalls auf einer gemischten Strategie, deshalb könnte auch ein Zufallszahlengenerator wie jener, der angibt, ob die Zahl der Blütenblätter ungerade oder gerade ist, in ihr einen Platz haben, aber das allein rechtfertigt offenbar noch nicht die weite Verbreitung des Spiels „Liebt mich, liebt mich nicht". Außerdem sind Blütenblätter ziemlich schlechte Zufallszahlengeneratoren, da bei den meisten Blumen feststeht, ob die Zahl der Blütenblätter ungerade oder gerade ist. Dennoch ist das Ergebnis ungewiß, denn Blumen verlieren oft ein oder zwei Blütenblätter. Geübte Spieler mogeln bei diesem Spiel gern ein wenig bei der Wahl der Blüte, genau wie der knobelnde Wirt, und wählen eine, die meistens eine ungerade Zahl von Blütenblättern hat. Trotzdem werden Menschen, die ihr Ziel genau kennen, ihre Energie selten auf solche kindischen Spiele vergeuden, denn ihnen sind direktere Methoden zugänglich, obwohl diese Methoden nicht unbedingt rationaler sind und auch sie gemischte Strategien erfordern können.

Vermutlich hat dieser weltweit bekannte Brauch nicht nur das Ziel herauszufinden, ob das geliebte Wesen uns liebt oder nicht, sondern es könnte auch ein viel konstruktiverer verborgener Sinn darin stecken. Jede Magie, selbst die harmloseste (wie das Herauszupfen der Blütenblätter) ist im Grunde konstruktiv. Schauen wir einmal, was passiert, wenn wir uns diesem einfachen Spiel mit unserer an der Quantenmechanik geschulten Einstellung annähern. Die Analogie zwischen Elementarteilchen, Schrödingers Katze und dem Liebt-mich-Spiel läßt sich in der folgenden Tabelle zusammenfassen:

	Elementarteilchen	Schrödingers Katze	Liebt mich, liebt mich nicht
das System (ψ)	Elektron, Photon etc.	der Kasten mit Inhalt	die Seele des Grüblers
der betrachtete menschliche Begriff	Ort, Geschwindigkeit etc.	Leben oder Tod der Katze	Liebe
die Ursache der Reduktion der Wellenfunktion	Beobachtung des Teilchens mit einem sich einmischenden Detektor	Öffnen des Kastens (zum Zweck der Beobachtung)	das Bewußtsein des Grüblers als eines sich einmischenden äußeren Beobachters

Wir haben die Analogie der beiden ersten Spalten schon nachgewiesen, aber die Analogie zwischen der zweiten und dritten überrascht. Die Frage lautet jetzt: Was rechtfertigt die dritte Spalte, und warum haben wir gerade diese Begriffe gewählt?

Aus der Perspektive seines ursprünglichen, buchstäblichen Sinns betrachtet, versetzt das Spiel „Liebt mich, liebt mich nicht" den Beobachtungsgegenstand nicht in einen reinen Zustand. Die Beobachtung, die der Spieler macht, ist also aus der „Perspektive der Quantenmechanik" sinnlos. Das wahre Ziel des Spiels ist aber vielleicht ein ganz anderes, und das wurde in der dritten Spalte der Tabelle formuliert: Wenn das Herauszupfen der Blätter aus quantenmechanischer Perspektive durch diese Rollenverteilung sinnvoll wird, ist unser Argwohn bestätigt. Diese Denkweise mag in der Psychologie unüblich sein, aber eine so deutliche Beziehung zu einer reinen, logisch vollkommen durchsichtigen wissenschaftlichen Theorie ist zweifellos der Aufmerksamkeit wert.

Damit die dritte Spalte (schon aus psychologischer Sicht) glaubwürdig ist, müssen wir mindestens drei Fragen beantworten:

- *Erstens:* Warum müssen wir unsere Psyche aus einem gemischten Zustand in einen reinen Zustand bringen?
- *Zweitens*: Warum müssen wir Blütenblätter auszupfen, wenn wir unsere Psyche bewußt beobachten wollen? Warum können wir sie nicht einfach und unmittelbar beobachten? Dann könnten wir die Reduktion der Wellenfunktion ohne weitere Umstände erreichen, wenn das nötig ist.
- *Drittens*: Warum murmeln wir: „Liebt mich, liebt mich nicht ...", während wir die Blütenblätter auszupfen, statt zu sagen: „Ich liebe, ich liebe nicht ..."?

Meine Antwort auf die erste Frage lautet so: Wir geraten nicht dann in eine wirklich schwierige Situation, wenn wir uns ein schwer zu erreichendes Ziel setzen, sondern wenn uns nicht völlig klar ist, welches Ziel wir erreichen wollen. Wenn einmal klar ist, daß wir den anderen lieben, ist unser weiteres Verhalten weitgehend bestimmt. Dann brauchen wir nicht darüber nachzudenken, welchen Zielen unsere Handlungen dienen sollen, sondern nur nach Handlungen zu suchen, die unserem schon bekannten Ziel am besten dienen. Deshalb ist es nützlich, wenn wir unsere Psyche wenigstens einen Augenblick lang in einen reinen Zustand bringen. Außerdem folgt aus unserer Analogie auch, daß unsere Psyche wieder eine etwas gemischte Strategie verfolgen wird, sobald wir das letzte Blättchen herausgezupft haben. Einen Augenblick lang erleben wir jedoch einen reinen

Zustand, und dieser klare Moment kann unsere weiteren Handlungen über längere Zeiträume hin bestimmen und ihnen für längere Zeit Sinn geben.

Die Antworten auf die zweite und die dritte Frage stammen aus der gleichen Quelle. Das Schlüsselwort, das in einer Reihe psychologischer Verfahren eine wichtige Rolle spielt, lautet *Distanzierung*.

Distanzierung

Der gemischte Zustand ist ähnlich wie für Elementarteilchen ein natürlicher Seinszustand der menschlichen Psyche. Aber um Entscheidungen zu fällen und um handeln zu können, müssen wir gewöhnlich eine reine Strategie wählen. Manchmal müssen wir das nur deswegen tun, weil der aktuelle gemischte Zustand in uns zuviel Spannung erzeugt, die für uns schwer zu ertragen ist. Es kann für uns vernünftig sein, uns in einen reinen Zustand zu zwingen. Nach unserer Analogie läßt sich das nur durch einen äußeren Beobachter erreichen, nach Meinung vieler Physiker sogar nur durch einen *bewußten* Beobachter.

In den traditionellen Psychotherapien oder in der Hypnose ist dieser bewußte Beobachter wirklich ein Außenstehender, ein anderer Mensch, der die Beobachtungsverfahren kennt, ähnlich einem Physiker, der die Elektronen beobachtet und den Detektor kennt. Aber jetzt sind wir an der seltsamen Situation interessiert, in der jemand sich selbst beobachtet, ein Mensch also zugleich Beobachter und Beobachtungsgegenstand ist.

Gewöhnlich deutet man im Beispiel von Schrödingers Katze die Katze als wirkliche Katze, die sogar ein bewußter Beobachter sein kann – jedenfalls solange sie lebt. Für uns war die Katze ein wesentlicher Bestandteil des Kastens, der keine weiteren Elementarteilchen hat. Die Analogie zu wirklichen Elementarteilchen traf recht genau zu. Gleichzeitig wurde die andere Seite des Vergleichs – die Parallele zum Menschen, der Gänseblümchen zerrupft – weniger genau. Nach Meinung der meisten Physiker läßt sich Schrödingers Katze besser mit dem zweiten Fall vergleichen. Das ist der Grund, warum sich so viele Physiker mit den schon umrissenen Problemen der Physik des Bewußtseins beschäftigen.

Schrödingers Katze ist nur eine Analogie. Im Gegensatz zu Elementarteilchen hat die menschliche Psyche die besondere Eigenschaft, selbst ein Bewußtsein zu haben. Theoretisch ist sie also selbst zur Beobachtung fähig. Aber das scheint ein Widerspruch zu sein: Einerseits sagten wir, daß der natürliche Seinszustand der Psyche ein gemischer Zustand ist, der sich von selbst niemals in einen reinen Zustand verwandeln würde, und andererseits soll es der Psyche doch möglich sein, sich selbst durch ihre bewußte Beobachtung in einen reinen Zustand zu versetzen.

Wir können dieses Paradoxon *theoretisch* noch nicht lösen. *Praktisch* jedoch kennen wir einige psychologische Verfahren, mit deren Hilfe wir das selbst in schwierigen Situationen verwirklichen können. Eines von ihnen ist das Herauszupfen der Blütenblätter. Wir werden im nächsten Kapitel einige komplexere und weiterreichende Verfahren vorstellen.

Blütenblätter sind ein praktisches Hilfsmittel, das dem Zweck der *Distanzierung* dient, also der größtmöglichen Trennung der Psyche in ihrem natürlichen gemischten Zustand von der bewußt beobachtenden Psyche, damit sie beide gleichzeitig funktionieren. Das Ziel ist, daß die letztere die erstere in einen reinen Zustand bringt, ähnlich wie der Detektor eines Elektrons das Elektron, dessen natürlicher Seinszustand ein gemischter Zustand ist, in einen reinen Zustand zwingt.

Es dient auch der Distanzierung, wenn der Mensch, der die Blüte zerrupft, nicht über sich selbst spricht, sondern über einen anderen Menschen, auch wenn dieser das Objekt seiner Liebe ist. Das Aussprechen des Wortes „Ich" ist ein uraltes Tabu, das, wie die ungarische Psychologin Judit Kadar entdeckte, vielleicht zuerst von Ödipus gebrochen wurde, als er das Rätsel der Sphinx löste („Am Morgen geht es auf vier Beinen, mittags auf zwei, am Abend auf dreien – was ist es?" Lösung: der Mensch).

Heute wundern wir uns darüber, daß dieses einfache Rätsel so schwierig war und erst ein Ödipus es lösen konnte und daß es der Sphinx so lange so viel Macht über die Stadt Theben geben konnte. Das alles wird verständlich, wenn wir uns klarmachen, daß für die Lösung dieses unschuldigen und – aus der Sicht der „Rätsellogie" – fairen Rätsels ein altes Tabu gebrochen werden mußte. Ödipus brauchte das verbotene Wort nicht einmal auszusprechen, sondern mußte nur sagen: Es ist der Mensch. Trotzdem schränkte das Tabu das Denken der Theber, die das Rätsel zu lösen versuchten, so sehr ein, daß sie die Lösung nicht finden konnten, obwohl ihr Leben davon abhing.

Ein weiteres wichtiges praktisches Verfahren zur Distanzierung ist die *Depersonalisierung*. Bei der Meditation beispielsweise hilft es uns, einen reinen Bewußtseinszustand zu erreichen, wenn wir uns das, was uns beschäftigt und über das wir etwas wissen möchten, auf einen Schirm projiziert vorstellen. Dieses Verfahren ist auch bei der Hypnose durchaus üblich. Wenn wir uns das, was wir haben möchten, unmittelbar vorstellten und so herausfänden, wie es nach den Regeln der Logik in einer bestimmten Situation handeln würde, wäre unser Verfahren vollkommen rational. Die Erfahrung zeigt jedoch, daß wir dazu gewöhnlich nicht in der Lage sind, wenn uns das Phänomen, über das wir nachdenken, stark bewegt. Unser gemischter Zustand bleibt durch unser direktes, logisches Denken oft nicht nur ungelöst, sondern gerät dadurch auch in noch größere Verwirrung.

Das Verfahren der Distanzierung mittels der Projektion auf einen Schirm kann für die meditative Erkenntnis hilfreich sein. Die Projektion auf einen imaginären Schirm, die einfache Beobachtung des Verhaltens der projizierten Person auf dem Schirm ohne die Anwendung von Logik ist ein typisch quasi-rationales Verfahren: Kein vernünftiger Grund, kein Gesetz der Logik zwingt uns, das zu tun, aber man kann es auch nicht irrational nennen.

12 Intelligente Irrationalität

Mein Gehirn versteht es, ich aber nicht.

Wenn wir die Blumenblätter auszupfen, versuchen wir oft, ein wenig zu schummeln, und zwar so schlau, daß nicht einmal wir selbst den Betrug merken. In einem unbewachten Augenblick nehmen wir „zufällig" zwei Blättchen heraus, oder wir hören, ehe die Blüte zerzupft ist – gerade noch „rechtzeitig" –, auf und sagen, die Blüte sei nicht regelmäßig oder schon beschädigt gewesen und wir müßten deshalb noch einmal mit einer anderen Blüte beginnen. Der einzige Richter ist die Psyche der verliebten Person, eben die Psyche, die das Mogeln anordnete. Es ist deshalb wahrscheinlich, daß der Richter jedenfalls bis zu einem gewissen Grad Nachsicht üben, also einen weiteren Versuch erlauben wird. Oft beeinflußt der Mensch die Wahrscheinlichkeiten der gemischten Strategie, die er befolgen möchte, auch dann, wenn er weder Blütenblätter zupft noch würfelt, sondern nur seinen Gedanken nachhängt. Gelegentlich akzeptiert er das Ergebnis seines ersten zufälligen Gedankengangs, zu anderen Zeiten versucht er, die Dinge aus anderer Sicht zu überdenken.

Der Mensch verwirklicht mit Hilfe solcher kleinen „Mogeleien" das, was die Marsianer in Kapitel 2 durch eine Art mathematischer Kompetenz erreichten. Er stellt auf diese Weise sicher, daß er einen Würfel mit so vielen Seiten wählt, wie nötig sind, um den gegenwärtigen gemischten Zustand seiner Psyche mehr oder weniger getreulich widerzuspiegeln.

Richtige Entscheidungen aufgrund unangemessener Methoden

Der Liebende (oder Nichtliebende?), der beginnt, die Blättchen einer zweiten Blüte herauszuzupfen, begeht das gleiche Delikt wie der knobelnde Wirt: *Er mogelt im Interesse der Gerechtigkeit.* Der Liebende möchte seine eigene Psyche, die in einem gemischten Zustand ist, in einen reinen Zustand bringen und wenigstens einen Augenblick lang wissen, ob er liebt oder nicht. Er möchte diesen reinen Zustand erreichen, damit das Ergebnis eine wirkliche Resultante der in ihm wirkenden entgegengesetzten Kräfte ist; wenn er beispielsweise eher verliebt ist als nicht, wird die Beobachtung mit größerer Wahrscheinlichkeit zum Ergebnis „liebt mich" führen. Er hat jedoch, um seine Entscheidung zu treffen, im Augenblick nur die Blume zur Verfügung, die seiner Meinung nach mit einer Wahrscheinlichkeit von fünfzig Prozent eine ungerade Zahl von Blütenblättern hat und mit einer Wahrscheinlichkeit von fünfzig Prozent eine gerade.

Diese *ungerechte* Chancengleichheit in seiner Psyche muß irgendwie kompensiert werden. Er würde sich selbst bemogeln, wenn er sie *nicht* ausgliche, denn er würde dem weniger wahrscheinlichen Zustand einen ungerechten Vorteil einräumen. Vielleicht wählen wir deshalb einen so komplexen Ritus wie das Abzupfen der Blätter und nicht, sagen wir, das Werfen einer Münze. Wir geben damit der Psyche eine Möglichkeit und die Zeit, die wirklichen Wahrscheinlichkeiten abzubilden. Während wir die Blüte zerrupfen, kann die Psyche zu kleineren oder größeren Tricks Zuflucht nehmen oder, als letzte Möglichkeit, das ganze Spiel für Unsinn erklären.

Die Methode, mit der der beim Knobeln mogelnde Wirt Entscheidungen fällt, war genauer als trickreiches Blätterzupfen, und auch er nahm sein Ergebnis ernst. Der Wirt konnte *eine seiner hochentwickelten Fähigkeiten* zur Erreichung eines gegebenen Ziels einsetzen, und deshalb konnte er es sich erlauben, seine letzte Entscheidung vom Würfel abhängig zu machen und sich der Anordnung des Würfels vorbehaltlos zu fügen. Natürlich hat er seine Fähigkeiten als Schwindler nicht dazu entwickelt, seine späteren Dilemmata mit ihrer Hilfe zu entscheiden. Immerhin hat er eine raffinierte und komplexe Fähigkeit entwickelt, die sich in seinem Fall allein aufgrund ihrer Komplexität besser zur Entscheidungsfindung eignet als eine angemessenere, aber dem Wirt viel weniger vertraute Methode – etwa die ihm unbekannte Spieltheorie.

Menschliches Denken läuft tatsächlich meistens auf diese Weise ab. Wir fällen wichtige Entscheidungen aufgrund völlig unangemessener, aber aus anderer Sicht höchst raffinierter Methoden; und diese wichtigen Entscheidungen erweisen sich zum größten Teil als gut, besonders wenn wir bedenken, daß es oft keine absolut richtigen Entscheidungen gibt. Die Spieltheorie hat gezeigt, daß es *theoretisch* die richtige Entscheidung ist, einer optimalen *gemischten* Strategie zu folgen. Wenn wir also sagen, jemand träfe meistens die richtigen Entscheidungen oder jemand entscheide oft falsch, sollten wir nicht die Richtigkeit der einzelnen Entscheidungen, sondern der Gesamtheit der Entscheidungen beurteilen und fragen, ob diese den Anteilen entspricht, die sich aus der optimalen gemischten Strategie ergeben. In diesem Sinn könnten sich viele wichtige Entscheidungen als gut erweisen.

Selbst diese Aussage mag noch zu optimistisch erscheinen. Zur Zeit sprechen nur zwei Gründe dafür. Unser *erstes Argument* geht von der Tatsache aus, daß sich die Menschheit trotz ihrer schwächlichen Konstitution als überlebensfähig erwiesen hat. Sie hätte es sich nicht leisten können, allzu oft falsche Entscheidungen zu fällen, denn dafür wäre sie von der natürlichen Auslese bestraft worden. Unser *zweites Argument* ist, daß die meisten unserer Entscheidungen tatsächlich mehr oder weniger automatisch sind und daß es nicht nötig ist, lange darüber zu brüten, selbst wenn die Aufgabe mathematisch kompliziert ist. Meistens treffen wir die richtige Entscheidung darüber, wie wir einen Tennisball zurückschlagen sollen, damit wir einen Punkt machen. Theoretisch, wenn wir die Stärke, den Weg und den Drehimpuls des Balls und viele andere wichtige Faktoren berücksichtigen wollten, müßten wir komplizierte Differentialgleichungen lösen, um überhaupt den Ball zu treffen. Die besten Tennisspieler wissen sowenig über Differentialgleichungen wie der knobelnde Wirt über Spieltheorie. Tennisspieler treffen ausgezeichnete Entscheidungen auch aufgrund theoretisch unangemessener, mathematisch falscher Mittel, um sich vor jedem Schlag in einen reinen Zustand zu bringen.

Später werden wir ein drittes, abstrakteres Argument für die Tatsache anführen, daß Menschen gewöhnlich wirklich gute Entscheidungen im Sinn einer optimalen gemischten Strategie treffen. Dieses Argument wird sich aus dem Thema des 13. Kapitels ergeben; für den Augenblick genügt es zu sagen, daß eine Gruppe von mehreren Personen, die unabhängig voneinander irrationale Entscheidungen fällen, in der Lage sein kann, sich *kollektiv* vernünftig, also entsprechend der optimalen gemischten Strategie, zu verhalten.

Die Zufälligkeit des Bewußtseins

Unser Gedankengang legt nahe, daß der Richter milde urteilen wird, wenn ein Liebender beim Herauszupfen der Blütenblätter mogelt, aber das ist keineswegs sicher. Manchmal stellt sich der Richter stur, disqualifiziert den mogelnden Spieler und verkündet dann das schlechte Ergebnis.

Ob der Richter den Regelbruch durchgehen läßt oder ob er hart straft, immer hat das Herauszupfen der Blätter sein Ziel erreicht: Der Vorgang der bewußten Beobachtung hat sich abgespielt, und die liebende (oder nicht liebende) Psyche ist zumindest einen Augenblick lang aus einem beunruhigenden gemischten Zustand in einen reinen Zustand gekommen. Dann kann alles wieder von vorn beginnen, denn die gemischte Strategie ist der Naturzustand der Psyche (und des Elektrons).

Aber wie kann die menschliche Psyche die meisten der einfachen Entscheidungen leicht treffen, ohne weitere Grübelei, wenn ihre natürliche Seinsweise der gemischte Zustand ist? Praktisch sollte der Mensch die gleiche Erfahrung machen wie der Esel in dem Beispiel, das wir dem mittelalterlichen Scholastiker Buridan verdanken: Weil sich Buridans Esel nicht zwischen zwei Heuhaufen entscheiden konnte, mußte er verhungern. Warum ist die Situation nicht meistens so?

Im Gegensatz zu den Gesetzen der Newtonschen Mechanik schließen die Gesetze der Quantenmechanik – theoretisch – die Möglichkeit nicht aus, daß sich der Tisch in unserem Zimmer ohne jede äußere Kraft in die Luft erhebt. Der Ort eines jeden Elementarteilchens im Tisch ist zufällig, also ist es theoretisch möglich, daß sich alle Teilchen gleichzeitig in ihrer höchsten Lage befinden und der Tisch sich deshalb hebt. Ebenso ist es nicht ausgeschlossen, daß sich der Tisch plötzlich in einen Adler oder in eine Reinkarnation von Einstein verwandelt, falls er genug Elementarteilchen enthält. Die Elementarteilchen, aus denen Tisch und Adler bestehen, sind haargenau die gleichen – was könnte die große Metamorphose verhindern?

Die große Metamorphose wird durch die Gesetze der Statistik verhindert. Genauer gesagt: *Theoretisch* verhindern sie sie nicht, sondern sie machen sie nur *höchst unwahrscheinlich*. Die Wahrscheinlichkeit, daß sich der Tisch von selbst hebt, ist viel kleiner, als daß ein Affe die Odyssee schreibt, wenn er nur lange genug auf den Tasten einer Schreibmaschine herumspielt. Oder betrachten wir ein abstrakteres Beispiel, das das Wesen des Problems viel besser veranschaulicht: Die Wahrscheinlichkeit, daß weniger als 400 000mal oder mehr als 600 000mal Kopf fällt, wenn eine Münze eine Million Mal geworfen wird, ist winzig klein. Das Ergebnis jedes einzelnen Wurfs ist zufällig, aber die Ergebnisse sehr vieler Würfe sind stabil. Beispielsweise liegt im Fall von vielen Würfen die Wahrscheinlichkeit für Kopf mit kleinen Schwankungen in der Nähe von fünfzig Prozent.

Der Ort eines jeden Elektrons eines Tisches ist zufällig, aber ihre Gesamtverteilung im Raum zeigt große Stabilität, und diese Gesamtstabilität folgt aus den Gesetzen der Quantenmechanik, wenn der Tisch einmal existiert. So lassen sich – jedenfalls im Prinzip – makrophysikalische Gesetze aus den Gedanken der Quantenmechanik ableiten. Die Berechnungen würden selbst im Fall eines Staubteilchens in der Praxis eine hoffnungslos große Zahl von Daten und Rechenvorgängen erfordern, aber begrifflich gibt es keine Schwierigkeit. Die deterministischen Gesetze der Makrowelt, mit deren Hilfe sich die Bahn einer Kanonenkugel oder das Funktionieren einer Drehbank berechnen lassen, widersprechen nicht den Grundsätzen der Quantenphysik. Aber es lohnt sich nicht, die Berechnungen der Quantenphysik auf die Objekte der Makrowelt anzuwenden, weil die Berechnungen praktisch nicht ausgeführt werden können. Wir könnten sogar sagen: Es ist eine theoretische Tatsache, daß sie praktisch undurchführbar sind. Die Natur berechnet sie auch nicht, sondern sorgt nur dafür, daß sie sich entsprechend der eigenen Gesetze verhalten.

Die Situation ist ähnlich in bezug auf unser Denken. Unsere kleineren und größeren alltäglichen Entscheidungen sind Makrophänomenen vergleichbar, so daß wir richtige Entscheidungen treffen können, selbst wenn die natürliche Seinsweise unseres Bewußtseins ein gemischter Zustand ist. Aber bei Fragen, die unsere Psyche tief berühren oder die lebenswichtig sind, kann sich das Wesen unserer Psyche manifestieren, indem sie im Grunde gemischte Strategien verwirklicht.

Ein geübter Schriftsteller kann einen Satz nach dem anderen ohne langes Nachdenken niederschreiben und relativ leicht entscheiden, welche Struktur der nächste Satz haben soll. Gleichzeitig verfolgt er in seinem Kopf viele Handlungsfäden, und das Schicksal seiner Helden ist in einer Art gemischtem Zustand, bis der Roman fertig ist. Der Vorgang des Schreibens versetzt die Hauptpersonen in einen reinen Zustand, und das beeinflußt auch die Seele des Dichters. Der französische Dichter Gustave Flaubert war eine Zeitlang niedergeschlagen, und als seine

Freunde ihn fragten, was ihn bedrücke, sagte er: „Madame Bovary ist gestorben."

Das sich so ergebende Bild ist zweifellos seltsam und paßt anscheinend nicht einmal zur Gedankenwelt der Quantenmechanik. Nach der Quantenmechanik ist das Verhalten von sehr kleinen Elementarteilchen oder von Systemen, die aus wenigen Elementarteilchen bestehen, stark indeterminiert, und je näher wir der Makrowelt kommen, um so häufiger sind die Gesetze deterministisch. Bei der Psyche ist es genau andersherum: Einfache, alltägliche Entscheidungen scheinen mehr oder weniger determiniert zu sein, während sich im Fall der großen Fragen, die die ganze Psyche angehen, gemischte Strategien auswirken, die die indeterministischen Gesetze verkörpern.

Wir verschieben die Lösung dieses Paradoxons auf Kapitel 15. Vorerst wollen wir die Psyche als eine Einheit betrachten, die sich nach den Regeln der Quantenmechanik verhält. Die Physiker wurden durch die innere Logik der Entwicklung der Physik dazu gebracht, die Frage nach dem Bewußtsein zu stellen. Wir wurden, von der Psychologie ausgehend, durch die Logik der Spieltheorie zu ähnlichen Fragen geführt. Die Spieltheorie ist nicht identisch mit einer schon erahnten, aber noch ungeborenen Physik des Bewußtseins; sie könnte ein erster Schritt dahin sein, aber die neue Physik könnte auch auf völlig anderen Prinzipien beruhen. Selbst wenn einmal eine neue Physik des Bewußtseins geboren wird, die auf radikal neuen, noch ungeahnten Prinzipien beruht, werden wir möglicherweise weiterhin die Spieltheorie benutzen, um praktische Entscheidungen zu analysieren, genau wie wir die Makrowelt weiterhin auf der Grundlage der Newtonschen Physik erforschen.

Die Methoden rationaler Entscheidungsfindung

Nach der Spieltheorie ist die richtige Methode der Entscheidungsfindung die folgende. Erstens bestimme man für alle Teilnehmer alle reinen Strategien, die in dem Spiel vorkommen können. Dann bestimme man die (subjektiven oder objektiven)

Auszahlungen aller möglichen Ergebnisse, stelle also die zugehörige Matrix auf und finde die eigene optimale gemischte Strategie heraus. Wenn all das getan ist, fälle man die Entscheidung, wobei man sich auf einen Zufallsgenerator verlasse, so daß jede reine Strategie mit der ihr zugeschriebenen Wahrscheinlichkeit gewählt wird.

Im Alltag wenden wir dieses theoretisch makellose Verfahren niemals an, denn jeder Schritt der Methode stößt auf erhebliche praktische Probleme. Auch wenn wir die möglichen reinen Strategien in Erfahrung bringen könnten, machen wir doch oft die allgemeine Erfahrung, daß uns weitere mögliche Strategien einfallen, wenn wir länger über ein Problem nachdenken und beispielsweise einen Kompromiß finden, der unser Problem unter günstigen Bedingungen vollkommen zufriedenstellend lösen kann. Vielleicht fällt uns auch ein anderer möglicher Zug des Gegners ein, an den wir noch nicht gedacht haben, auf den wir uns aber vorbereiten müssen. Außerdem können sich die subjektiven Werte gewisser möglicher Spielergebnisse von einem Augenblick zum nächsten ändern, je nachdem, welchen Aspekt wir besonders betonen. Die Berechnung der optimalen gemischten Strategie wird durch unsere eingeschränkten mathematischen Fähigkeiten praktisch unmöglich gemacht, weil wir entweder das nötige Konzept nicht einmal kennen oder weil die Bestimmung ungeheuer viele konkrete Berechnungen erfordern würde. Und schließlich sind wir in vielen Fällen eher unwillig, unsere wichtigen Entscheidungen einem Würfel zu überlassen.

Trotzdem ist die Spieltheorie ein wichtiges Hilfsmittel geworden (beispielsweise bei der Entscheidungsfindung in der Wirtschaft), weil sie einerseits die elementaren Schritte klärt, die zur rationalen Entscheidungsfindung nötig sind, und andererseits nützliche Methoden zur Durchführung dieser Schritte zur Verfügung stellt. Auf der Grundlage der Spieltheorie konnten Computerprogramme geschrieben werden, die nicht nur komplexe konkrete Berechnungen durchführen können, sondern mit deren Hilfe der Entscheidungsträger das Problem auch für sich selbst umzustrukturieren vermag, so daß er es mit den Verfahren der Spieltheorie leicht behandeln kann. Diese Programme sind schon heute weitverbreitet, weil sie in Fällen, die so kompliziert sind, daß Menschen sie nicht verstehen können, helfen, Entscheidungen zu fällen, die Millionen von Mark ersparen können.

Die Verantwortung für die Entscheidung aber übernimmt weder das Programm noch dessen Hersteller. Das ginge auch gar nicht, weil es keine Garantie gibt, daß der Entscheidungsfinder die eigenen und die gegnerischen Züge richtig eingeschätzt und die Auszahlung richtig berechnet hat. Computer können bei der Entscheidungsfindung helfen, aber sie können weder vor Fehlern schützen noch davor, daß unabsichtlich eine Reihe wichtiger Fälle übersehen wird. Außerdem sieht der Entscheidungsfinder die Daten dann, wenn er sie in den Computer eingibt, nur bruchstückhaft, ohne zu wissen, wie sie das Endergebnis beeinflussen werden. Deshalb können einige wenige unsichere Daten die Entscheidung stark beeinflussen. Der Entscheidungsträger kann zwar mit Hilfe der besten computergestützten Programme viele Möglichkeiten, darunter mehrere Systeme von Anfangsbedingungen, ausprobieren, und das Programm kann auf jene Daten aufmerksam machen, deren Unschärfe sich besonders stark auf das Endergebnis auswirkt, aber die Verantwortung für die endgültige Entscheidung liegt letztlich immer bei demjenigen, der diese Entscheidung trifft.

Dieser Mensch kann die Entscheidung auf der Grundlage der Ergebnisse des Programms ebenso in Übereinstimmung mit seinem Verständnis und seinem Gefühl treffen wie derjenige, der die Blume befragt, oder wie der knobelnde Wirt. Das Programm kann lediglich die hoffnungslos komplexen Beziehungen der Welt, die ökonomische Umwelt, in eine knappere Form bringen, mit der die Intuition des Entscheidungsträgers besser umgehen kann.

Die Herstellung eines Programms, das Entscheidungen stützen kann, erfordert unter Umständen mehrere Jahre Arbeit von Dutzenden von Menschen. Die Systeme können so komplex sein, daß nicht einmal die sie voll verstehen, die sie entwickelt haben, und erst recht nicht jene, die sie anwenden. Praktisch werden sie als Orakel eingesetzt, die im Fall einer gegebenen Konstellation der Umwelt und der gewählten Ziele unfehlbar das Optimum herausfinden können; und in Kenntnis dieser oft widersprüchlichen Optima kann der Mensch eine Entscheidung fällen, die dennoch subjektiv bleibt.

Meditative Verfahren

Wer eine Entscheidung treffen will, die seinem Seelenfrieden zugute kommen soll, kann seine Vorlieben und Handlungsalternativen und erst recht seine wirklichen Gefühle, Wünsche und Hoffnungen gewöhnlich nicht in Worte fassen. Das ist die Hauptursache seiner Ruhelosigkeit. Den Entscheidungsträgern in der Wirtschaft liegen wenigstens einige klare Daten vor und Begriffe wie Produktionskosten, Kapazitätsauslastung, erwartete Nachfrage, Solvenz der Kunden, mögliche Profite etc. Wer eine rationale oder wenigstens quasi-rationale Entscheidung fällen will, die sich auf Computerdaten stützt, muß ein Programm anwenden, von dem er nicht einmal näherungsweise weiß, wie es funktioniert. Das interessiert ihn gewöhnlich auch nicht; er nimmt das Programm so, wie es ist, und benutzt die damit gewonnenen Ergebnisse. Die Technologie hilft ihm bei der Entscheidungsfindung, nimmt sie ihm aber nicht ab.

Es sind ziemlich viele psychologische Methoden bekannt, die verblüffend viel Ähnlichkeit damit haben, wie der Anwender eines Programms seine Entscheidungen fällt. In diese Gruppe gehören Verfahren wie das Knobeln des Wirts oder das Herauszupfen von Blütenblättern, aber es gibt auch effiziente und raffiniertere Methoden, wie beispielsweise die verschiedenen *meditativen Techniken*. Diesen Methoden ist gemeinsam, daß sie oft das natürliche Wirken der – in ihren Einzelheiten unbekannten – innerpsychischen Kräfte erleichtern und auf unsere Fragen eine klare Antwort liefern, die uns die Entscheidung erleichtern kann; mit dieser Antwort können wir dann anfangen, was wir wollen. Die Ähnlichkeit zwischen entscheidungsstützenden Programmen und den meditativen Techniken liegt in der *Art ihrer Anwendung*: Auch wer im Wirtschaftsleben Entscheidungen fällen muß, kann wählen, ob er die ersten Ergebnisse des

Programms akzeptiert oder weitere Varianten ausprobiert und in welchem Ausmaß er die Ergebnisse berücksichtigt. Diese Ergebnisse sind jedoch selbst dann bedeutungsvoll, wenn der Entscheidungsträger schließlich die erwogenen Ergebnisse nicht direkt und bewußt in Betracht zieht, denn er kann nicht völlig außer acht lassen, daß er sie kennt.

Unsere Psyche ist ein noch raffinierteres Gebilde als selbst die kompliziertesten entscheidungsstützenden Programme. Sie hat zahllose ausgezeichnet funktionierende Fähigkeiten, ob es nun darum geht, wo man den Tennisball treffen soll, oder darum, Worte zu finden, die Behaglichkeit, Glück und Vergebung vermitteln. Wir wissen nicht, wie diese Fähigkeiten wirken, aber sie beruhen sicherlich auf viel allgemeineren Grundsätzen als jenen, die zur Lösung eines einzelnen spezifischen Problems nötig sind. Die wichtigste Frage ist für uns die folgende: Wie kann man diese allgemeinen Fähigkeiten so einsetzen, daß sie helfen, das jeweils aktuelle Problem zu lösen, und daß man das Ergebnis auch erfährt?

Den meisten meditativen Techniken (buddhistische Meditation, Entspannung, Gedankenkontrolle, Hypnose, Selbsthypnose, transzendentale Meditation etc.) ist gemeinsam, daß der Mensch seine ganze Aufmerksamkeit auf ein Objekt konzentriert, das an sich recht bedeutungslos ist. Dieses Objekt kann alles mögliche sein, ein Fleck an der Wand ebenso wie die eigene Fingerspitze.

Die Hypnose ist in der Liste meditativer Verfahren ein Kukkucksei, weil sie die einzige Methode ist, die die Gegenwart eines anderen Menschen (des Hypnotiseurs) voraussetzt. Aber es gibt praktisch keinen psychologischen oder physiologischen Unterschied zwischen meditativer Versenkung und dem Zustand, der von der Hypnose herrührt, wohl aber reichlich gemeinsame Kennzeichen, und deshalb wird die Hypnose oft zu den meditativ induzierten Trancezuständen gezählt.

Gewöhnlich verbinden wir Meditation mit Frieden und Stille, aber das ist nicht unbedingt so. Beispielsweise lag das Labor von Franz Anton Mesmer – dem deutschen Arzt, der als einer der ersten systematische Hypnoseverfahren entwickelte – über einer

Schmiede. Es gelang Mesmer, den Lärm der Schmiede in das Verfahren einzubauen, mit dem er einen hypnotischen Zustand erzeugte.

Die Hypnose eignet sich anscheinend deshalb besonders gut zur wissenschaftlichen Untersuchung von Bewußtseinszuständen, die durch meditative Techniken herbeigeführt werden, weil der Trancezustand hier von einem anderen Menschen erzeugt wird, die Versuchsbedingungen also besonders gut kontrolliert werden können. So kann der Hypnotiseur etwa immer den gleichen Text lesen. Dabei hat sich herausgestellt, daß selbst dann ein Trancezustand erzeugt werden kann, wenn die meisten Bedingungen, die man früher für unabdingbar hielt, nicht gegeben sind. Selbst körperliche und geistige Entspannung sind keine notwendigen Vorbedingungen.

Bei den von Éva I. Bányai und Ernest R. Hilgard durchgeführten Versuchen wurden die zu hypnotisierenden Menschen auf ein Fahrradergometer gesetzt, und die Hypnose wurde herbeigeführt, indem der Hypnotiseur – während die Versuchsperson immer heftiger in die Pedale trat – genau das Gegenteil von dem sagte, was bei der traditionellen Hypnose gesagt wird. Er sagte beispielsweise nicht: „Deine Augen sind müde vom Schauen. Deine Augenlider werden immer schwerer. Bald wirst du deine Augen nicht mehr offenhalten können. Bald werden sich deine Augen von selbst schließen. Deine Augenlider werden zu schwer. Deine Augen sind müde vom Hinschauen ...", sondern: „Das lange Pedaltreten bewirkt, daß deine Beine mühelos und automatisch treten. Deine Beine bewegen sich immer leichter. Bald kannst du nicht mehr damit aufhören. Bald bewegen sie sich von selbst. Die Beine treten immer weiter, und du kannst sie nicht anhalten. Die Beine werden durch das Treten immer frischer ..."

Der hypnotische Zustand trat bei Personen, die sonst auch auf Hypnose reagierten, selbst unter diesen Umständen ein: Das Verfahren bewährte sich etwa bei denselben Menschen und etwa im gleichen Maß, in dem die herkömmliche Hypnose wirksam war.

Etwa, aber nicht vollständig. Es gelang bei der aktiven Wachhypnose auf dem Fahrradergometer, einige Menschen in Trance zu versetzen, bei denen sich die herkömmliche Form der Hypnose nicht bewährte. Natürlich stimmt auch die Umkehrung: Einige Menschen waren für diese Methode weniger empfänglich, obwohl sie der traditionellen Form der Hypnose zugänglich waren. Nach Meinung der Großmeister der Hypnose kann jeder in diesen Trancezustand gelangen, wenn nur die für diese Person richtige Technik gefunden wird. Die herkömmlichen Methoden und das neue Aktiv-Wach-Verfahren bewähren sich bei vielen Menschen, wohingegen andere Menschen nur für andere Methoden empfänglich sind. Es gibt Menschen, die genau dann in Trance geraten, wenn sie sich in das Studium eines wissenschaftlichen Problems vertiefen. Wir verstehen die Wege der Meditation nicht. Bei fast jeder ihrer Techniken wird aber die Aufmerksamkeit stark fokussiert und konzentriert.

Wissenschaftliche Grundlagen meditativer Verfahren

Seit die Verfahren der sogenannten „Gedankenkontrolle", die auch als „mind control" oder „Bewußtseinskontrolle" bezeichnet wird, erforscht werden, ist man sich weitgehend einig, daß das Auftreten meditativer Bewußtseinszustände mit gewissen elektrischen Gehirnwellen (den sogenannten Alphawellen) zusammenhängt. Obwohl diese Art von elektrischen Gehirnwellen wirklich in den meisten Fällen mit meditativen Zuständen einhergeht, gibt es wissenschaftliche Erkenntnisse, die zeigen, daß sich auch ohne sie ein Trancezustand ausbilden kann. Die wissenschaftliche Theorie, die den Verfahren der Gedankenkontrolle zugrunde lag, hat sich als falsch erwiesen. Trotzdem haben sich die Verfahren der Gedankenkontrolle, die sich auf Alphawellen konzentrieren, bei vielen Menschen ausgezeichnet bewährt; vermutlich neigen wir dazu, uns auch dann von der Wissenschaft beeinflussen zu lassen, wenn wir nicht alle Einzelheiten verstehen, weil sie heute einen so guten Ruf hat und so viel Respekt genießt.

Letztlich kommt es nicht darauf an, ob wir uns auf Gott, das Universum, die Alphawellen oder unsere Fingerspitzen konzentrieren. Wichtig ist nur, daß wir unsere Aufmerksamkeit vollständig auf etwas konzentrieren, das für das Problem, das unsere Psyche zur Zeit beschäftigt, keinerlei Bedeutung hat. Es gibt viele Wege, Meditation zu lernen. Auch das Herauszupfen von Blütenblättern oder das Mogeln des knobelnden Wirts lassen sich als meditative Verfahren sehen.

Gedankenkontrolle und andere beliebte „schnelle und einfache" Methoden bewähren sich tatsächlich bei vielen Menschen. Dazu braucht man keine gesicherte wissenschaftliche Grundlage. Auch für einen Ingenieur beispielsweise ist die Theorie zweitrangig. Sie kann nützlich sein, wenn sie hilft, brauchbare Techniken zu entwickeln, und sie ist gewöhnlich wirklich hilfreich, weil sie das kreative Denken lenkt. Menschen, die mit wissenschaftlichen Theorien vertraut sind, können viele Sackgassen vermeiden. Aber für einen Techniker zählt letztlich, ob ein Gerät funktioniert oder nicht; solange etwas funktioniert, kann es ihm egal sein, ob die wissenschaftlichen Grundlagen des Wirkens unklar sind.

Auch falsche wissenschaftliche Theorien können revolutionäre Entdeckungen fördern. Im 17. Jahrhundert führte die grundfalsche Phlogistontheorie in der Metallurgie zu einer ganz neuen Entwicklung. Auch eine falsche wissenschaftliche Theorie kann als Grundlage für eine sich ausgezeichnet bewährende meditative Technik dienen, zumal dann, wenn noch keine geeignete wissenschaftliche Theorie zur Verfügung steht.

Einige Menschen können eigene meditative Techniken ohne spezielles Vorwissen oder Lernerfahrungen entwickeln und bei der Lösung schwieriger Lebenssituationen einsetzen. Es gibt Menschen, die mathematisch begabt sind – für sie werden mathematische Strukturen zu einem lebendigen und sinnvollen Ganzen, ohne daß sie darüber je etwas gelernt haben und obwohl der schulische Mathematikunterricht sich so sehr auf das Rechnen konzentriert –, und ähnlich gibt es Menschen, die für Meditation begabt sind. Sie entwickeln oft schon in der Kindheit eigene meditative Verfahren und wissen sie erfolgreich zu nutzen. Leider fördert unsere Kultur solche Begabungen viel weniger als mathematische, künstlerische oder sportliche Talente.

Ideomotorische Techniken

Wenn ein Meditierender eine ideomotorische Technik anwendet, beschließt er gewöhnlich im vorhinein, die Psyche solle ihm dann, wenn die Antwort auf seine Frage gefunden ist, durch eine automatische Bewegung ein Zeichen geben. Wenn beispielsweise die Antwort ja lautet, soll sich der Zeigefinger der linken Hand bewegen, und andernfalls soll sich der rechte Zeigefinger von selbst bewegen. *Ideomotorik* bedeutet, daß die Bewegung mit dem Gedanken eins wird. Es ist wie beim Autofahren. Bei hohen Geschwindigkeiten sollte man das Lenkrad nicht allzu bewußt drehen, weil man dann fast sicherlich übersteuert und das Auto das Gleichgewicht verliert. Es genügt schon, wenn man „nach rechts" denkt, und das Auto fährt wie von selbst nach rechts, weil es ideomotorisch gesteuert wird.

Ideomotorische Verfahren sind im Einklang mit der durch nicht wenige Experimente bestätigten Hypothese, daß das Denken der Psyche nicht mit Hilfe von Worten vor sich geht. Im Zustand tiefer Versenkung kann es große Schwierigkeiten bereiten, auch nur so einfache Worte wie „Ja" und „Nein" zu äußern. Außerdem wäre die vollständige Antwort, wenn sie wirklich einem gemischten Zustand der Psyche entspricht, nicht ein einfaches Ja oder Nein, sondern ein bestimmtes System von Wahrscheinlichkeiten. Die Wahrheit wird also von einem einfachen Ja oder Nein überdeckt. Die Lage ist tatsächlich viel komplexer, und nur die volle Beschreibung eines gemischten Zustands könnte die Wahrheit widerspiegeln. Diese jedoch würde die Entscheidung, die Wahl einer reinen Strategie, erschweren.

Eine andere bekannte Anwendung ideomotorischer Verfahren beruht auf der Vorstellung, die Alternativen befänden sich jeweils in der linken oder der rechten Körperhälfte. In diesem Fall kann die ideomotorische Reaktion in einem leichten (gelegentlich dennoch recht spektakulären) Zur-Seite-Lehnen bestehen. Dieses Verfahren hat den Vorteil, daß man sich die Alternativen nicht direkt vorzustellen braucht, sondern sie können auf einen Schirm projiziert werden, was die notwendige Distanzierung fördert.

Oft ist ein Pendel ein erfolgreiches Hilfsmittel beim Ausführen der ideomotorischen Reaktion. Man denke hier nicht an ein Zauberpendel; es genügt schon ein kleines Gewicht, das an einem Faden hängt. Gewöhnlich bestimmt man im voraus, was die verschiedenen Ausrichtungen der Pendelbewegung bedeuten sollen. So könnte die Bewegung zum Körper hin und von ihm weg „Ja" bedeuten, während die Bewegung nach rechts und links „Nein" bedeutet. Es ist ein Vorteil des Pendels, daß es selbst sehr kleine ideomotorische Bewegungen so verstärkt, daß sie beobachtbar werden. Dieses Verfahren wird auch benutzt, wenn wir nicht unmittelbar eine Antwort auf eine bestimmte Frage wünschen, sondern unsere Gefühle und Motivationen deutlich erkennen wollen. In diesen Fällen sind zwei weitere Reaktionen erlaubt: Das Pendel, das sich im Uhrzeigersinn dreht, bedeutet „Ich weiß es nicht", und die Drehung entgegen dem Uhrzeigersinn heißt „Ich möchte nicht antworten".

Das Pendeln hat sich als ein ausgezeichnetes Verfahren meditativer Erkenntnis erwiesen, obwohl es keinem bekannten wissenschaftlichen Gesetz folgt. Vielleicht ist die *Grundlage* und die zweifellos oft nützliche *Wirkung* der Legende des magischen Pendels und der Zauberstäbe darin zu suchen, daß einige Benutzer des Pendels ausgezeichnete meditative Begabungen haben und sehr kleine Anzeichen in ihrer Umwelt wahrnehmen können – die andere gar nicht bemerken –, während sie ihre unbewußten Entscheidungen fällen.

Das Pendeln eignet sich auch zur Distanzierung. Wer pendelt, braucht nicht einmal zu bemerken, daß eigentlich er, und nicht das Pendel, die Entscheidung traf. Die Anhänger des „magischen Pendelns" stellen im allgemeinen komplizierte, verwirrende und offensichtlich falsche „physikalische" Theorien darüber auf, was das Pendel wirklich bewegt. Trotzdem kann das Pendel in der Hand eines begabten Menschen „Wunder" vollbringen, genau wie ein Pinsel in der Hand eines begnadeten Künstlers.

Heute so, morgen so

Mit Hilfe meditativer Verfahren kann man von der Psyche eine mehr oder weniger endgültige Antwort erhalten, also eine reine Strategie, obwohl die Psyche von Natur aus in einem gemischten Zustand ist. In einem gewissen Ausmaß können wir mit Recht darauf vertrauen, daß diese Antwort von der Psyche auf der Grundlage ihrer besten, am subtilsten entwickelten Fähigkeiten gegeben wird. Aber da die Antwort auf einer gemischten Strategie beruht, kann sie unterschiedlich ausfallen, wenn die gleiche Frage häufiger gestellt wird, genau wie Elektronen, die unter den gleichen Umständen gefeuert werden, an verschiedenen Orten sind, wenn wir unsere Messungen wiederholen. Deshalb empfehlen die Meister der Meditation gewöhnlich, die gleiche Frage im Rahmen der Meditation nicht in zu kurzen Abständen mehrfach zu stellen. Der Sinn dieses auf Erfahrung beruhenden Rats läßt sich mit Hilfe der Spieltheorie gut erklären. Wenn wir einmal die optimale gemischte Strategie kennen und auf dieser Grundlage unsere Entscheidung gefällt haben, kann es die optimalen Wahrscheinlichkeiten verzerren und damit das ganze Verfahren sinnlos machen, wenn wir wiederholt würfeln (statt die Entscheidung zu akzeptieren).

Das widerspricht nicht der Beobachtung, daß die Psyche oft „in Schritten würfelt" oder sogar „mogelt", indem sie wiederholt würfelt, oder aber ohne Würfeln die Stimmung ändert, was auch mit Hilfe der Meditation geschehen kann. Man nimmt, was man hat. Wenn wir beispielsweise einen wirklichen sechsseitigen Würfel haben und mit einer Wahrscheinlichkeit von $1/36$ zu $35/36$ ja oder nein sagen möchten, können wir den Würfel seelenruhig zweimal werfen und nur dann ja sagen, wenn wir zweimal eine Sechs werfen. Auf diese Weise erhalten wir genau das gleiche Ergebnis, als wenn wir einen Würfel mit 36 Seiten geworfen hätten.

Meditative Erkenntnis verhilft nicht in einer konkreten Situation zur richtigen Lösung, sondern hilft nur, wenn die *Gesamtheit* unserer Entscheidungen, vielleicht unsere ganze Lebensweise in Betracht gezogen wird. Das ist kein Wunder, weil die

Situation auch in der rein rationalen Spieltheorie die gleiche ist. Wenn bei irgendeinem Spiel die optimale Strategie eine gemischte Strategie ist, dann gibt es keine einzig richtige Entscheidung, und die Richtigkeit einer bestimmten Strategie läßt sich nur über lange Zeit hin bestätigen. Man kann jedes Spiel mit der falschen Taktik gewinnen, aber das passiert nur gelegentlich; auf Dauer haben nur jene Erfolg, die eine gute Taktik anwenden.

All dies trifft für gesunde Menschen zu, die keine schwerwiegenden psychischen Probleme haben. Psychologen und Psychiater wenden meditative Verfahren an, um latente Faktoren aufzudecken (beispielsweise die unbewußte Wirkung eines vergessenen Kindheitstraumas), die den normalerweise gemischten Zustand der Psyche pathologisch stören, und um sie mit geschickten Methoden auszugleichen.

Aus dem gleichen Grund muß man bei der Psychoanalyse gesunder Menschen behutsam vorgehen. Wenn jemand in seiner normalen (also auf einer gemischten Strategie beruhenden) Lebensführung nicht behindert ist, kann die Psychoanalyse bei ihm Schaden anrichten, wenn sie Faktoren zutage fördert, die gut in seinen Mechanismen der Entscheidungsfindung und Lebensführung eingebaut worden sind, und wenn sie die bisher einigermaßen gut funktionierenden optimalen gemischten Strategien, die von selbst zu einem Gleichgewicht führen, stört und damit ihre Effizienz mindert.

Logik und Intuition

Wenn ein Problem im Rahmen der reinen Rationalität behandelt werden kann, lohnt es sich nicht, nach einer anderen Möglichkeit zu suchen. Auf diese Weise können wir nicht nur das Ergebnis in Erfahrung bringen, sondern auch genau wissen, woher wir unser Wissen haben. Unsere Ergebnisse können auch anderen genau erklärt werden, und da wir ebenfalls wissen, welcher Gedankengang zu eben diesem Ergebnis führte, können andere ihm auf der Grundlage unseres Berichts folgen. Deshalb sind logische, rationale Gedankengänge so überzeugend.

Es folgt aus Gödels Satz (S. 51), daß sich ein rationaler Ansatz nicht zur Lösung jedes Problems eignet, unabhängig davon, welchen speziellen Rationalitätsbegriff wir verwenden. Aber wir stehen viel häufiger vor praktischen Problemen als vor Gödelschen. Unsere Begriffe davon, wie die Natur oder unsere Psyche wirken, sind willkürliche menschliche Begriffe, und selbst stabile Begriffe wie Ort oder Geschwindigkeit sind möglicherweise nicht Ausdruck von Größen, die es in der Natur wirklich gibt. Je gründlicher wir die Wirkungsweise und die korrekten Anwendungen eines Begriffs kennen, um so unangenehmer ist es, wenn uns der Begriff irgendwie plötzlich im Stich läßt und nicht einmal mehr das einfachste Phänomen befriedigend erklärt. Aber das passiert nicht nur in der Quantenmechanik; selbst unsere mathematischen Grundbegriffe können verrückt spielen. Betrachten wir ein Beispiel:

Stellen wir uns vor, daß der knobelnde Wirt mogelt, aber nicht, indem er den Würfel falsch rollt, sondern indem er so lange würfelt, bis das Ergebnis, das ihm gefällt, die anderen überwiegt. Nehmen wir an, der Wirt wünsche sich im Grunde Kopf (eine gerade Augenzahl), würfele aber zuerst Zahl (eine ungerade Zahl).

Unsere *erste Frage* lautet: Wie sind die Chancen, daß er früher oder später aufhören kann zu würfeln, wenn er mit unendlicher Geduld den Würfel wirft, bis Kopf überwiegt? Dazu müssen wir berechnen, wann Kopf zuerst überwiegen kann. Das kann sich nach dem 3. oder 5. oder 7. oder 9. usw. Wurf ereignen – Kopf kann keinesfalls zum ersten Mal nach dem 2., 4. usw. Wurf in der Mehrheit sein. Wir führen die konkrete mathematische Berechnung hier nicht im einzelnen durch. Die Summe der unendlich vielen Wahrscheinlichkeiten wird 1 sein, wenn sie getrennt berechnet werden, was bedeutet, daß früher oder später Kopf mit einer Wahrscheinlichkeit von hundert Prozent überwiegen wird.

Unsere *zweite Frage* lautet so: Nach wie vielen Würfen ist zu erwarten, daß Kopf mit einer Wahrscheinlichkeit von hundert Prozent dominiert, wenn das doch früher oder später der Fall sein wird? Wie oft muß der Wirt zu würfeln bereit sein, wenn er als erstes Zahl erhält? Wenn unser Wirt zweimal Kopf wirft, nachdem er zunächst Zahl geworfen hat, ist er schon in der dritten Runde fertig, aber es ist wahrscheinlicher, daß Kopf erst später dominiert. Vielleicht überwiegt er auch nie, aber wir wissen schon, daß die Wahrscheinlichkeit dafür Null ist, deshalb brauchen wir diesen höchst unwahrscheinlichen Fall nicht zu erörtern. Um die zweite Frage zu beantworten, müssen wir wieder die Gleichung mit den ungeheuer vielen Termen zu Rate ziehen (wir übergehen sie hier wieder), und zu unserer größten Überraschung finden wir, daß die Summe unendlich ist.

Es folgt aus unserem logisch unanfechtbaren System, daß Kopf sicherlich einmal überwiegen wird, dieses Ereignis aber erst *nach unendlich langer Zeit* zu erwarten ist, also – mit aller Wahrscheinlichkeit – niemals.

Mein Gehirn versteht diese Rechnung ausgezeichnet, und ich weiß auch, daß das System, in dem wir die Berechnung anstellten, logisch fehlerfrei ist, aber ich verstehe das Ergebnis nicht. Hier versagen unsere millionenfach bewährten Begriffe. Und obwohl ich *weiß*, daß das Ergebnis richtig ist, verstehe ich nicht, wie es eine Welt geben kann, in der solche Verrücktheiten vorkommen.

Ich habe einige meiner Mathematikerfreunde, die diese Überlegung nicht kannten, gebeten, das Ergebnis ohne Rechnungen abzuschätzen, indem sie einfach ihrer mathematischen Intuition folgen. Die Mehrheit sagte auf beide Fragen die richtige Antwort vorher, aber niemand von ihnen konnte sie in gewöhnlichen menschlichen Begriffen erklären. Wenn sie von ihrer mathematischen Eingebung bestimmt waren, kamen sie zum richtigen Ergebnis, aber ihr nüchterner menschlicher Verstand begriff es ebenfalls nicht: Wie kann man erwarten, daß etwas einerseits mit Sicherheit eintritt und andererseits niemals? Wir vertrauen unser Leben den Ergebnissen ähnlicher Berechnungen an und sitzen friedlich in einem Flugzeug oder knipsen das Licht an, ohne diese einfache Frage beantworten zu können.

Die auf Meditation beruhende Erkenntnis führt zu genau entgegengesetzten Erfahrungen. Unsere Psyche gibt oft eindeutige, klar umrissene und nützliche Antworten, die unser Gehirn nicht versteht und die wir nicht rational erklären können. Logik und Intuition arbeiten in uns, indem sie einander ergänzen, aber keine von ihnen folgt aus der anderen, sie verstehen einander nicht (oder nur manchmal). Aber alles zusammen kann vollständig rational oder zumindest quasi-rational sein.

Das obige mathematische Beispiel hat verdeutlicht, daß das Motto dieses Kapitels („Mein Gehirn versteht es, ich aber nicht") ein wirkliches Phänomen beschreibt, aber es wurde aus der Analyse der Meditationsverfahren auch klar, daß das Gegenteil des Mottos („Ich verstehe es, aber mein Gehirn nicht") ein ebenso häufiges Phänomen ist. Wir erinnern uns an Niels Bohrs Worte: „Das Gegenteil einer richtigen Aussage ist eine falsche Aussage. Aber das Gegenteil einer tiefen Wahrheit kann sehr wohl eine andere tiefe Wahrheit sein." Logik und Intuition wirken in unserem Geist als Antithesen, als tiefe Wahrheiten.

Rationales Denken, das auf reiner, logischer Vernunft beruht, hält alles, was nicht darauf beruht, für irrational. Aber in einem tiefen meditativen Zustand wird die Logik, die reine Rationalität, als irrational abgetan, als etwas, das zu nichts führt. Wenn wir nicht über die Rationalität selbst sprechen wollen, sondern über die Psychologie der Rationalität, müssen wir auch über die *vernünftigen* Formen der Irrationalität reden, weil sie existierende psychologische Phänomene sind, die überhaupt nicht irrational sind.

13 Kollektive Rationalität

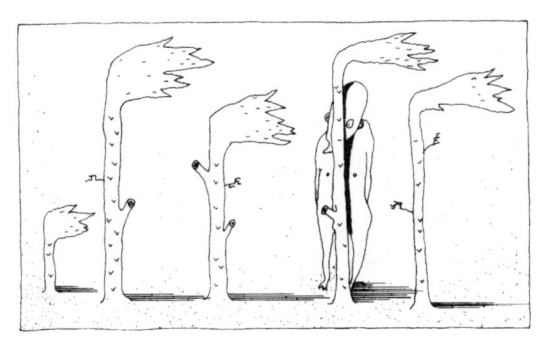

Man sucht dich zuerst im besten Versteck.

Die Herausgeber der Wissenschaftszeitschrift *Science 84* wollten 1984 ein Spiel ankündigen, bei dem sich jeder Leser um entweder 20 Dollar oder 100 Dollar bewerben konnte. Wenn sich weniger als 20 Prozent der Leser um 100 Dollar beworben hätten, hätte jeder den erbetenen Betrag bekommen. Wenn jedoch über 20 Prozent der Leser um 100 Dollar gebeten hätten, hätte niemand etwas erhalten. Leider wurde das Spiel nicht angekündigt, denn der Besitzer der Zeitschrift befürchtete einen großen Verlust, und auch Lloyd's fand das Spiel so riskant, daß die Firma die Zeitschrift nicht dagegen versichern wollte. Das alles wurde den Lesern schließlich erklärt, und das Spiel wurde in einer hypothetischen Form angekündigt. Die Leser wurden gebeten zu schreiben, um was sie sich beworben hätten, wenn ein solches Preisausschreiben stattgefunden hätte.

Obwohl nichts zu gewinnen war, kamen über 30 000 Zuschriften zurück. 65 Prozent baten um 20 Dollar, 35 Prozent um 100 Dollar. *Science 84* hätte also nichts zu bezahlen brauchen.

Das Versicherungsunternehmen war anscheinend übervorsichtig gewesen.

Isaac Asimov, der berühmte Science-fiction-Autor, schrieb vor der Veröffentlichung der Ergebnisse einen Brief an die Herausgeber. „Ein Leser wird gebeten, 20 Dollar anzukreuzen und sich für einen ‚netten Kerl' zu halten oder 100 Dollar zu erbitten und sich selbst *nicht* nett zu finden. In einem solchen Fall wird jeder die Möglichkeit wahrnehmen, sich das Etikett eines netten Kerls zu verschaffen, *da es kein Geld kostet.*" Vermutlich dachte Asimov so, weil der Wettbewerb im Anschluß an einen Artikel über Zusammenarbeit angekündigt wurde. Die Ergebnisse zeigen jedoch, daß Asimov unrecht hatte.

Wenn man die Ergebnisse kennt, kann man sagen, daß die Zeitschrift auch mit einer echten Ausschreibung kein besonders großes Risiko eingegangen wäre, denn wahrscheinlich hätten mindestens 35 Prozent der Teilnehmer auch dann 100 Dollar erbeten, wenn es um Geld gegangen wäre. Falls Asimovs Gedanke ein Körnchen Wahrheit enthält, hätten sogar noch mehr Personen 100 Dollar haben wollen.

Aus anderer Sicht ist das Risiko in einer solchen Situation jedoch wirklich groß. Je mehr Bewerber es gibt, um so mehr kann die Zeitschrift verlieren. Ein gieriger Millionär könnte Millionen von Briefen mit Bitten um 20 Dollar einschicken, womit er erreichen könnte, daß wirklich mindestens 80 Prozent der Bewerber um 20 Dollar bitten – und könnte so, nachdem er einige Millionen Dollar für Porto ausgegeben hat, einige Millionen Male 20 Dollar gewinnen. Die Herausgeber könnten das verhindern, indem sie die Einschränkung machen, daß ein Antrag nur dann akzeptiert wird, wenn ein Coupon aus der Zeitschrift mitgeschickt wird; damit ist der Zahl der Bewerber durch die Zahl der verkauften Exemplare eine Grenze gesetzt. Aber ein gutorganisiertes Unternehmen mit solidem Kapital (die Mafia etwa) könnte jedes Exemplar der Zeitschrift für 4,95 Dollar aufkaufen und 20 Prozent Anträge für 100 Dollar einschicken und 80 Prozent für 20 Dollar. Die Mafia würde selbst dann einen netten Gewinn einstreichen, wenn sie sehr vorsichtig (um nicht zu sagen „kooperativ") wäre und nur Bewerbungen um 20

Dollar einschickte. Dann wäre der Profit der Mafia auch dann ein paar bescheidene Millionen Dollar, wenn all jene, die außer der Mafia ein Exemplar der Zeitschrift ergattern konnten, um 100 Dollar gebeten hätten.

Die Leser könnten sich auch zu Fünfergruppen zusammentun und übereinkommen, daß jeweils vier Personen sich um 20 Dollar bewerben und der Fünfte um 100 Dollar. In diesem Fall würden genau 20 Prozent um 100 Dollar bitten, und jeder würde gewinnen. Dann würde sich jede Gruppe von fünf Antragstellern die 4 × 20 + 100 Dollar = 180 Dollar ehrlich teilen, und jeder würde $^{180}/_5$ = 36 Dollar Profit machen.

Obwohl das theoretisch möglich ist, kann man es praktisch als undurchführbar betrachten. Die Mehrzahl der Leser wird sich wahrscheinlich nicht so verbünden, sondern sich lediglich fragen, ob sie mitmachen soll und, wenn ja, mit welchem Betrag, um dann das Ergebnis abzuwarten und daraus einen Schluß zu ziehen. Damit wäre das Spiel für sie ganz ordnungsgemäß beendet, unabhängig davon, ob sie gewonnen hätten oder nicht. Und die Zeitschrift hätte ihren Lesern (ohne großen finanziellen Verlust) gegeben, was von ihr erwartet wird: eine kleine geistige Anregung. Das hätte dem Journal eine Versicherungssumme wert sein können.

Die Analyse des Spiels von *Science 84*

In vieler Hinsicht hat das Spiel von *Science 84* Ähnlichkeit mit dem Eine-Million-Dollar-Spiel des *Scientific American* in Kapitel 2. Auch dies ist ein Spiel mit gemischter Motivation, weil es einerseits im Interesse der Gemeinschaft der Spieler liegt, daß nicht mehr als 20 Prozent 100 Dollar beantragen, weil sonst niemand gewinnt, aber es andererseits im Interesse jedes einzelnen liegt, zu denen zu gehören, die 100 Dollar erhalten, falls jeder gewinnt.

Wenn nur 19 Prozent der Teilnehmer 100 Dollar ankreuzen, würde jeder, dem das Interesse der Allgemeinheit am Herzen liegt, bedauern, daß er nicht mehr verlangt hat, denn dann hätte er mehr gewonnen. Wenn jedoch etwa 25 Prozent der Leser um 100 Dollar gebeten hätten, hätte keiner der Bewerber Reue gefühlt, denn selbst wenn er persönlich bescheidener gewesen wäre, hätte sowieso niemand gewonnen. Also hätte keiner etwas dafür gekonnt, daß die Leserschaft von *Science 84* um einige Millionen Dollar ärmer wurde, denn die Verantwortung verteilte sich auf die vielen unverschämten Spieler, und der einzelne trug fast keine.

Ähnlich wie das Eine-Million-Dollar-Spiel und das Problem der Gemeindewiese, das wir in Kapitel 3 kennenlernten, ist auch dieses Spiel eine Falle. Das Spiel von *Science 84* hat jedoch eine ganz andere Struktur, denn es ist die Mehrpersonenfassung von Chicken (S. 88). Für mich als einzelnen ist es am günstigsten, wenn ich teilnehme und um 100 Dollar bitte und wenn die anderen kooperieren. Der zweitbeste Fall ist, wenn ich kooperiere und weitere 80 Prozent das auch tun, denn dann gewinne ich immer noch 20 Dollar. Der schlimmste Fall tritt ein, wenn außer mir mehr als 20 Prozent der anderen um 100 Dollar bitten, denn dann gewinnt niemand etwas. Es ist nur ein wenig besser, wenn ich kooperiere und mehr als 20 Prozent der anderen rivalisieren, denn auch dann gewinnt zwar niemand etwas, aber ich kann mich selbst als moralischen Sieger bezeichnen. Alle anderen Spieler kommen zu dem gleichen Schluß. Die Auszahlungsmatrix entspricht der von Chicken.

Auch daran sehen wir, daß das Spiel von *Science 84* eine richtige Falle ist. In solchen Situationen fordert der kategorische Imperativ, daß das ethische Verhalten eine gemischte Strategie befolgt. Welche gemischte Strategie könnte das sein?

Wie wir am Ende des vorigen Kapitels sahen, ist unsere mathematische Intuition recht fehlbar. Das zeigt auch das Spiel von *Science 84*. Viele Menschen, die mit dem Begriff der gemischten Strategie vertraut sind, denken vermutlich, es sei am besten, sich mit einer Wahrscheinlichkeit von 20 Prozent um 100 Dollar zu bewerben (beispielsweise, indem sie einen fünfseitigen Würfel werfen und nur dann 100 Dollar ankreuzen, wenn der Würfel eine Fünf zeigt). Aber diese Strategie ist weit davon entfernt, optimal zu sein.

Wenn jeder mit einer Wahrscheinlichkeit von 20 Prozent 100 Dollar beantragt, ist die Chance, daß keiner etwas gewinnt, etwa 50 Prozent, weil es allein aufgrund des Zufalls ebenso wahrscheinlich ist, daß etwas mehr oder etwas weniger als 20 Prozent der Menschen 100 Dollar erbitten. Wenn die Spieler sich etwas mehr zurückhalten, nimmt die Wahrscheinlichkeit, daß keiner gewinnt, radikal ab. Wenn es 10 000 Teilnehmer gibt, besteht die optimale Strategie darin, daß alle mit einer Wahrscheinlichkeit von etwa 18 Prozent um 100 Dollar bitten. In diesem Fall liegt die Wahrscheinlichkeit, daß niemand gewinnt, unter 1:1000, während die Chance jener, die um 100 Dollar bitten, nur wenig sinkt.

Das Ergebnis ist noch überraschender, wenn sich nur fünf Spieler beteiligen. In diesem Fall besteht die optimale gemischte Strategie darin, daß jeder mit einer Wahrscheinlichkeit von nur 10 Prozent 100 Dollar beantragt. Wenn jeder mit einer Wahrscheinlichkeit von 20 Prozent 100 Dollar beantragte (was unser Gefühl uns nahelegt), würde bei der Hälfte der Spiele niemand etwas gewinnen, und der erwartete Gewinn wäre für jeden einzelnen auf die Dauer 18 Dollar, also weniger, als wenn jeder bescheiden 20 Dollar erbeten hätte. Wenn jedoch jeder mit einer Wahrscheinlichkeit von nur 10 Prozent 100 Dollar erbittet, steigt der mittlere Profit jedes einzelnen pro Runde auf über 25 Dollar.

Bevor wir den Gedankengang fortsetzen, der mit dem Spiel von *Science 84* begann, möchte ich mein Versprechen aus Kapitel 2 einlösen und berichten, was im Eine-Million-Dollar-Spiel des *Scientific American* passierte.

Das Ergebnis des Eine-Million-Dollar-Spiels

Wahrscheinlich hatte der *Scientific American* das Gefühl, das Eine-Million-Dollar-Spiel sei zu riskant, denn der Wettbewerb wurde in einer etwas anderen Form angekündigt als in Kapitel 2 beschrieben. Der Unterschied war klein, aber wesentlich: Jeder Teilnehmer konnte in einem einzigen Brief angeben, wie oft er mitmachen wollte. Er mußte also sagen, wie oft er spielen wollte.

Wenn jemand beispielsweise 1000mal spielen wollte, stiegen seine Gewinnchancen um das 1000fache, aber die Geldmenge, die er pro Antrag gewinnen konnte, sank auf höchstens 1000 Dollar. Auf diese Weise schien den Herausgebern das Spiel nicht zu riskant zu sein, denn sie konnten sicher sein, daß mindestens ein Spieler teilnehmen würde, der das Spiel für alle verdarb. Und so war es auch. Es gab Spielverderber. Nicht nur einen.

Es gingen über 2000 Anträge ein. Wir halten fest, wie viele Menschen jeweils welche Zahlen nannten:

    1 – 1133
    2 – 31
    3 – 16
    4 – 8
    5 – 16
    6 – 0
    7 – 9
    8 – 1
    9 – 1
  10 – 49
 100 – 61
1000 – 46

33 Menschen schrieben eine Million, 11 schrieben eine Milliarde. Außerdem schrieben 9 Spieler 10 zur 100. Potenz, 14 sogar die 100. Potenz von 10^{10}, und es wurden noch andere astronomische Zahlen genannt.

Die Einsender so großer Zahlen können mit Recht Spielverderber genannt werden. Für sie interessiert sich die Spieltheorie überhaupt nicht, wohl aber aus anderer Sicht die Psychologen. Viele Spielverderber wollten in diesem Fall das Spiel eigentlich nicht verderben, sondern sich vielmehr gegenüber dieser angesehenen Zeitschrift mit ihrem Wissen brüsten. Einige Menschen gaben kompliziert definierte gigantische Zahlen an, beispielsweise Zahlen aus dem mathematischen Beweis für Gödels Satz oder die Avogadrosche Zahl. Wieder andere wollten einfach gewinnen und waren auch mit 0 Dollar zufrieden. Je größer die Zahl, die jemand schrieb, um so größer waren seine Gewinnchancen, auch wenn er nur einen winzigen Bruchteil eines Cents erhielt. Der *Scientific American* jedoch hatte für diese Bemühungen nichts übrig und führte keine Ziehung durch, sondern teilte mit, daß nichts da sei, was man dem Gewinner geben könne.

Der holländische Kulturhistoriker Johan Huizinga schreibt in seinem Buch *Homo ludens*: „Der Spielverderber ist etwas ganz anderes als der Falschspieler. Dieser stellt sich so, als spielte er das Spiel, und erkennt dem Scheine nach den Zauberkreis des Spiels immer noch an. Ihm vergibt die Spielgemeinschaft seine Sünde leichter als dem Spielverderber, denn dieser zertrümmert ihre Welt selbst. (...) Darum muß er vernichtet werden, denn er bedroht die Spielgemeinschaft in ihrem Bestand. (...) Auch in der Welt des hohen Ernstes haben es die Falschspieler, die Heuchler und Betrüger immer leichter gehabt als die Spielverderber: die Apostaten, die Ketzer und Neuerer und die in ihrem Gewissen Gefangenen."

Die Spielverderber beim Eine-Million-Dollar-Spiel brauchten die Rache der Leser überhaupt nicht zu befürchten, sondern konnten risikofrei handeln, und vielleicht war ihr Anteil deshalb so groß. Aber wie ist es mit jenen, die nur kleine Zahlen schrieben oder bescheiden nur einen einzigen Antrag einschickten? Auch mit ihnen rechnete D. R. Hofstadter, der geistige Vater des Spiels, ab: „Seltsamerweise haben sich viele, wenn nicht die meisten der Menschen, die nur einen Eintrag einschickten, selbst auf die Schulter geklopft, weil sie sich ‚kooperativ' verhielten. Unsinn! Die wahren Kooperativen waren unter jenen etwa 10 000 begeisterten Lesern, die die richtige Zahl der Würfelseiten mit Hilfe einer Zufallszahlentabelle oder etwas Vergleichbarem berechneten und das Ergebnis dann – höchstwahrscheinlich – erwürfelten. Ihre Beiträge waren mir hochwillkommen. Es ist gerade eben vorstellbar, daß unter den über tausend Eingängen mit einer 1 einer von einem superrationalen Kooperator kam – aber ich bezweifle es. Die Menschen, die sich, ohne zu würfeln, aus der Affäre zogen, würde ich als wohlmeinend, aber etwas faul bezeichnen, nicht wirklich als kooperativ – sie sind wie jene, die für eine politische Sache Geld spenden, sonst aber nichts damit zu tun haben wollen. Das ist die faule Art, sich für kooperativ zu halten."

In diesem Buch behaupten wir genau das Gegenteil von dem, was Hofstadter mit seinem letzten Gedanken sagt. Weder die Natur noch menschliches Denken verwirklichen den Zufall durch das Würfeln wirklicher Würfel, *selbst wenn sie eine optimale gemischte Strategie befolgen.* Die Natur erreicht das unter anderem durch die Mechanismen der Quantenphysik und Genetik, und auch durch das, was sie in unserem Denken entwickelt hat, wenn wir unsere Entscheidungen aufgrund unserer Launen und Gefühle treffen, oftmals ohne aufmerksames und vernünftiges Nachdenken, oder wenn wir uns auf eine nicht völlig rationale Denkweise wie etwa eine meditative Technik verlassen. Wir verlassen uns auf Methoden, die Hofstadter „faul" nennt. Aber wenn uns diese Methoden helfen, eine annähernd optimale gemischte Strategie zu verwirklichen, können wir sie auch ökonomisch, effizient und schnell nennen. Das aber zeigen die tatsächlichen Ergebnisse nicht auf den ersten Blick.

Die verborgenen Ziele des Spiels

Daß es so viele Spielverderber gab, könnte daran gelegen haben, wie der Wettbewerb lanciert wurde. Hätte der *Scientific American* den Wettbewerb in seiner ursprünglichen Form angekündigt, hätte das den Spielverderbern den Boden unter den Füßen weggezogen, denn es hätte sich nicht gelohnt, Millionen von Dollar für Briefmarken auszugeben. In diesem Fall hätte das Spiel den *Scientific American* einige hundert Dollar gekostet – das hätte sich die Zeitschrift vermutlich leisten können –, aber das war nicht vorherzusehen. Jedenfalls hat das Spiel so, wie es verwirklicht wurde, als ein psychologisches Experiment nur begrenzte Bedeutung, denn in ihm vermischten sich zwei unterschiedliche Spiele: Das Ziel des einen war das Spielverderben, das des anderen gewöhnliches Spielverhalten. Aber lassen wir die Spielverderber außer acht und auch die Tatsache, daß die Möglichkeit, das Spiel verderben zu können, Einfluß auf das

Verhalten der anderen Spieler gehabt haben könnte, und untersuchen wir, was am Verhalten der Gesamtheit der anderen Spieler rational oder irrational genannt werden kann.

Selbst wenn wir die wenigen hundert Spielverderber nicht berücksichtigen, ist die Zahl der gut tausend Teilnehmer, die sich nur einmal oder nur wenige Male bewarben, noch weit vom Optimum entfernt. Die rein rationalen Überlegungen in Kapitel 2 haben gezeigt, daß der *Scientific American* damit hätte rechnen müssen, mehr als eine halbe Million Dollar zu verlieren, wenn alle Spieler die optimale gemischte Strategie gespielt hätten, und seine Chancen, nicht viel zahlen zu müssen, wären gering gewesen. Die über 1100 einzelnen Anträge beweisen, daß die Leserschaft weit davon entfernt war, diese optimale gemischte Strategie zu verwirklichen.

Andererseits wäre die Freude der Gewinner nicht völlig getrübt worden, wenn es nur diese Einsendungen gegeben hätte. Die Freude wäre dann etwa die gleiche gewesen wie bei anderen, bescheidener dotierten Preisausschreiben: Man freut sich ungemein, wenn man einige hundert Dollar gewinnt; ein Gewinn von einer Million Dollar gehört eher in das Reich der Träume. Wenn wir durch die Art der Ankündigung des Preisausschreibens alle Spieler, auch die Spielverderber, freundlich stimmen wollten, können wir schließen, daß die Gesamtheit der Spieler nicht verdorben war, denn insgesamt ließ sich schließlich doch etwas kollektive Rationalität erkennen.

Nehmen wir für einen Augenblick an, daß die Einstellung der Spieler der jenes schlagfertigen Vagabunden gliche, dem einmal für eine Dienstleistung 2000 Dollar geboten wurden und der daraufhin sagte: „Gib mir 20 Dollar. Soviel Geld habe ich schon mal gesehen." Der *Scientific American* sollte also nicht eine Million Dollar bieten, sondern nur tausend Dollar – mit einem solchen Gewinn kann ich umgehen. In diesem Fall könnten wir schließen, daß die Spieler auch ohne Würfeln der optimalen gemischten Strategie ziemlich nahe kämen.

Wir können diese Annahme zwar nicht experimentell belegen, aber viele ähnliche psychologische Experimente haben gezeigt, daß die Einstellung des Landstreichers weitverbreitet ist.

Der psychologische Effekt eines Reizes ist nicht direkt proportional zu seiner Größenordnung. Das schon vor fast 150 Jahren aufgestellte Weber-Fechnersche psychophysikalische Grundgesetz macht eine Aussage darüber, wie stark wir einen Reiz im Vergleich mit einem schon existierenden Zustand empfinden, und sagt, daß die subjektiv empfundene Intensität eines Reizes proportional ist zum *Logarithmus* der physikalischen Stärke des Reizes. Die Verdopplung des Reizes kann also die Empfindung um nur eine Einheit vergrößern, und die nochmalige Verdopplung des Reizes vergrößert die Empfindung wieder nur um eine einzige Einheit. Dieses Gesetz gilt für die subjektive Empfindung relativer Gewichte und Lichtintensitäten genauso wie für Belohnungen in Form von Geld oder Strafen und sogar für die Wirkungen von Arzneimengen. Wir vergleichen in diesen Fällen unabsichtlich mit einem schon existierenden Zustand, beispielsweise unserem jetzigen finanziellen Status oder unserer körperlichen Verfassung. Als Volkswirtschaftler im Gleichgewichtsmodell von Arrow-Debreu den Satz vom abnehmenden Ertragszuwachs vermuteten, freuten sie sich, als sie bei der Bestätigung ihrer Annahme auf das Weber-Fechnersche Gesetz stießen.

Nach diesem Gesetz macht es subjektiv vielleicht keinen sehr großen Unterschied, ob man tausend oder eine Million Dollar gewinnt: Der Unterschied ist sicherlich weit vom Faktor tausend entfernt. Dennoch ist er offensichtlich wesentlich, und deshalb war unsere frühere Annahme sicher übermäßig wohlwollend, aber nicht vollständig unrealistisch. Im Fall des Eine-Million-Dollar-Spiels könnte es das eigentliche, subjektive, verborgene Ziel des Spiels sein, zu gewinnen *und* einige hundert Dollar einzustreichen, und nicht lediglich, die Freude des Gewinnens zu genießen. Wenn das zutrifft, haben die Spieler als Gruppe ein ziemlich rationales Verhalten an den Tag gelegt.

Versteckte Lotterie

Zur Bestätigung der vorausgehenden Überlegungen wären unmittelbarere, weniger spekulative Belege wünschenswert. Dazu habe ich mir ein Spiel ausgedacht, das ich „Versteckte Lotterie" nenne.

Bei diesem Spiel müssen auf einem Lottoschein mit 7 mal 7 Feldern 6 Zahlen zwischen 1 und 49 angekreuzt werden. Der Gewinner wird nicht, wie bei einer gewöhnlichen Lotterie, durch das Los bestimmt, sondern ist derjenige, dessen Zahlen denen der anderen Spieler am wenigsten ähneln. Genauer: Wir errechnen bei jedem Spieler, wie viele Spieler die gleichen Zahlen angekreuzt haben wie er, und erklären den Spieler mit der kleinsten Summe zum Gewinner.

Wir haben dieses Spiel wiederholt in kleinen Gruppen von zehn bis dreißig Personen erprobt und auch in der ungarischen Zeitschrift *Élet és Tudomány* (Leben und Wissenschaft) veröffentlicht. Daraufhin erhielten wir 236 Zuschriften. In der Tabelle finden Sie die Zahl der Spieler, die die jeweilige Zahl angegeben haben.

Obwohl die Häufigkeit der einzelnen Zahlen nicht als zufällig bezeichnet werden kann, sind sie nicht weit von der Zufälligkeit entfernt. Zum Vergleich zeigen wir auch die Häufigkeit der Zahlen an, die in der ungarischen Lotterie (5 aus 90) seit ihrem Anfang 1957 bis 1995 gezogen wurden.

1	2	3	4	5	6	7
39	40	30	29	30	33	36
8	9	10	11	12	13	14
28	14	26	31	19	35	26
15	16	17	18	19	20	21
27	22	45	26	36	30	29
22	23	24	25	26	27	28
23	36	24	28	34	28	32
29	30	31	32	33	34	35
30	24	40	31	20	21	17
36	37	38	39	40	41	42
17	31	21	27	26	26	25
43	44	45	46	47	48	49
39	28	23	18	42	37	37

Die zweite Tabelle verdeutlicht, wie groß die Schwankungen sind, zu denen der blinde Zufall selbst bei einer so großen Zahl von Zügen (über 2000) führen kann. Man kann auch exakt berechnen, daß das Gesamtergebnis der Spieler, die Versteckte Lotterie spielten, nicht weit von dem entfernt war, das sich ergeben hätte, wenn alle Spieler sich blind auf den Zufall verlassen hätten.

1	2	3	4	5	6	7	8	9	10	11	12	13	14	15
117	96	142	112	100	118	129	117	110	138	108	130	136	114	127
16	17	18	19	20	21	22	23	24	25	26	27	28	29	30
114	107	132	122	119	119	123	131	121	120	104	100	100	142	95
31	32	33	34	35	36	37	38	39	40	41	42	43	44	45
97	116	115	130	120	124	117	119	97	97	118	131	118	111	117
46	47	48	49	50	51	52	53	54	55	56	57	58	59	60
123	135	113	133	114	133	109	114	117	108	132	107	101	106	123
61	62	63	64	65	66	67	68	69	70	71	72	73	74	75
110	107	98	137	125	114	120	110	133	100	119	117	117	109	143
76	77	78	79	80	81	82	83	84	85	86	87	88	89	90
117	138	122	115	115	121	105	115	122	108	141	112	94	107	122

Aber was hat das mit kollektiver Rationalität zu tun? Nehmen wir an, das Überleben einer Art hinge davon ab, daß die Artgenossen gelegentlich beim Spiel Versteckte Lotterie gewinnen, bei dem aber auch andere Tierarten mitmachen. Wenn die Individuen einer gegebenen Art bestimmte Zahlen immer wieder ignorierten, ermöglichten sie damit den Tieren einer rivalisierenden Art, häufiger zu gewinnen. Die klügeren Rivalen würden diese Zahlen nicht häufiger ankreuzen, weil das die eigenen Chancen vermindern würde, sondern alle Zahlen mit gleicher Wahrscheinlichkeit ankreuzen, auch jene, die die weniger Gescheiten weniger oft ankreuzen. Da die ignorierten Zahlen weiterhin Gewinnzahlen sind und weil die schlauere Art sie sehr wohl ankreuzt, würden die Gewinner häufiger aus der schlaueren Art stammen. Die schlauere Art erhielte also einen Vorteil gegenüber der weniger gescheiten.

Bei einem Spiel ist eine Zufallsstrategie eine *evolutionär stabile Strategie*, weil sie unter den Individuen einer Art weitverbreitet ist und keine andere Strategie erfolgreicher sein kann; sie kann also für die rationalste Strategie gehalten werden.

Die Gruppe der 236 Spieler, die an *Élet és Tudomány* schrieben, haben diese optimale Strategie recht gut verwirklicht. Aber vermutlich haben nur sehr wenige Spieler ihre Zahlen rein zufällig gewählt. Die meisten, vielleicht sogar alle Spieler wählten ihre Zahlen aufgrund irgendeiner Überlegung, zu der sie nicht unmittelbar einen Würfel brauchten. Da die einzige vernünftige Strategie die zufällige Wahl ist, bedeutet dies auch, daß der Gedankengang der meisten Spieler – wie immer er auch ablief – nicht für rational gehalten werden kann. Trotzdem kann das kollektive Ergebnis aus höherer Sicht (nämlich aus der Sicht einer evolutionär stabilen Strategie) als ziemlich rational betrachtet werden.

Unsere Experimente mit kleinen Gruppen führten zu ähnlichen Ergebnissen. In diesen Gruppen fragten wir mehrere Spieler, nach welchen Grundsätzen sie die Zahlen gewählt hatten. Keine unserer Versuchspersonen hatte ihre Entscheidung allein dem blinden Zufall überlassen, sondern alle hatten eine Art logisch gestützter Überlegung angestellt, also etwa versucht, die sogenannten „Glückszahlen" oder die Eckzahlen (oder auch die Zahlen in der Mitte) des 7 × 7-Quadrats zu vermeiden, weil sie mehr ins Auge fallen und deshalb vermutlich von anderen öfter gewählt werden würden. Andere wählten genau diese Zahlen, weil sie meinten, die anderen würden sie eher ignorieren. Ziemlich viele Spieler machten sich nicht die Mühe zu verstehen, um was es bei diesem Spiel ging, sondern kreuzten nur die ersten Zahlen an, die ihnen in den Sinn kamen, oder auch ihre Lieblingszahlen.

Bei einer Fassung des Spiels enthielt die 7 × 7-Matrix keine Zahlen, sondern die Spieler sollten nur 6 der 49 leeren Quadrate ankreuzen, während bei einer anderen Fassung des Spiels die Spieler sechs Zahlen zwischen 1 und 49 auswählen mußten, ohne eine Matrix. In diesen beiden Fällen war das kollektive Ergebnis viel weniger zufällig, als wenn sowohl arithmetische als auch geometrische Aspekte vorhanden waren. Praktisch können sich die Spieler als Kollektiv der optimalen gemischten Strategie um so mehr annähern, je mehr Aspekte sie berücksichtigen können. Im allgemeinen müssen bei den Problemen des wirklichen Lebens sehr viele Aspekte in Betracht gezogen werden, die den Menschen oft gar nicht bewußt sind. Das führt zu einer noch größeren Vielfalt der Denkweisen, deren Summe schon zu optimalen, evolutionär stabileren kollektiven Strategien führen kann. Um diesem noch weiter auf die Spur zu kommen, lohnt es sich jedoch, ein komplexeres Spiel zu untersuchen.

Die kleinste Einzelzahl gewinnt

Beim Spiel Versteckte Lotterie war die mathematische Formel für die evolutionär stabile Strategie außerordentlich einfach: Die Wahrscheinlichkeit dafür, daß eine bestimmte Zahl angekreuzt wurde, war für alle Zahlen gleich. Wir hätten die Zahlen beispielsweise aus einem Hut ziehen können. Diese beschämend einfache Strategie kann optimal sein, weil die Spielregeln nicht zwischen den Zahlen unterscheiden. Die Spieler dagegen unterscheiden sehr wohl beispielsweise zwischen den Zahlen an den Ecken oder in der Mitte des Quadrats oder den Glückszahlen. Diese Unterscheidung folgt jedoch nicht direkt aus den Spielregeln, sondern aus der Tatsache, daß die Spieler Annahmen über die möglichen Strategien der anderen Spieler machen, während sie über die zu wählenden Zahlen nachdenken. Wie wir gesehen haben, ist dieses Verfahren nicht rational, auch wenn es noch so logisch aussehen mag, weil die einzige rationale Strategie die zufällige Auswahl ist. Aber die Summe dieser nichtrationalen Strategien näherte sich der optimalen gemischten Strategie an. Deshalb können wir diese Gedankengänge für mehr oder weniger quasi-rational halten.

Die optimale gemischte Strategie des Spiels „Die kleinste Einzelzahl gewinnt" ist keineswegs so einfach. Dieses in der ungarischen Rätselzeitschrift *Füles* veröffentlichte Spiel wird nach den folgenden Regeln gespielt: Die Teilnehmer des Spiels sollten auf einem Coupon der Zeitschrift eine einzelne ganze Zahl einsenden. Der Gewinner ist der Spieler, der die kleinste Zahl einschickt, die von niemandem sonst eingeschickt wurde (also die kleinste einzelne Zahl).

Bei diesem Spiel haben die Zahlen bereits eine „Persönlichkeit". Die kleinen Zahlen sind reizvoll, weil die Chancen dann, wenn wir zufällig als einziger diese Zahl einsenden, gut stehen, daß unsere Zahl die kleinste unter den einzelnen Zahlen sein wird. Aber auch große Zahlen haben eine Anziehungskraft, weil es leicht passieren kann, daß jeweils mehrere Spieler die gleichen kleinen Zahlen wählen und wir mit einer ziemlich großen Zahl gewinnen können. Selbst mit einer Million. Aber wenn jemand noch gescheiter ist und die Zahl 999 999 einschickt, gewinnt er und nicht wir. Oder sollten wir noch schlauer sein und eine kleinere große Zahl einschicken? Auf diese Weise kommen wir bald wieder zu kleinen Zahlen.

Auch bei diesem Spiel gibt es keine Gewinnzahl, denn jede Zahl kann gewinnen, je nachdem, was die anderen wählen. Aber es könnte selbst bei diesem Spiel eine evolutionär stabile Strategie geben, nämlich eine gemischte Strategie, nach der jede Zahl mit einer gewissen Wahrscheinlichkeit gewählt wird, die aber nicht für alle Zahlen die gleiche ist.

Nehmen wir einmal an, das biologische Überleben hinge vom Gewinn in dem Spiel „Die kleinste Einzelzahl gewinnt" ab, wobei Zahlen zwischen 1 und 1 000 000 gewählt werden können. Wenn die Mitglieder einer Art jede Zahl gleich häufig wählen, gewinnen häufiger die Angehörigen einer anderen Art, die mit größerer Wahrscheinlichkeit kleinere Zahlen aussuchen.

Es ist sehr schwer, die evolutionär stabile Strategie des Spiels „Die kleinste Einzelzahl gewinnt" mathematisch genau zu berechnen, aber sie läßt sich mit Hilfe einer Computersimulation recht gut abschätzen. Bei der Simulation kommt es darauf an, daß wir mit einer hypothetischen Population beginnen, in der die Anteile jener Individuen, die immer 1 oder immer 2 oder immer 3 usw. wählen (bis zu 1 000 000), gleich groß sind. Dann wählen wir zufällig einige von ihnen aus (etwa so viele wie die Zahl der Spieler, die sich am Wettbewerb der Zeitschrift *Füles* beteiligten) und suchen nach dem Gewinner. Die Gruppe der Gewinner wird um eins größer, weil eines ihrer Mitglieder durch das Gewinnen einen Überlebenswert erhielt. Natürlich nimmt dessen eigene Überlebenschance in den nächsten Spielen etwas ab, weil damit die Wahrscheinlichkeit zunimmt, daß in der nächsten Spielgruppe zwei oder mehr von dieser Art ausgewählt werden, also nicht gewinnen können. Wenn dieses simulierte Spiel im Computer einige Millionen Male gespielt wird, werden die relativen Anteile der Vertreter der unterschiedlichen Zahlen immer deutlicher und zuverlässiger erkennbar – und auf diese Weise wird die evolutionär stabile Strategie immer genauer aufgezeigt.

Jetzt stellt sich die Frage, wie die Spieler von *Füles* sich dieser evolutionär stabilen Strategie annäherten. Wie gut entspricht also die Häufigkeit der von den Spielern eingesandten Zahlen den Anteilen, die die Computersimulation ergab? Wenn die Ähnlichkeit groß ist, können wir schließen, daß viele Spieler, die nicht rational denken, wenn sie allein sind, auch bei diesem Spiel im Kollektiv eine sehr rationale Strategie erzeugten.

Bei dem von *Füles* ausgeschriebenen Wettbewerb gingen 8192 Einsendungen ein. Die Gedankenvielfalt der Spieler zeigt sich daran, daß über 2000 verschiedene Zahlen eingesandt wurden. Die Gewinnzahl war 120; mit Ausnahme der Zahl 94, die nur zwei Spieler einschickten, wurde jede kleinere Zahl von mindestens vier Teilnehmern eingesandt. Hier interessiert uns nur das Kollektivverhalten der Spieler.

Wenn man die Zahlen einzeln untersucht, ist das Ergebnis des Wettbewerbs sehr verschieden von dem der theoretischen optimalen gemischten Strategie, die man durch Computersimulation erhält. Beispielsweise waren zwei Drittel der Einsendungen ungerade Zahlen, obwohl die ungeraden und geraden Zahlen in der evolutionär stabilen Strategie etwa in gleichen Anteilen vorkommen. Glückszahlen (7, 13, 17, 21 usw.) und 1 kamen ebenfalls häufiger vor, als die evolutionär stabile Strategie gerechtfertigt hätte. Wenn wir von diesen Zahlen absehen und die übrigen Zahlen in Zehnergruppen zusammenfassen (und so die lokalen Häufigkeitsschwankungen von Zahlen wegmitteln, die unterschiedlich enden), entsprechen die verbleibenden achtzig Prozent der Spieler ziemlich genau der evolutionär stabilen Strategie.

Die Spieler bei diesem Spiel demonstrierten also auch so irrationale Denkweisen wie die Wahl magischer Zahlen oder „Ich werde verrückt, wenn niemand eine 1 einschickt, nicht einmal ich". Aber es wurde auch deutlich, daß das kollektive Denken von etwa achtzig Prozent der Spieler als quasi-rational bezeichnet werden kann. Wir wissen: Jeder Gedankengang, der nicht auf einer zufälligen Wahl beruht, kann nicht als *rein rational* betrachtet werden! Beispielsweise wurde der Reiz der kleinen und großen Zahlen bei den vielen Überlegungen der Spieler kollektiv gut neutralisiert. Deshalb kann man sie rational nennen – obwohl sie offensichtlich nicht rational sind.

Natürlich sollten aus psychologischer Sicht viele Gedankengänge zu einem Ergebnis führen wie etwa: „Ich sollte eine Zahl zwischen 160 und 170 einschicken", aber die Mittel unserer jetzigen Untersuchung sind nicht raffiniert genug, und wenn wir die evolutionär stabile Strategie analysieren, können wir alle diese Strategien zu einer einzigen Strategie zusammenfassen. Mit diesem Wissen ist es um so überraschender, daß die Mehrheit der Menschen mit bemerkenswerter Genauigkeit eine evolutionär stabile Strategie hervorbrachte. Man kann es auch anders sehen: Mit Hilfe des Begriffs der evolutionär stabilen Strategie können wir das kollektive Verhalten von Menschen bei Spielen wie „Die kleinste Einzelzahl gewinnt" oder Versteckte Lotterie vorhersagen oder auch, wie wir in Kapitel 9 sahen, in Teilbereichen der Volkswirtschaft, die allein durch die Gesetze des freien Markts bestimmt werden.

Die Mittel der kollektiven Rationalität

Bei Versteckter Lotterie oder „Die kleinste Einzelzahl gewinnt" rivalisieren die Spieler nur untereinander; sie haben keine gemeinsamen Interessen. Beim Spiel von *Science 84* rivalisieren sie ebenso miteinander, aber es ist auch in ihrem gemeinsamen

Interesse, daß sich nicht mehr als 20 Prozent um 100 Dollar bewerben. Das Spiel von *Science 84* ist ähnlich wie das Eine-Million-Dollar-Spiel oder Gemeindewiese ein Spiel mit gemischter Motivation.

Man hat seit Adam Smith vermutet, und es ist seit John von Neumann bekannt, daß eine rein egoistische Strategie bei rein kompetitiven Spielen zu einem Gleichgewicht führen kann. Versteckte Lotterie und „Die kleinste Einzelzahl gewinnt" haben das mehr oder weniger bestätigt, mit der Ergänzung, daß auch viele verschiedene quasi-rationale Denkweisen zu einer rein egoistischen Strategie führen können. Rein rationale Strategien, die auf der Spieltheorie und dem Würfeln beruhen, sind nicht unbedingt die einzigen praktischen Mittel zur Verwirklichung kollektiver Rationalität.

Die kollektive Rationalität wurde im Eine-Million-Dollar-Spiel nicht so deutlich, obwohl wir die Möglichkeit, daß sie auch bei diesem Spiel vorliegt, nicht mehr ausschließen können, seit wir das subjektive, verborgene Ziel des Spiels erkannt haben. Beim Spiel von *Science 84* jedoch wurde offensichtlich, daß sich kollektive Rationalität nicht immer spontan entwickelt: Der Anteil von 35 Prozent der Spieler, die sich um 100 Dollar bewarben, ist weit vom Optimum entfernt und führt mit Gewißheit dazu, daß niemand irgend etwas gewinnt, obwohl jeder gewonnen haben könnte. Die psychologischen Experimente, die das Problem der Gemeindewiese erforschten, haben ähnliche Ergebnisse gebracht. Die Ergebnisse dieser Versuche waren im wesentlichen die gleichen wie bei den Versuchen zur Dollarauktion und zum Gefangenendilemma, die wir in Kapitel 3 erörterten: In der Mehrheit der experimentellen Gruppen waren am Ende alle Kühe verhungert.

Wie wir in Kapitel 4 sahen, stellen zwei der vier Arten von Spielen mit gemischter Motivation (Gefangenendilemma und Chicken) schwierige Fallen, die sich mit Hilfe einer rein individuellen Rationalität nicht umgehen lassen. Die experimentellen Ergebnisse der Zweipersonenfassung dieser beiden Spiele weisen ebenfalls keine kollektive Rationalität auf. Es läßt sich beweisen, daß das Eine-Million-Dollar-Spiel eigentlich eine Vielpersonenfassung des Kampfes der Geschlechter ist und daß individuelle, quasi-rationale Denkweisen bei solchen Spielen zu recht annehmbaren Ergebnissen führen können, die nicht allzu sehr mit der kollektiven Rationalität interferieren.

Bei den beiden genannten schwierigen Situationen, in denen sich Fallen auftun, könnten nur über individuelle Rationalität hinausgehende ethische Grundsätze wie die Goldene Regel oder der kategorische Imperativ helfen. Obwohl wir auch keine weiteren Beispiele dafür kennen, läßt sich nicht ausschließen, daß es ein noch allgemeineres und effizienteres ethisches Prinzip gibt als den kategorischen Imperativ, aber vielleicht ist ein solches Prinzip auch gar nicht nötig: Wie wir gesehen haben, läßt sich der kategorische Imperativ – im Gegensatz zur Goldenen Regel – mit gemischten Strategien in Einklang bringen, schränkt also die Gültigkeit der Spieltheorie nicht ein.

Es gibt zwei Wege zur Verwirklichung der kollektiven Rationalität. Einer ist der der reinen Rationalität, also der vollständigen Integration der allgemeinen Prinzipien (wie des kategorischen Imperativs), die in unserem Denksystem für die kollektive Rationalität notwendig sind, und die konsequente Anwendung der Spieltheorie. Die andere Möglichkeit ist die Entwicklung von geeigneten quasi-rationalen Strategien. Menschliches Denken hat anscheinend mehr Ähnlichkeit mit dieser letzteren Methode – wir behandeln das im nächsten Kapitel ausführlicher. Auch die reine Rationalität kann aber zur Entwicklung dieser quasi-rationalen Strategien beitragen, aber nicht direkt, sondern indem sie in unserem Denken tiefe Wurzeln schlägt und indem die rein rationalen Prinzipien – wie die Erhaltung von Materie oder Schwerkraft – unwillkürlich ein Teil unserer alltäglichen, quasi-rationalen Denkstrategien werden. Die quasi-rationalen Strategien können sich in einem tieferen Verständnis für solche Begriffe wie Selbstbeherrschung, Toleranz und der Berücksichtigung der Sichtweisen anderer zeigen.

Experimente mit dem Gefangenendilemma und die Ergebnisse des Spiels von *Science 84* haben gezeigt, daß diese quasi-rationalen Strategien noch weit davon entfernt sind, kollektive Rationalität zu verwirklichen. Aber eben diese Versuche haben auch gezeigt, daß diese Strategien in unseren Denkweisen zu einem gewissen Maß vorhanden sind. Fast die Hälfte der Spieler wählen in dem Gefangenendilemma für zwei Personen die Kooperation, und vielleicht sind die 35 Prozent Draufgänger bei *Science 84* ebenfalls nicht hoffnungslos weit von den idealen 20 Prozent entfernt.

Nach Kant wohnt der kategorische Imperativ jedem Menschen inne. Um die Wahrheit zu sagen: Kant dachte, daß dies auch für die Logik gelte, aber die Tatsache, daß psychologische Experimente diese Annahme später als falsch erwiesen haben, bedeutet nicht, daß auch die andere falsch ist. Es ist möglich, daß das (zumindest begrenzte) Wirken des kategorischen Imperativs im Menschen durch die Komponente der Evolution entwickelt wurde, die auf der Gruppenselektion beruht. Trotzdem mußten wir bis zum Jahr 1700 warten, ehe Kant diese extrem wirksame Verallgemeinerung der Goldenen Regel in Worte faßte. Vielleicht konnte die wahre Bedeutung des kategorischen Imperativs und all dessen, was wir in Kapitel 4 sagten, erst erkannt werden, nachdem Neumann seine Spieltheorie aufgestellt hatte. Der kategorische Imperativ ist keine Verallgemeinerung der Goldenen Regel, sondern wesentlich anders, denn er ist beispielsweise logisch verträglich mit der Vielfalt der Biologie und des Denkens.

Diese Entdeckungen und Begriffe sind noch ziemlich neu. Wir müssen sie noch tief in unsere alltäglichen, quasi-rationalen Denkweisen eindringen lassen, um so die immer gefährlicheren Folgen der verzwickten Fallen zu vermeiden, zu denen unter anderem Haß, durch Intoleranz bewirkte Zerstörung und der Ruin der Umwelt gehören.

14 Die Vielfalt des Denkens

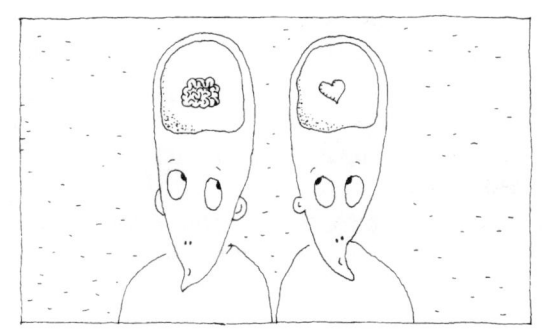

Es ist rational, daß menschliches Denken nicht rational ist.

Der große Schweizer Psychologe Carl Gustav Jung schrieb 1925, drei Jahre vor der Entstehung der Spieltheorie:

Unser Wille ist eine durch unsere Überlegung gerichtete Funktion; sie hängt also ab von der Beschaffenheit unserer Überlegung. Unsere Überlegung soll, wenn es überhaupt eine Überlegung ist, rational, das heißt vernunftgemäß, sein. Ist aber jemals erwiesen worden oder wird es jemals zu erweisen sein, daß Leben und Schicksal mit unserer menschlichen Vernunft übereinstimmen, das heißt, ebenfalls rational sind? Wir hegen im Gegenteil die begründete Vermutung, daß sie auch irrational sind, mit anderen Worten, daß sie in letzter Linie auch jenseits von menschlicher Vernunft begründet sind. Die Irrationalität des Geschehens zeigt sich in der sogenannten Zufälligkeit, die wir selbstverständlich leugnen müssen, weil wir ja a priori gar keinen Vorgang denken können, der nicht kausal und notwendig bedingt wäre.

Ich möchte zwei Bemerkungen machen, bevor ich die von Jung hier eingefügte Fußnote und den weiteren Text zitiere. Erstens: Ein neuer Gedanke – ganz gleich, wie radikal neu er zu sein scheint – liegt gewöhnlich schon vor seiner Geburt „in der Luft". Jungs oben zitierter Gedanke nimmt zweifellos den Geist der Spieltheorie voraus, wenn auch in der Sprache einer ihr sehr fernen Wissenschaft.

Zweitens: Jung sah den Zufall als eine Form der Irrationalität. Das scheint logisch zu sein, denn was könnte weniger rational sein als blinder Zufall. Nun wissen wir jedoch, daß der Zufall ein Mittel zur Verwirklichung der reinen Rationalität ist – gelegentlich sogar das *einzige* Mittel. Die richtige Verwendung des Zufalls (also gemäß der optimalen gemischten Strategie) kann also als vollkommen rational angesehen werden, wohingegen die falsche Verwendung (beispielsweise die Verwendung falscher Wahrscheinlichkeiten) entschieden irrational genannt werden kann. Die näherungsweise richtige Verwendung von Zufall wird *quasi-rational* genannt, selbst wenn diese näherungsweise richtige Verwendung nicht von rein rationalen Grundsätzen geleitet wird.

Jung unterscheidet noch nicht deutlich zwischen *rational*, *irrational* und *quasi-rational*. Diese Unterscheidung setzte nicht nur die Entdeckung der Spieltheorie voraus, sondern es mußte auch gezeigt werden, daß die von der Spieltheorie beschriebenen Grundverfahren in den unterschiedlichen Zweigen der Wissenschaft wirksam sind, und nach dem Erscheinen von Gödels Satz mußten sich die Einstellungen radikal ändern. Wir können uns aus unserer heutigen Perspektive leicht nichtkausale Vorgänge vorstellen, und wir können auch akzeptieren, daß der reinen Rationalität Grenzen gesetzt sind. Wir müssen lernen, mit ihnen zu leben, denn wir haben ihre Existenz eben mit Hilfe der Logik beweisen können.

Jungs obiger Gedanke war ein Durchbruch zu den Grundgedanken der Spieltheorie, obwohl er das offensichtlich nicht beabsichtigt hatte. Seine Fußnote beweist, wie radikal neu dieser Gedanke in der zeitgenössischen Psychologie und Gedankenwelt war: „Dieser strikten Kausalität hat die moderne Physik ein Ende

gemacht. Es gibt nur noch ‚statistische Wahrscheinlichkeit'. Ich habe schon 1916 auf die Bedingtheit der kausalen Auffassung in der Psychologie hingewiesen, was man mir damals schwer verübelt hat."
Jung schreibt weiter:

Die Fülle des Lebens ist gesetzmäßig und nicht gesetzmäßig rational und irrational. Darum gelten die Ratio und der in ihr begründete Wille nur eine kurze Strecke weit. Je weiter wir die rational gewählte Richtung ausdehnen, desto sicherer können wir sein, daß wir damit die irrationale Lebensmöglichkeit ausschließen, die aber ebensogut ein Recht hat, gelebt zu werden. Es war gewiß eine große Zweckmäßigkeit für den Menschen, überhaupt imstande zu sein, seinem Leben Richtung zu geben. Die Erlangung der Vernünftigkeit sei die größte Errungenschaft der Menschheit, kann man mit Fug und Recht behaupten. Aber es ist nicht gesagt, daß es unter allen Umständen so weitergehen müsse und werde.

Freud, Jung und die anderen Vertreter der Tiefenpsychologie haben gezeigt, daß das Denken, Verhalten und die Beweggründe der Menschen oft im Grunde durch nichtrationale Elemente bestimmt sind. Freud beispielsweise unterschied Primärvorgänge, bei denen Raum, Zeit und herkömmliche Logik außer acht gelassen werden, von Sekundärvorgängen, die auf dem Realitätsprinzip und reiner Rationalität beruhen. Beide Arten von Vorgängen kommen auch in gesunden Erwachsenen vor. Nach Freud ist der Traum das beste Beispiel für Primärvorgänge, aber Primärvorgänge können auch in sehr unterschiedlichen meditativen Zuständen vorherrschen.

Die Adjektive *primär* und *sekundär* können jedoch irreführend sein. Sie reflektieren eine Einstellung, nach der das bewußte Denken des Menschen im wesentlichen rational, aber sekundär ist, wohingegen sich die von unbewußten, instinktiven und anderen irrationalen Kräften bestimmten Primärvorgänge unter der bewußten Oberfläche abspielen. Aber können wir sicher sein, daß bewußtes Denken rational ist und Instinkte und andere unbewußte Kräfte irrational sind?

Logisch isomorphe Aufgaben

Es gibt eine Reihe experimenteller Daten, die deutlich zeigen, daß sogar jene Probleme, die logisch vollkommen lösbar sind, im menschlichen Denken nicht mit den Methoden der reinen Logik gelöst werden. Diese Experimente betreffen vor allem die sogenannten *logisch isomorphen Aufgaben*. Zwei Aufgaben heißen logisch isomorph, wenn sie die gleiche formallogische Struktur haben. In anderen Worten: Wenn es uns gelingt, eines der Probleme durch eine logische Herleitung zu lösen, läßt sich das andere Problem durch die gleiche logische Herleitung lösen; schlimmstenfalls müssen wir ein Wort gegen ein anderes austauschen. Diese Ersetzung kann fast vollständig automatisch durchgeführt werden, etwa mit Hilfe der Suchen-und-Ersetzen-Funktion eines Textverarbeitungsprogramms. Man braucht dazu nicht einmal nachzudenken. Nach der Ersetzung können wir die Lösung der zweiten Aufgabe aus der Lösung der ersten ablesen. Das ist möglich, weil die Logik nur auf *formalen* Regeln beruht.

Schauen wir uns ein einfaches logisch isomorphes Aufgabenpaar an. Die erste Aufgabe sei: Nehmen wir an, daß große Menschen keine Zwerge sind. Können wir schließen, daß Zwerge keine großen Menschen sind? Das zweite Problem lautet: Nehmen wir an, daß gutes Geschirr nicht billig ist. Können wir schließen, daß billiges Geschirr kein gutes Geschirr ist?

Die beiden Probleme sind logisch isomorph, weil wir dann, wenn wir eines der Probleme gelöst haben, automatisch auch das andere gelöst haben. Im ersten Fall könnten wir so denken: Nehmen wir an, daß es unter den Zwergen auch große Personen gibt. Nach der ersten Hälfte des Satzes sind sie dann keine Zwerge. Das widerspricht unserer Annahme. Wir können also aus der Feststellung, daß große Menschen keine Zwerge sind, logisch schließen, daß Zwerge nicht groß sind. Wenn diese Herleitung logisch richtig ist, können wir *großer Mensch* überall durch *gutes Geschirr* und *Zwerge* durch *billiges Geschirr* ersetzen. Auf diese Weise können wir logisch beweisen, daß es auch im zweiten Fall richtig ist, den Schluß zu ziehen.

Die beiden Aufgaben sind logisch gleich leicht oder schwer; wir können nicht sagen, daß es schwerer ist, die eine zu lösen als die andere, weil die Lösung komplexer ist oder mehr Nachdenken erfordert. Aber gewöhnlich lösen Menschen das erste Problem rasch und richtig, während sie das zweite Problem langsamer und oft falsch lösen. Die beiden Aufgaben sind also, psychologisch gesehen, nicht gleich schwierig. Das liegt daran, daß die beiden Aussagen für unser alltägliches Denken verschieden sind, obwohl ihre logischen Strukturen genau gleich sind. Die Einstellung, mit der wir die Ausgangshypothese bejahen, daß *große Menschen keine Zwerge* sind, unterscheidet sich von der, wonach *gutes Geschirr nicht billig* ist. Die erste Aussage ist selbstverständlich, während die zweite bestenfalls eine Arbeitshypothese ist. Im zweiten Fall kann es uns leicht in die Irre führen, wenn wir die Lösung unserer alltäglichen Erfahrung entnehmen, statt die strengen Gesetze der Logik anzuwenden.

Meiner Beobachtung nach hat sich unter den Psychologen, die auf diesem Gebiet arbeiten, im Lauf der Zeit eine Art Massensport entwickelt: Laßt uns logisch isomorphe Probleme konstruieren, deren Lösungszeiten sich möglichst weit voneinander unterscheiden. Das Ziel ist es, sich Aufgaben auszudenken, die die meisten Menschen lösen können, obwohl einige sie viel langsamer lösen als andere. Dieser Denksport wurde nicht um seiner selbst willen betrieben, obwohl oft schon die Teilnahme an einem Wettbewerb und das Aufstellen von Rekorden aufregend ist. Die besten Ergebnisse erzielten aber jene, die am besten begriffen hatten, wie das Denken der Menschen angeregt oder behindert werden kann. Es gelang den Forschern, sich Paare von (ich wiederhole: logisch vollkommen isomorphen) Problemen auszudenken, bei denen die Lösung der schwierigeren Aufgabe zehn- bis zwölfmal so lange dauerte wie die der leichteren.

Dieses Phänomen läßt sich nicht nur an logischen Aufgaben demonstrieren. Wir beschrieben am Ende von Kapitel 3 zwei Fassungen des Gefangenendilemmas, die vollkommen isomorph waren zum ursprünglichen Gefangenendilemma. Wie wir sahen, lösten die drei logisch identischen Situationen bei den Versuchspersonen unterschiedliche Grade an Kooperation aus. Die drei logisch isomorphen Spiele erwiesen sich als psychologisch deutlich verschieden.

Die logisch isomorphe Umformulierung der Situation ist eine Operation, die innerhalb eines vollkommen rationalen Rahmens ausgetragen wird. Daß solche veränderten Umstände auch zu einem ganz anderen Verhalten der Versuchspersonen führen können, zeigt, daß *einerseits nicht nur rationale Elemente Anteil an unserem Denken haben und daß andererseits unser Denken auch durch die Mittel der Rationalität beeinflußt werden kann.*

Über die Rolle der Rationalität

Oft bahnt die logisch isomorphe Umformulierung eines Problems auch den Weg zu einer mathematischen Lösung. Mathematiker finden es immer elegant, wenn zwischen zwei eigentlich weit entfernten mathematischen Bereichen eine verborgene Beziehung aufgedeckt wird; das hat oft sogar zu geradezu revolutionären Entdeckungen geführt. In solchen Fällen können Methoden, die in einem Bereich entwickelt werden, einem Gebiet, auf dem es nicht vorangeht, einen Anstoß geben, und manchmal zeigen die schon bewährten Methoden des ursprünglichen Bereichs ihre wahre Stärke auf dem anderen Gebiet. Das war der Fall, als Mathematiker begannen, die Methoden der Funktionentheorie auf die Zahlentheorie anzuwenden. Wie sich herausstellte, liefert die Theorie der stetigen Funktionen komplexer Zahlen die geeignetste Methode zur Untersuchung so verschiedener und willkürlich verteilter Objekte, wie es die Primzahlen sind.

Die Mathematik ist ihrem Wesen nach eine rein rationale Wissenschaft. Ein mathematischer Beweis ist eine Folge logischer Schritte, in der es für subjektive Betrachtungen keinen Raum gibt. Dennoch, wenn ein Mathematiker über ein Problem nachdenkt oder nach neuen mathematischen Wahrheiten sucht, denkt er nicht an konkrete mathematische Herleitungen. Der große französische Mathematiker J. Hadamard schreibt beispielsweise ein Buch über das Wesen der mathematischen Erfindung, in dem er die seltsamen unscharfen Bilder schildert, die sich in ihm mit mathematischen Begriffen verbinden. Diese Bilder sind selbst für einen anderen Mathematiker unverständlich und verwirrend. Wenn Hadamard die Beziehungen, die er in diesen Bildern sah, nicht in die Form mathematischer Herleitungen hätte umsetzen können, wäre niemand an den Bildern interessiert gewesen. Auch Einstein berichtet von ähnlichen, aber natürlich ganz anderen „mehr oder weniger klaren Bildern, die willkürlich reproduziert und kombiniert werden können".

Henri Poincaré, einer von jenen, denen wir die Entwicklung der mathematischen Grundlagen der Relativitätstheorie verdanken, beschreibt, nachdem er feststellt, daß „die Mathematik eine Sprache ist, in der sich keine unscharfen, obskuren und unbestimmten Dinge ausdrücken lassen", wie unterschiedlich er mathematische Probleme wahrnimmt, wenn er auf französisch oder auf englisch über sie nachdenkt. Wenn hier lediglich reine Logik am Werk wäre, würde die Sprache keinen Unterschied machen. Und das tut sie auch nicht – sobald der Gedanke seine gewöhnliche mathematische Form annimmt: Definition – Satz – Beweis.

Wie wir am Ende von Kapitel 4 sahen, gibt es viele Begriffe der Rationalität, die alle gerechtfertigt sind, und es gibt kein rationales Mittel, einen von ihnen auszuzeichnen und als *den* Rationalitätsbegriff zu betrachten. Aber gleichzeitig weisen sie alle gemeinsame Kennzeichen auf. Vielleicht sollten wir nicht vor allem die formallogischen Elemente betonen, sondern hervorheben, daß wir dann, *wenn wir durch eine rationale Methode Wissen erworben haben, nicht nur wissen, was wir wissen, sondern auch genau, wie wir zu dem Wissen gekommen sind.* Das läßt sich in diesen Fällen immer aus einigen wenigen Grundannahmen und einigen wenigen Herleitungsregeln ableiten, obwohl die Herleitung selbst lang und kompliziert sein kann.

Die experimentellen Ergebnisse, die mit logisch isomorphen Aufgaben erreicht wurden, haben gezeigt, daß der Mensch sein rationales Denkvermögen nicht leicht und erst recht nicht automatisch einsetzt. Aber das gleiche gilt auch für meditatives

Denken. Wie wir in Kapitel 12 sahen, können auch komplizierte Techniken zu tiefer Meditation führen. Aber woher wir das durch Meditation erworbene Wissen haben, ist schwieriger festzustellen, obwohl es wertvolles Wissen über die Phänomene der Wirklichkeit enthalten kann. Offensichtlich reicht es nicht zu sagen: Ich weiß, was ich weiß, weil ich das letzte Blütenblättchen herausgezupft habe, als ich sagte „Liebt mich", oder weil die Münze Kopf zeigte oder mein linker Zeigefinger sich von selbst hob. Das wäre auch deshalb nicht ausreichend, weil Blütenblatt, Münze und Ideomotorik lediglich den Rahmen schufen, in dem sich meditatives Denken abspielen und in dem das Ergebnis mitgeteilt werden konnte.

Rationales Denken führt nicht nur zum Wissen selbst, sondern – und das ist seine wesentliche Leistung – es kann auch deutlich zeigen, wie wir zu diesem Wissen kamen. Deshalb kann Wissen, das sich rational fassen läßt, leicht und klar weitergegeben werden. Man kann Menschen, die die Regeln einer beliebigen Rationalität (beispielsweise der Logik) kennen und anwenden können, einen großen Teil des Wissens der Welt relativ leicht vermitteln – besonders jene Teile, die sich in eine rationale Form fassen lassen. Das ist nicht wenig, denn alle Ergebnisse der Naturwissenschaften entsprechen solchem Wissen. Vielleicht ist das der Grund, warum vernünftiges Denken heute so allgemein akzeptiert ist.

Obwohl die Rationalität ein wirksames Mittel der Verständigung ist, ist sie weniger ein Mittel des Denkens und noch weniger ein allgemeines Hilfsmittel zum Kennenlernen der Welt. Der Kommunikation zuliebe bemühen wir uns gewöhnlich, unsere Gedanken und Ideen in rationaler Form wiederzugeben, auch wenn wir nicht mit rein rationalen Methoden zu ihnen gelangt sind. Trotzdem denken manche Menschen wahrnehmbar rationaler als andere, obwohl sie vielleicht gar nicht klüger sind, also nicht erfolgreicher im Erkennen der Wahrheiten der Welt. Andererseits verhalten sich auch jene Menschen, die auf andere Weise denken, rational, wenn sie vor einem heranbrausenden Auto zur Seite springen. Es muß also in jedem von uns eine Art Rationalität geben. Die Frage bleibt offen, ob sie das Ergebnis von rationalem *Denken* ist oder von etwas anderem.

Descartes' Irrtum

Neurobiologen halten es für eine ihrer wichtigsten Pflichten, jene Gruppen von Gehirnzellen zu lokalisieren, die spezifische Aufgaben erfüllen. Wenn dieses Problem mehr oder weniger gelöst ist, stellt sich als nächstes die Aufgabe zu verstehen, wie diese Zellen harmonisch zusammenwirken.

Dieser streng reduktionistische, rein wissenschaftliche Ansatz war sehr erfolgreich; er hat nicht nur zum Auffinden von Sprachzentren geführt, sondern auch zur Lokalisation jener Gehirnbereiche, die für die Gefühle zuständig sind. Natürlich gab es auch Probleme: Beispielsweise erlernten Menschen, die einen Teil oder auch ihr ganzes Sprachzentrum verloren hatten, das Sprechen trotzdem später wieder bis zu einem gewissen Grad, was bedeutet, daß andere Bereiche des Gehirns die Aufgaben des Sprachzentrums mehr oder weniger übernehmen konnten. Trotzdem ist es für uns ungeheuer wichtig, zu wissen, welche Bereiche des gesunden Gehirns für die Sprachfunktionen verantwortlich sind. Das Problem, das Extremfälle stellen, läßt sich leicht unter den Teppich kehren, bis wir genauer wissen, wie das Gehirn funktioniert und welcher Bereich des Gehirns die Aufgaben welches anderen Bereichs wie übernehmen kann.

Bis heute waren jedoch alle Versuche vergeblich, den Sitz des bewußten und rationalen Denkens befriedigend zu lokalisieren. Bei gewissen Hirnschäden treten zeitweise oder dauerhaft Bewußtseinsstörungen auf, aber diese Strukturen sind noch nicht genau bekannt. Besonders verblüffend ist es, daß solche Verletzungen oft mit Beeinträchtigungen der Gefühlsreaktionen einhergehen. Neurobiologen vermuten mittlerweile, daß rationales Denken und die Fähigkeit, Entscheidungen zu fällen, untrennbar mit Gefühlen oder jedenfalls mit den sogenannten sekundären Gefühlen verknüpft sind. Als sekundäre Gefühle bezeichnet man jene Gefühlsreaktionen, die sich einstellen, wenn man sich ein Ereignis nur vorstellt, es also gar nicht wirklich erlebt. Der in Amerika lebende Neurobiologe Antonio R. Damasio sagt dazu: „Da die Natur, wie ein passionierter Bastler, immer auf die Wiederverwertung des vorhandenen Materials bedacht ist, hat sie keine unabhängigen Mechanismen zur Äußerung der primären und der sekundären Gefühle gewählt. Sie läßt die sekundären Gefühle über den gleichen Kanal zum Ausdruck kommen, den sie für die Manifestation der primären Gefühle angelegt hat."

In seinem Buch *Descartes' Irrtum* beschreibt Damasio kluge Experimente, in denen er genau dieses Phänomen einsetzt, um die Beziehung zwischen Gefühlen und rationalem Denken zu untersuchen. Nach der von Damasio aufgestellten Hypothese lösen gewisse erlernte Beziehungen zwischen unseren Entscheidungen und den darauf folgenden guten und schlechten Ereignissen sekundäre Gefühle aus. Damasio nennt diese besonderen Arten sekundärer Gefühle *somatische Marker*. Nach seiner Hypothese gibt es diese Marker wirklich. Sie bestimmen unsere Entscheidungen, indem sie uns durch ein gutes oder schlechtes Gefühl „im Bauch" oder sonstwo im Körper anzeigen, daß die von uns erwogene Möglichkeit verheißungsvoll ist oder vielleicht auch gefährlich.

Da wir sowieso nicht alle Folgen möglicher Handlungen durchdenken können, erfüllen die somatischen Marker einen nützlichen Zweck, indem sie den Bereich der zu erkundenden Möglichkeiten einengen, und zwar nicht nur den der direkten Möglichkeiten, sondern auch den späterer Stadien, wenn wir über die Folgen der Folgen nachdenken. Die somatischen Marker erzeugen immer dann ein Signal, wenn die Situation, die sich aus unseren Gedanken ergibt, das erforderlich macht, dann nämlich, wenn die durch sie symbolisierten gelernten Beziehungen eintreten. Auf diese Weise helfen sie, den Bereich der zu untersuchenden Alternativen so weit einzuengen, daß man damit umgehen kann: Sie beeinflussen unsere Gedankenvorgänge, indem sie viszerale Reize auslösen und uns dazu bringen, einen Kurs zu vermeiden, der „schlecht" für uns ist, und einem zu folgen, den wir für „gut" halten, ohne daß wir verstehen, warum ein Kurs für gut gehalten wird und der andere nicht.

Damasio führte mehrere Experimente durch, um seine Hypothesen zu überprüfen. In seiner wohl raffiniertesten Versuchsanordnung sitzen die Versuchspersonen (Patienten mit Gehirnschäden und gesunde Kontrollpersonen) vor vier Kartenstapeln, von denen sie so lange jeweils eine Karte abheben und umdrehen, bis der Versuchsleiter das Spiel beendet. Außerdem steht ihnen ein „Darlehen" von 2000 Dollar (Spielgeld) zur Verfügung. Die Versuchsperson erfährt auch, daß sie bei jedem Umdrehen einer Karte entweder Geld bekommt oder einen Verlust erleidet, aber nicht, nach welchem Prinzip. Tatsächlich bringt das Umdrehen einer Karte der ersten beiden Stapel in der Regel 50 Dollar, das Umdrehen einer Karte der letzten beiden Stapel sogar 100 Dollar. In jedem Stapel gibt es aber auch Karten, die einen Verlust bedeuten, der in den ersten beiden Stapeln im Mittel unter 100 Dollar liegt, in den anderen aber bis zu 1250 Dollar beträgt. Die Gefühlsreaktionen wurden mit Hilfe des Hautwiderstands gemessen.

Die Mehrheit der Versuchspersonen fand bald heraus, daß die letzten beiden Stapel zwar eine größere Rendite brachten, aber auch risikoreicher waren als die beiden ersten; sie zeigten bald sekundäre Gefühle, wenn sie nur daran dachten, eine Karte von den gefährlichen Stapeln abzuheben, weil sie auf einen größeren Profit hofften. Diese Gefühle traten also sowohl dann auf, wenn sie einen der beiden letzten Stapel wählten, als auch, wenn sie nur diese Möglichkeit erwogen. Außerdem zeigten sie primäre Gefühle, wenn sie gewannen oder verloren.

Einige Patienten mit speziellen Hirnschäden lernten die rationale Strategie nie, vermieden also nicht die beiden letzten Stapel. Bei ihnen zeigten sich keine sekundären Gefühle, wenn sie sich vorstellten, sie würden eine Karte von einem gefährlichen Stapel wählen, obwohl auch bei ihnen andere (primäre und sekundäre) Gefühlsregungen auftraten. Ihr Denken funktionierte gut, wenn sie andere Arten von Aufgaben zu lösen hatten (etwa Rechenaufgaben), also lag ihr Problem nicht einfach in ihrer Fähigkeit, rational zu denken. Sie wußten sogar am Schluß des Spiels genau, welche der beiden Stapel die „bösen" waren, und ihre emotionalen und rationalen Fähigkeiten funktionierten an sich gut. Es fehlten nur diese speziellen sekundären Gefühle, die somatischen Marker blieben aus, und ohne diese Marker konnten sie kein rationales Verhalten erlernen.

Damasio gab seinem Buch den verblüffenden Titel *Descartes' Irrtum*, weil seine Experimente beweisen, daß Denken und Körperfunktionen eng verwandt sind. Ohne die Empfindungen in den Eingeweiden, die die somatischen Marker auslösen, wird rationales Verhalten unmöglich. Das widerspricht in einem gewissen Maß den Gedanken von Descartes, denn er hielt Geist und Körper für zwei eher unterschiedlich funktionierende Größen.

Das *Funktionieren* der somatischen Marker kann als vollständig rational angesehen werden. Sie kondensieren den vorhandenen Erfahrungsschatz zu einer einfachen körperlichen Empfindung. Ein vollkommen rationaler Denker (etwa ein Ingenieur) würde die Aufgabe, solche Marker zu entwickeln, genauso lösen. Unser Denken jedoch *nutzt* sie nicht auf rein rationale Weise, denn die Beziehungen zwischen den gelernten Beziehungen, die durch die somatischen Marker dargestellt werden, und der zu lösenden Aufgabe werden nicht logisch geklärt. Unser Denken revidiert sie oft. Trotzdem zogen gesunde Versuchspersonen gelegentlich Karten von den gefährlichen Stapeln, nachdem sie schon somatische Marker entwickelt hatten. Gelegentlich verlassen wir alle die ausgefahrenen Gleise – und das zu Recht!

Die Verwendung somatischer Marker beim Denken ist nicht rein rational, aber auch nicht irrational. Sie markieren Beziehungen, deren Existenz hochwahrscheinlich ist; deshalb ist es vernünftig, sie bis zu einem gewissen Grad zu berücksichtigen. Erst ihre weitere Verwendung schränkt die zu untersuchenden Alternativen ein – die wir angesichts unserer beschränkten Denkfähigkeit aber bitter nötig haben. Die *Verwendung* der somatischen Marker gehört zu den quasi-rationalen Mitteln unseres Denkens.

Wo ist der Sitz unserer Rationalität?

Wahrscheinlich stellen somatische Marker nur eine der Körperfunktionen dar, die unser Denken grundlegend beeinflussen.

Möglicherweise haben unsere Instinkte, Wünsche, körperlichen Bedürfnisse oder auch die Gesetze und Traditionen, die uns umgeben, eine ähnliche Wirkung auf unser Denken (das einmal rational sein sollte), aber dafür haben wir noch keine klaren experimentellen Hinweise (anders als auf die somatischen Marker). Jeder, der auch nur einmal stunden- oder tagelang über ein schwieriges mathematisches Problem nachgedacht hat, kennt wahrscheinlich ein ähnliches Gefühl wie das, das sich einstellt, wenn man durch das Auszupfen von Blütenblättchen herauszufinden versucht, was zutrifft: Liebt, liebt nicht ... (wer wen?).

Tiefenpsychologen wie Freud und Jung hielten bewußtes Denken für einen rein rationalen, wenn auch sekundären Vorgang, während sie unbewußte „Primärvorgänge" für irrational hielten. Ihrer Meinung nach führt die Dominanz der Primärvorgänge zu irrationalem Verhalten. Die Entdeckung der somatischen Marker stellt diese auf der Tradition der rationalistischen Philosophen (wie Descartes) beruhende Einstellung in Frage. Die Entdeckung des unbewußten Teils der Seele bleibt ein unvergängliches Verdienst von Freud und Jung, ebenso die Erkenntnis, daß es in uns viele Kräfte gibt, über die wir durch unser bewußtes Denken nichts wissen und die unsere Psyche deshalb nicht (jedenfalls nicht bewußt) in Betracht ziehen kann.

Die Spieltheorie hat uns auch den Weg zu einer anderen Art der Deutung geöffnet. Die Ereignisse spielen sich wiederum auf zwei Schichten ab. Die erste ist die der reinen Strategien, die – ihrem Wesen nach – vernünftige, reguläre und mögliche Spielweisen sind, obwohl sie allein meistens nicht umgesetzt werden können. Die zweite Schicht ist die der gemischten Strategien, die die Anteile bestimmen, mit denen die unterschiedlichen reinen Strategien ausgewählt werden.

Die Elemente der *ersten Schicht* sind die widerspruchsfreien Spielweisen, die sich genau vorhersagen lassen und nicht vom Zufall abhängen. Man könnte sie für sehr rational halten, wenn nicht die Gesamtheit des Spiels berücksichtigt würde. Ähnlich wie somatische Marker sind sie *unbedingte Strategien.*

Die *zweite Schicht* läßt sich aus der Sicht des ganzen Spiels als vollkommen rational sehen, wenn wir tatsächlich die optimale gemischte Strategie verwirklichen können. Diese Schicht jedoch beruht vollständig *auf dem Zufall*, und das ist nach Jung eine irrationale Methode. Wie wir sahen, verwirklichen Menschen diese Schicht nicht mit Hilfe eines Würfels, aber auch nicht mit völlig rationalen Mitteln. Es stellt sich die Frage: Könnte dieses die Schicht des bewußten Denkens sein? Ist dieses die Schicht, die Freud sekundäres Denken nennt, und entsprechen reine Strategien den Primärvorgängen?

Nach dem sich jetzt ergebenden Bild sind die *unbewußten Prozesse jene Prozesse, die vollkommen rational sind, wohingegen das bewußte Denken nicht vollständig rational ist.* Bewußtes Denken ist bestenfalls quasi-rational.

Das wird durch die Ergebnisse von Experimenten zu logisch isomorphen Aufgaben bestätigt. Man erklärt die Ergebnisse im allgemeinen unter Bezug auf das Alltagsleben: Wir lösen solche Aufgaben leichter als andere, die mit unserer alltäglichen Erfahrung zu tun haben, und können sie leichter zu unseren „geistigen Modellen" in Beziehung setzen. Das läßt sich experimentell belegen. Da wir die Funktionsweise der somatischen Marker kennen, können wir jedoch hinzufügen, daß unsere unbewußten somatischen Marker auch beim Lösen von Problemen helfen können, die eng mit unserer alltäglichen Erfahrung verknüpft sind; jedenfalls können sie unsere Aufmerksamkeit auf Gedanken lenken, die verheißungsvoll sind oder eher in Sackgassen führen.

Unsere somatischen Marker führen uns beim Prozeß der logischen Herleitung gelegentlich deutlich in die Irre, wie etwa beim Beispiel des „guten Geschirrs". Wir alle kennen Geschirr, das zugleich gut und billig ist, während wir in unserem Beispiel annahmen, diese Eigenschaften seien miteinander unverträglich. Am Ende denken wir mit Hilfe der Logik darüber nach, wie eine Welt aussehen würde, in der gutes Geschirr niemals billig ist. Schließlich könnte die Welt ja auch anders sein, und ein solcher Ausgangspunkt wäre auf den ersten Blick nicht einmal für unsere alltägliche Einstellung inakzeptabel. Aber jeder Schluß, der sich daraus ziehen läßt (beispielsweise, daß billige Nahrung nicht gut ist), gilt nur in der abstrakten Welt der Logik; im Alltagsleben ist das nicht so. Unsere somatischen Marker weisen unerbittlich und beständig darauf hin. Vielleicht ist es nicht wirklich ein Nachteil, daß wir nicht nur rein rational denken können.

Der britische Physiker Roger Penrose kam aufgrund ganz anderer Überlegungen zu ähnlichen Schlüssen. In seinem Buch *Computerdenken* untersucht er, wie realistisch die Überzeugung der Anhänger der sogenannten „starken künstlichen Intelligenz" ist, wonach menschliches Denken durch rein rationale (also vom Computer ausführbare) Symbolmanipulationen beschrieben werden kann. Er schließt am Ende eines komplexen Gedankengangs in der Quantentheorie und der Theorie der Algorithmen: „Sonderbarerweise stellen die Ansichten, die ich hier äußere, fast eine Umkehrung anderer, oft gehörter Meinungen dar. Häufig wird argumentiert, daß gerade der bewußte Geist sich ‚rational' und verständlich benehme, während das Unbewußte rätselhaft sei."

Als wir die Spieltheorie einführten, indem wir über die schizophrene Schnecke nachdachten, sagten wir, das Beispiel mit der Schnecke sei möglicherweise zu psychologisch. In der Schnecke wirken entgegengesetzte Kräfte, die die eigenen Ziele verwirklichen möchten. Die entgegengesetzten Kräfte könnten den widersprüchlichen Instinkten, Wünschen und Bedürfnissen entsprechen. In unserer jetzigen Terminologie könnten wir sagen, daß sie für diese Zwecke eigene somatische Marker entwickeln. Wenn die Schnecke alle ihre somatischen Marker fortwährend beobachten würde, käme sie niemals zu einer Entscheidung, denn diese für sich rationalen Marker würden sich immer widersprechen. Dabei würde die Schnecke verrückt werden. Deshalb muß die Schnecke in jedem Augenblick entscheiden, welche Marker sie außer acht lassen will. Wenn sie jedoch einige Marker immer wieder mißachtet, könnten diese womöglich manche lebensnotwendige Funktion nicht erfüllen.

Die Entdeckung der in uns wirkenden unbewußten Kräfte ist eine Meisterleistung der Tiefenpsychologie. Das gilt noch immer, und die Bedeutung dieser Entdeckung wird nicht geschmälert durch die Möglichkeit, daß in uns nicht die „dunklen" Kräfte des Unbewußten irrational wirken, sondern daß gerade ihre äußerst konsequente, strenge Rationalität unserem ganz und gar nicht rationalen bewußten Denken fremd, unverständlich und irrational erscheint.

Spiele der Erwachsenen

Es gibt eine besondere Art alltäglicher nichtrationaler Spiele, die von Eric Berne entdeckt und in seinem Buch *Spiele der Erwachsenen* beschrieben wurden. Bernes Analysen unterscheiden sich radikal von dem Ansatz der Spieltheorie, und trotzdem können wir einige Ähnlichkeiten finden.

Ein typisches Beispiel für ein solches Spiel ist „Schlemihl", das so ablaufen kann: Weiß kippt der Gastgeberin seinen Cocktail aufs Abendkleid. Schwarz (der Gastgeber) kocht vor Wut, reißt sich aber aufgrund der Umstände zusammen. Er spürt, daß Weiß gewinnt, wenn er sich seine Erregung anmerken läßt, weil Weiß sich dann vom Gastgeber gekränkt fühlen und ihn kleinlich und herzlos finden würde. Schwarz unterdrückt also seinen Ärger, und Weiß entschuldigt sich. Schwarz vergibt ihm großzügig, aber auch Weiß verbucht damit einen Punkt: Es wurde klar, daß er, durch und durch Schlingel, sich ungestraft so verhalten darf.

Berne setzt die Beschreibung so fort:

Weiß geht nun dazu über, Schwarz noch weiteren Schaden zuzufügen. Er zerbricht was, vergießt was und richtet alles mögliche Unheil an. Nachdem Weiß mit seiner Zigarette ein Loch ins Tischtuch gebrannt, ein Stuhlbein durch den kostbaren Vorhang gerammt und die fette Sauce auf den Teppich geklatscht hat, jubelt das Kindheits-Ich in ihm, denn ihm haben all diese Dinge, für die man seine Entschuldigung akzeptiert hat, ausgesprochen Spaß gemacht, während Schwarz entgegenkommenderweise trotz allen Unheils eine musterhafte Selbstdisziplin an den Tag gelegt hat. So profitieren beide von der unglücklichen Situation, und Schwarz ist nicht unbedingt darauf bedacht, Weiß die Freundschaft aufzukündigen.

Berne beschreibt viele andere Spiele, die Menschen in der Ehe, im Büro, in der Kneipe oder auch in der Praxis des Psychiaters spielen. Wir verstricken uns leicht in solche Situationen, weil sie in gewissem Maß für beide Teilnehmer gut sind. Beide Partner finden in ihnen eine gewisse psychologische Befriedigung. Trotzdem haben diese Spiele viel Ähnlichkeit mit früher erörterten Fallen wie der Dollarauktion. Nach einer Weile haben beide Spieler genug von dem Spiel, aber das Aussteigen ist schwer, denn dazu müßte man auf den kleinen, aber sicheren und zuverlässigen psychologischen Gewinn und auf gewohnte Verhaltensweisen verzichten.

Ähnlich wie bei den Zwickmühlen der Spieltheorie kann man nur dann aussteigen, wenn man ein System höherer Ordnung findet. Freud beispielsweise hat deutlich gesehen, daß die Psychoanalyse selbst leicht zu einem Spiel für Erwachsene werden kann und eines Tages vielleicht in ihre eigene Falle tappt. Deshalb betonte er oft, daß er, Freud, kein Freudianer sei.

Berne bemerkt einmal, daß zwar die mathematische Spieltheorie vollständig rationale Spieler voraussetzt, er sich jedoch mit nichtrationalen und sogar irrationalen Spielen beschäftigt, weil er sie für realistischer hält. Darüber könnte man sich streiten: Beide Gedankenwelten untersuchen Modellsituationen. Berne analysiert seine Modelle in der Sprache und mit den Methoden der Psychiatrie und untersucht den psychologischen Gewinn und die Möglichkeiten, über die Spiele hinauszugelangen. John von Neumann analysierte seine Modelle in der Sprache und mit den Methoden der Mathematik, sprach von der Objektivität der Auszahlungen und konnte deshalb auch etwas über den Begriff der Rationalität sagen. Der Verzicht auf das System war für von Neumann gleichbedeutend mit der Entwicklung des Begriffs der gemischten Strategien, dessen Bedeutung wir schon weiter oben an vielen Stellen erkannt haben. Berne untersucht die Antithesen der Spiele, die das Spiel beenden, und findet sie im allgemeinen in drei zutiefst menschlichen Fähigkeiten, nämlich in Bewußtsein, Spontaneität und Intimität. Von diesen steht die Spontaneität der Spieltheorie am nächsten, aber alle drei von Bernes Leitprinzipien sind ausgezeichnete und allgemeine quasi-rationale Strategien der Problemlösung.

Berne beschreibt die Antithese von „Schlemihl" wie folgt:

Entschuldigt sich Weiß mit den Worten: „Das tut mir aber leid", dann murmelt Schwarz nicht: „Ist schon gut", sondern er sagt: „Meinetwegen können Sie heute abend meine Frau aus der Fassung bringen, die Möbel ruinieren und den Teppich zerstören, aber tun Sie mir einen Gefallen, und sagen Sie ja nicht noch mal ‚Das tut mir aber leid!'" Auf diese Weise schaltet Schwarz vom verzeihenden Eltern-Ich auf das objektive Erwachsenen-Ich um, das die volle Verantwortung für alles und vor allem dafür übernimmt, daß Weiß überhaupt eingeladen wurde.

Schwarz spielt also nicht länger mit und bahnt auch Weiß den Weg zum Aufhören. Es ist ein gefährlicher und mutiger Schritt, den uns allen so vertrauten Teufelskreis von „Kind–Erwachsener–Eltern" zu verlassen, aber es ist die einzige Chance – besonders bei tiefverstrickten, harten Spielen.

Der aus Wien stammende amerikanische Psychiater Paul Watzlawick nennt diese Art des Aussteigens aus einem eingefahrenen System *Veränderung zweiter Ordnung*. Er führt das folgende Beispiel an:

Während einer der im 19. Jahrhundert häufigen Unruhen in Paris erhielt der Kommandant einer Gardeabteilung den Befehl, einen Platz durch Gebrauch der Schußwaffe von der dort demonstrierenden canaille *zu räumen. Er befahl seinen Leuten, durchzuladen und die Gewehre auf die Demonstranten anzuschlagen. Während die Menge vor Entsetzen erstarrte, zog er seinen Säbel und rief mit schallender Stimme: „Mesdames, m'siers, ich habe den Befehl, auf die* canaille *zu schießen. Da ich vor mir aber eine großen Zahl ehrenwerter Bürger sehe, bitte ich sie, wegzugehen, damit ich unbehindert auf die* canaille *feuern kann."*

Der Platz war in wenigen Minuten leer. Watzlawick faßt den psychologischen Kern der Situation und die kluge Lösung folgendermaßen zusammen:

Der Offizier hat eine drohende Menge vor sich. In der für Veränderungen erster Ordnung typischen Weise lautet sein Befehl, Gewalt mit Gewalt, also mit „mehr des gleichen" zu begegnen. Da seine Leute bewaffnet sind und die Menge nicht, besteht kein Zweifel, daß „mehr des gleichen" Erfolg haben wird. Aber im weiteren Kontext wäre diese Lösung nicht nur keine Lösung, sondern sie würde die bestehende Unruhe noch weiter anfachen. Durch sein geschicktes Vorgehen bewirkt der Offizier eine Veränderung zweiter Ordnung; er hebt die Situation aus dem Rahmen heraus, der bis zu diesem Augenblick sowohl ihn wie auch die Demonstranten enthielt, und erzielt damit eine für alle Beteiligten annehmbare Umdeutung der Situation.

Die Lösung des Offiziers ist eine typisch quasi-rationale Lösung. Sie kann nicht rational sein, weil sie überhaupt nicht der feindseligen Logik der gegebenen Situation folgt. Der Offizier hat diese Lösung sicher nicht aus professionellen Forschungen hergeleitet, aber zweifellos ist sie intelligent. Es ist auch möglich, daß der erhellende Gedanke ihm in dem meditativen Augenblick kam, in dem er versunken seinen Säbel zog. Höchstwahrscheinlich hat er sich nicht in jeder Situation so verhalten, sonst wäre er kein Armeeoffizier geworden. In der gemischten Strategie seines Bewußtseins aber gab es auch diese Möglichkeit, und sein quasi-rationales Bewußtsein fand im gegebenen Augenblick gerade diese Lösung.

Weitere Aspekte von Spielen

Die Spiele der Erwachsenen wurden nicht mit Hilfe der Spieltheorie entdeckt. Berne hielt es im Vorwort zu seinem 1962 veröffentlichten Buch lediglich für nötig zu erwähnen, daß die

Transaktionsanalyse von Spielen deutlich von ihrer mehr und mehr in den Vordergrund rückenden Schwesterdisziplin unterschieden werden sollte. Er hat recht, wenn er diese Frage auf diese Weise löst, weil die Methoden und Probleme grundlegend verschieden sind. Genau wie es keinen einfachen wohldefinierbaren Weg der Rationalität gibt, ist die mathematische Spieltheorie nicht die einzige erfolgreiche Methode zur Erforschung von Spielen. Es gibt auch über Bernes Analyse von Spielen hinaus eine Reihe fruchtbarer Ansätze.

So haben beispielsweise der ungarische Neurobiologe Endre Grastyán und seine Kollegen bei Tierexperimenten gezeigt, daß eine Reihe von Aktivitäten, die für die Selbsterhaltung völlig unnötig sind, physiologische Veränderungen bewirken, die für die Gesundheit der Tiere notwendig sind. Das ist ein Aspekt des Spiels, der von der Spieltheorie vollkommen vernachlässigt wird, obwohl er fundamental ist. Grastyáns Ergebnisse machen es hoch wahrscheinlich, daß es gerade die absolute Überflüssigkeit des Spiels ist (es hat keinen Überlebenswert), die die physiologischen Veränderungen bewirkt, die für die Gesundheit notwendig sind. Grastyán sagt: „Man kann nicht durch Strafe zum Spiel gezwungen werden, und Spielen kann auch nicht außerhalb seiner eigenen Sphäre belohnt werden. Spiel trägt seinen eigenen inneren Lohn in sich. (...) Ein Affe, der mit einem Puzzle spielt, hört sofort zu spielen auf, wenn er für Erfolg belohnt wird. (...) Wirkliches Spielen hat seinen Ort in der Sphäre der reinen Ethik, es ist die wichtigste ethische Aktivität, weil die Quelle der Freude äquivalent ist mit der Erkenntnis der Regel." Unsere Spieltheorie hat über diese wichtigen Fragen nichts zu sagen.

Philosophen untersuchen die philosophische und kulturhistorische Bedeutung des Spiels aus anderer Sicht und mit Hilfe anderer Methoden. Beispielsweise können sie sich nicht, wie wir es taten, mit einem intuitiven Verständnis vom Begriff des Spiels zufriedengeben, aber auch eine genaue mathematische Definition erfaßt die grundlegenden Probleme des Spielbegriffs in ihren Augen womöglich nicht hinreichend. Johan Huizinga (wir zitierten ihn in Kapitel 13, als wir über Spielverderber sprachen) widmet sechzehn Seiten seines Buches den Ausdrücken für den

Spielbegriff in der Sprache, von Griechisch über Sanskrit und Chinesisch, Indianersprachen und Japanisch bis hin zu den semitischen, romanischen und germanischen Sprachen. Ich zitiere zur Veranschaulichung seiner Darstellungsweise einen Absatz aus einem anderen Kapitel von Huizingas Buch:

Mit dem Spiel aber erkennt man, ob man will oder nicht, den Geist. Denn das Spiel ist nicht Stoff, worin auch immer sein Wesen bestehen mag. Schon in der Tierwelt durchbricht es die Schranken des physisch Existierenden. Von einer determiniert gedachten Welt reiner Kraftwirkungen her betrachtet, ist es im vollsten Sinne des Wortes ein Superabundans, etwas Überflüssiges. Erst durch das Einströmen des Geistes, der die absolute Determiniertheit aufhebt, wird das Vorhandensein des Spiels möglich, denkbar und begreiflich. Das Dasein des Spiels bestätigt immer wieder, und zwar im höchsten Sinne, den überlogischen Charakter unserer Situation im Kosmos. Die Tiere können spielen, also sind sie bereits mehr als mechanische Dinge. Wir spielen und wissen, daß wir spielen, also sind wir mehr als bloß vernünftige Wesen, denn das Spiel ist unvernünftig.

Die Spieltheorie brauchte sich nicht zu schämen, wenn sie über die Fragen, die Huizinga hier anklingen läßt, sowenig zu sagen hätte wie über die physiologische Bedeutung des Spielens. Um so interessanter ist es, daß wir im letzten Kapitel des Buches zu Schlüssen kommen werden, die in vieler Hinsicht mit Huizingas Gedanken übereinstimmen. Auch das zeigt einerseits die Macht des wissenschaftlichen Denkens und andererseits, daß wir auf unterschiedlichen Wegen zu ähnlichen Schlüssen kommen können.

15 Viele Wege führen ins Nirwana

Auf unterschiedliche Weise sind wir alle gleich.

In einer alten Parabel befiehlt der Herrscher den Wissenschaftlern seines Landes, das Wesen der Wissenschaft in einem einzigen Buch zusammenzufassen. Nach jahrelangen Erörterungen haben die Wissenschaftler ein dickes Buch geschrieben. Der Kaiser jedoch ist inzwischen alt geworden und erkennt, daß seine Zeit nicht ausreicht, um dieses dicke Buch zu verstehen. Er befiehlt, das Wesentliche daraus so knapp wie möglich zusammenzufassen. Als nach Jahren das neue Buch fertig ist, fürchtet der Kaiser wegen seines hohen Alters, seine Zeit reiche auch nicht zum Verstehen dieses Büchleins, und deswegen befiehlt er seinem klügsten Wissenschaftler, den Inhalt des Buchs in einem einzigen Satz zusammenzufassen. Der weise Mann denkt lange nach und berichtet schließlich, er habe den einen Satz gefunden, um den der Kaiser gebeten habe. Der Satz lautet: Die Welt ist kompliziert.

Wenn ich in einer ähnlichen Situation die wichtigste Lehre aus meinen Studien der Psychologie zusammenfassen müßte, würde ich sagen: *Wir sind verschieden.* Wenn ich einen weiteren Satz hinzufügen dürfte, würde ich auch die Folgerungen aus den Ergebnissen der allgemeinen und der experimentellen Psychologie erwähnen. Es ist erstaunlich, wie *ähnlich wir im Grunde* sind. Wenn ich wiederum das, worum es im vorliegenden Buch geht, in einem einzigen Satz zusammenfassen müßte, würde ich wahrscheinlich sagen, es gehe um die *Verträglichkeit dieser beiden Erkenntnisse.*

Ich halte es für wahrscheinlich, daß ich das sagen würde, aber ich bin nicht sicher. Vielleicht würde meine momentane Stimmung mir befehlen, etwas anderes zu betonen und beispielsweise auf die Rolle hinzuweisen, die die Spieltheorie für die Veränderung der Einstellungen der Wissenschaftszweige gespielt hat, oder ich würde auf die Unterschiede zwischen den Rationalitätsbegriffen oder auf das quasi-rationale Wesen meditativer Erkenntnis verweisen. Ich befolge eine gemischte Strategie – wie wir alle. Das ist die Grundlage sowohl unserer Vielfalt wie unserer Gleichheit. Wir alle denken in gemischten Strategien, und in dieser Hinsicht sind wir alle ähnlich. Aber die reinen Strategien, die den gemischten Strategien zugrunde liegen, und ihre Mischung sind vollkommen individuell, und darauf beruht die grundlegende Vielfalt unserer Denkgewohnheiten und unserer Persönlichkeiten.

Außerdem gibt es viele Wege, die Welt kennenzulernen. Die Wissenschaft hat gezeigt, wie effizient rein rationales Denken sein kann. Zum Erlangen von innerer Harmonie, Gleichgewicht und Frieden haben sich die meditativen Methoden etwa des östlichen Denkens als besonders erfolgreich erwiesen. Die Spieltheorie half uns zu verstehen, warum entgegengesetzte Strategien (egoistische Gene und Gruppenselektion, Rationalität und Intuition) im großen Spiel der Natur nebeneinander Bestand haben und wie sie zu einem besseren Gleichgewicht sowohl in der Welt als auch im menschlichen Denken führen können. Gleichzeitig hat uns die Spieltheorie auch geholfen, das Wesen der individuellen Spielstrategien besser zu verstehen.

Das Wesen der rationalen Erkenntnis

Albert Einstein sagte: „Das Unverständlichste an der Welt ist ihre Verstehbarkeit." Das ist Einsteins wissenschaftliches Glaubensbekenntnis. In seinem Buch *Mein Weltbild* führt er im einzelnen aus, daß ihn sein unerschütterlicher Glaube an die Verstehbarkeit der Welt bei all seinen Entdeckungen leitete.

Der Grund für die Verstehbarkeit der Welt liegt für Einstein außerhalb der Sphäre der verstehbaren Dinge, also außerhalb der Naturwissenschaften. Was aber Verstehbarkeit der Welt oder wenigstens die Verstehbarkeit einiger Naturerscheinungen bedeutet, ist für Naturwissenschaftler selbstverständlich, denn das ist ja geradezu die *Definition* des Wissenschaftlers. Wer das nicht deutlich fühlt, wird von anderen Wissenschaftlern nicht als Kollege bezeichnet. Wenn sich aber Wissenschaftler auf eine Debatte mit jemandem einlassen, der nach der Ursache der Verstehbarkeit fragt, ist das für sie keine wissenschaftliche Auseinandersetzung, sondern eine Diskussion mit einem Außenstehenden, einem ungebildeten „Barbaren", oder vielleicht ein Kampf gegen „Dummheit" oder „Finsternis". Für Wissenschaftler sind die Ausgangspunkte für ihre Erforschung der Welt klar umrissen und eindeutig, und ihrer Meinung nach stellen sich jene, die nicht von diesen Punkten ausgehen, gegen die reine menschliche Vernunft.

Wissenschaftler gehen ausschließlich von experimentellen Tatsachen und genau definierten Hypothesen (Modellen) aus, und sie ziehen Schlüsse mit Hilfe der *reinen Rationalität*, vorzugsweise jener der formalen Logik. Es liegt im Wesen der Methode, daß sie *kein subjektives Element enthält*. Wenn zwei Menschen von den gleichen Hypothesen und experimentellen Tatsachen ausgehen und sich an die Spielregeln halten, müssen sie *theoretisch* zu den gleichen Schlüssen kommen, falls ihre intellektuellen Fähigkeiten das erlauben.

Trotzdem gibt es in der Gemeinschaft der Wissenschaftler Auseinandersetzungen, bei denen es jedoch im allgemeinen nicht darum geht, ob gewisse wissenschaftliche Herleitungen oder Gedankengänge annehmbar sind, sondern darum, ob die Ausgangshypothesen zutreffen. Wenn die experimentellen Tatsachen selbst fraglich sind oder die Gedankenkette zweifelhaft ist, werden die Debatten gewöhnlich rasch beigelegt. Weil jeder Wissenschaftler fest davon überzeugt ist, daß die Frage eine objektive Lösung hat, kommt es bald zu einer Übereinstimmung. Das kann schwierige und langwierige wissenschaftliche Auseinandersetzungen um die Ausgangshypothesen, Theorien und Modelle hervorrufen, aber selbst in diesen Fällen kommt es nur dann zu wissenschaftlichen Debatten, wenn auch die Methoden der rivalisierenden Theorien von einer wissenschaftlichen Einstellung bestimmt sind und wenn die Theorie in rein rationalen Begriffen gefaßt werden kann, so daß sie sich – zumindest theoretisch – im Rahmen eines formalen Systems behandeln läßt.

Zumindest theoretisch. In der Praxis ist die Verwirklichung dieser Grundsätze schwierig, wenn nicht gar unmöglich. Die Anwendung der ausgezeichneten Methoden der formalen Logik stößt auf große Schwierigkeiten. Auch Wissenschaftler denken intuitiv über Probleme nach, die sich dann, wenn sie erfolgreich gelöst sind, als rein rationale Gedankengänge darstellen lassen. Außerdem beruht auch die Bestätigung, ob ein Gedankengang als wissenschaftlich bezeichnet werden kann oder nicht, oft auf Intuition. Die Schrödinger-Gleichung wurde von den Physikern rasch akzeptiert, obwohl ihre Herleitung, rein logisch gesehen, nicht akzeptabel ist. Vielleicht konnte sie *genau darum* etwas grundsätzlich Neues bieten, ein Ausgangssystem, das radikal verschieden war von früheren. Die neue Theorie paßte dennoch ausgezeichnet zur Intuition jener Physiker, die noch nicht auf diesen Gedanken gekommen waren. Sie entsprach der existierenden physikalischen Intuition, aber sie veränderte sie gleichzeitig radikal. Das gehört zum Wesen jeder brillanten Idee. Auch das Unverständlichste brillanter Gedanken ist ihre Verstehbarkeit.

Zum Wesen der *wissenschaftlichen Intuition* gehört, daß intuitiv denkende Wissenschaftler in jedem Augenblick das Gefühl haben, sie könnten das Ergebnis der Gedankengänge, die sich als richtig erweisen, mit rein rationalen Mitteln ausdrücken. Dieses Gefühl ist für die wissenschaftliche Intuition bestimmend und unterscheidet sie von anderen Formen der Intuition. In einem Menschen, der in langen Studienjahren Wissenschaftler wurde, ist diese Intuition fest verwurzelt. Im Gespräch gönnen es sich Wissenschaftler, ihre Gedanken nicht nur in der schwierigen und umständlichen Form der reinen Rationalität auszudrücken, das aber hat in der Abgeklärtheit wissenschaftlicher Publikationen keinen Raum. Die Diskussionsteilnehmer spüren sowieso genau, ob die anderen wissenschaftlich denken oder nicht. Zu dieser Erkenntnis kommen sie nicht aufgrund eines formalen Systems, sondern eher aufgrund einer Art „guten Gehörs". Wissenschaftler empfinden einen Gedankengang, der keine Chance hat, in rein rationalen Begriffen erfaßt zu werden, als unstimmig. Diese Intuition hat Ähnlichkeit damit, daß wir beim Drehen des Einstellknopfes am Radio im Ausland plötzlich unsere Ohren spitzen, obwohl wir kein Wort verstanden haben, weil wir plötzlich sicher waren, eine Station gefunden zu haben, wo unsere Muttersprache gesprochen wurde.

Mit Hilfe der wissenschaftlichen Methode läßt sich nur ein beschränkter Fragenkatalog erörtern. Das gehört zum Wesen der Methode, denn sonst gäbe es kaum eine Möglichkeit, daß die Antwort schließlich in einen rein rationalen Gedankengang mündet. Paradoxerweise haben diese begrenzten Fragen in vielen Fällen so allgemeine Antworten hervorgebracht wie den Energieerhaltungssatz. Diese genau definierten Fragen haben außerdem zu Ergebnissen wie dem Gödelschen Satz geführt, der die *allgemeinen* Grenzen formaler Systeme aufzeigt. Wir bemerkten am Ende von Kapitel 4, daß die mit rein rationalen Methoden arbeitende Spieltheorie auf der Grundlage von Gödels Satz sogar die Grenzen des Begriffs der Rationalität erhellen konnte, als wir sahen, daß ein einziger Begriff der Rationalität nicht genügt, um alle möglichen Rationalitäten in der Welt auszudrücken. Es ist möglich, für jeden Begriff der Rationalität ein Spiel zu erschaffen, in dem der gegebene Begriff offensichtlich schließlich zu einem irrationalen Ergebnis führt, obwohl eine andere Art von Rationalität erfolgreich sein könnte.

Diese Tatsache stellt die Nützlichkeit der Rationalität als Methode nicht in Frage, sondern bestärkt sie sogar. Derart allgemeine Ergebnisse, die sogar die eigenen Grenzen aufzeigen, lassen sich nur mit den Methoden der Rationalität erreichen. Das ist beruhigend. Weil der Glaube an die Verstehbarkeit der Welt mit seinen Methoden sogar die eigenen Grenzen entdecken kann, können wir uns mit der Tatsache versöhnen, daß wir dazu verdammt sind, immer von einem Denksystem zu einem anderen überwechseln zu müssen.

Das Wesen der mystischen Erkenntnis

Meister Eckhart, der große deutsche Mystiker des Mittelalters, schreibt am Ende einer langen und tiefen Überlegung:

„Als ich aus Gott floß, da sprachen alle Dinge: Gott ist, dies aber kann mich nicht selig machen, denn hierbei erkenne ich mich als Kreatur. In dem Durchbrechen aber, wo ich ledig stehe meines eigenen Willens und des Willens Gottes und aller seiner Werke und Gottes selber, da bin ich über allen Kreaturen und bin ich weder „Gott" noch Kreatur, bin ich vielmehr, was ich war und was ich bleiben werde jetzt und immerfort. Da empfange ich einen Aufschwung, der mich bringen soll über alle Engel. In diesem Aufschwung empfange ich so großen Reichtum, daß Gott mir nicht genug sein kann mit allem dem, was er als „Gott" ist und mit allen seinen göttlichen Werken, denn mir wird in diesem Durchbrechen zuteil, daß ich und Gott eins sind. Da bin ich, was ich war, und da nehme ich weder ab noch zu, denn ich bin da eine unbewegliche Ursache, die alle Dinge bewegt. Allhier findet Gott keine Stätte mehr in dem Menschen, denn der Mensch erringt mit dieser Armut, was er ewig gewesen ist und immerfort bleiben wird. Allhier ist Gott eins mit dem Geiste, und das ist die äußerste Armut, die man finden kann.

Dann fährt Meister Eckhart fort: „Wer diese Rede nicht versteht, der bekümmere sein Herz nicht damit. Denn solange der Mensch dieser Wahrheit nicht gleicht, solange wird er diese Rede nicht verstehen."

Rationale Erkenntnis gründet auf der Überzeugung, daß die Welt völlig verstehbar ist. Mystische Erkenntnis gründet auf dem Glauben, daß die Welt völlig erfahrbar ist. Die rationale Sicht der Welt gründet einzig auf empirischen Tatsachen, die sich nur mit den Sinnesorganen unseres Körpers erfahren lassen, alle andere Erkenntnis beruht auf richtigen Gedankengängen. Nach der mystischen Sicht der Welt kann man sich dann, wenn man die nötige geistige Klarheit erreicht hat, mit der Welt eins fühlen und unterscheidet nicht zwischen Selbst und Nicht-Selbst, zwischen Innen- und Außenwelt. In ihr haben Logik und Rationalität keinen Platz, weil Logik und Rationalität dem Entdecken und Ordnen der Unterschiede in der Welt dienen und jede Unterscheidung weg führt von der Erfahrung der tiefen Einheit der Welt. Wer dieses Stadium erreicht, kann die Welt durch Identifikation kennenlernen oder, um genauer zu sein, indem er eins wird mit dem All. Aller Mystik liegt der Glaube an die grundlegende Einheit der Welt und an die Möglichkeit ihrer Erfahrbarkeit zugrunde.

In Antoine de Saint-Exupérys Geschichte vom *Kleinen Prinzen* enthüllt der Fuchs, den der kleine Prinz gezähmt hat, dem Prinzen ein großes Geheimnis: „Man sieht nur mit dem Herzen gut. Das Eigentliche ist dem Auge unsichtbar." Die rationale Weltsicht stimmt völlig mit dem zweiten Satz überein, sieht aber darin den *eigentlichen Grund* dafür, warum die Macht der *Vernunft* notwendig ist, warum komplizierte logische Schlüsse gezogen werden müssen. Aus mystischer Weltsicht sind *weder Herz noch Verstand* hilfreich, wenn man die Welt kennenlernen will, sondern sogar eher hinderlich. Zur Erfahrung der mystischen Einheit der Welt brauchen wir ein weiteres „Sinnesorgan". Dieses „Sinnesorgan" kann nur unsere Gesamtheit sein, denn wenn es ein wirkliches „Organ" wäre, ein Teil von uns, würde es wieder zu neuer Differenzierung führen. Die Erfahrung der mystischen Einheit der Welt ist ein ganz besonderer Bewußtseinszustand. Obwohl die Existenz eines solchen Zustands sich nicht logisch aus irgend etwas anderem folgern läßt, kann man auch seine Nichtexistenz nicht mit rationalen Mitteln herleiten.

Aus der mystischen Weltsicht läßt sich nicht logisch folgern, daß mystische Erfahrungen mit religiösen Erfahrungen verknüpft sein müssen. Meistens ist das so, aber es muß nicht so sein. Die Mystiker des Ostens berichten von erstaunlich ähnlichen Erfahrungen wie Meister Eckhart, obwohl ihr religiöser Hintergrund radikal anders ist, nicht nur als der von Meister Eckhart, sondern oft auch zwischen ihnen selbst. Gelegentlich, etwa im Fall des Zen-Meisters Dogen Zenji, eines Zeitgenossen von Meister Eckhart, ist er bewußt nicht existent.

Im Zen-Buddhismus wird die höchste Erfahrung des Erlebens der vollständigen Einheit mit der Welt *Satori* oder *Erleuchtung* genannt. Diese Erfahrung läßt sich nicht mit Worten beschreiben, denn es gehört zum Wesen der Erleuchtung, daß man dauerhaft und vollständig über Worte, die Mittel der Unterscheidung, hinausgeht. Die Erleuchtung ist eine höchst ekstatische Erfahrung, die zu einer veränderten Sicht der Welt führt. Das Erreichen von Satori ist die extremste Form der meditativen Methoden der Erkenntnis.

Erleuchtete Meister können beurteilen, ob jemand Satori erreicht hat, und zwischen ihnen besteht im allgemeinen keine Unstimmigkeit darüber. Sie fällen ihr Urteil nicht auf der Grundlage von äußeren Hinweisen, wie auch Wissenschaftler nicht auf der Grundlage eines formalen Systems entscheiden, ob jemand wissenschaftlich denkt oder nicht. Sie haben vielmehr eine Art „Gehör für Zen" und können in jeder Manifestation einer erleuchteten Person eine Art reiner Harmonie spüren. Um sie wahrzunehmen, muß man nicht unbedingt erleuchtet sein. Wir spüren unwillkürlich die innere Echtheit der erleuchteten Person, wenn sie sich in der Welt mit einer inneren Ruhe zurechtfindet, die anders nicht zu erreichen ist. Gelegentlich gelingt es Scharlatanen, die behaupten, erleuchtet zu sein, gewöhnliche Menschen zu täuschen, aber wirklich Erleuchteten können sie nichts vormachen.

Daisetz Teitaro Suzuki, einer der großen Zen-Meister dieses Jahrhunderts, sagt, Meister Eckhart sei erleuchtet gewesen und habe Satori erreicht. Nur erleuchtete Mystiker können glaubwürdig solche Sätze sagen, wie sie oben zitiert wurden; bei jedem anderen klingen sie unecht.

Auch bei mir. Für mich führt der Weg, auf dem ich die Welt kennenlerne, über die Rationalität und die Naturwissenschaften und auch über die Bekanntschaft mit anderen wichtigen Arten der Erkenntnis. Wir bemühen uns, das Verhalten der Elektronen oder der Stichlinge zu verstehen, ohne zu versuchen, vorübergehend selbst Elektronen oder Stichlinge zu sein, denn, wie der ungarische Dichter Attila Jozsef sagt: „Geschickt wie die Katze auch ist / Sie kann die Maus nicht zugleich im Haus und draußen fangen."

Ein Grundprinzip der wissenschaftlichen Erkenntnis ist extreme Objektivität. Wissenschaftliche Experimente können – im Prinzip – von jedem jederzeit reproduziert werden, wenn auch wohl nicht jeder die vielen hundert Millionen Dollar zur Verfügung hat, die ein Teilchenbeschleuniger kostet. Die Bestätigung wissenschaftlicher Ergebnisse erfordert nicht nur viel Wissen, sondern auch viel Geld, aber wenn jemand es unbedingt will, kann er sich selbst von ihrer Wahrheit überzeugen, ganz gleich, an was er sonst glaubt.

Die Mittel der mystischen Erkenntnis sind das Selbst des Beobachters, eine spezielle Fähigkeit des Gefühls, das er in sich selbst entwickelt. Mystische Erkenntnis ist also ihrem Wesen nach vollständig subjektiv, und deshalb versucht die Naturwissenschaft den Mystizismus mit allen Mitteln aus dem Denken zu verbannen. Aber auch im östlichen Mystizismus ist die Reproduzierbarkeit der Erfahrungen fundamental. Trotz des unterschiedlichen philosophischen und religiösen Hintergrunds sind die Weltanschauungen der verschiedenen mystischen Meister so ähnlich, daß es kaum gerechtfertigt ist, diesen Weg der Erkenntnis als subjektiv zu verachten und seine Ergebnisse als reine Glaubenssache zu behandeln. Die Entwicklung der Fähigkeit der mystischen Erleuchtung ist die Spitzenleistung unserer quasi-rationalen, meditativen Methoden der Erkenntnis.

Fritjof Capra weist in seinem berühmten Buch *Das Tao der Physik* darauf hin, daß sowohl Wissenschaftler als auch Mystiker über hochentwickelte und raffinierte Methoden der Naturbeobachtung verfügen, die Laien unzugänglich sind. Für einen Laien ist eine Seite aus einer Zeitschrift für Experimentalphysik so geheimnisvoll und unverständlich wie ein tibetisches Mandala. Capra zeigt viele Ähnlichkeiten auf zwischen der Weltsicht der Quantenphysik und jener der – zweifellos zeitlich früheren – östlichen Mystik.

Rationalität als ein Verfahren der Distanzierung

Es gibt viele Strategien, die zum bewußten, quasi-rationalen Denken führen. Eine der wichtigen Methoden ist, wie wir am Ende von Kapitel 11 zeigten, die *Distanzierung*. Die Distanzierung bietet ein mögliche *praktische* Lösung für das theoretisch noch ungelöste Problem, wie der Mensch sich in einen reinen Zustand versetzen kann, indem er sich selbst bewußt beobachtet. Die Distanzierung ermöglicht es der Psyche, die natürlicherweise in einem gemischten Zustand ist, und der Psyche, die als Beobachter handelt, gleichzeitig zu funktionieren.

Sowohl bewußtes Denken als auch unbewußte Prozesse sind Teil unserer Psyche. Die unbewußten Vorgänge bombardieren die bewußten ununterbrochen mit Hilfe ihrer somatischen Marker (siehe S. 304) und tragen so dazu bei, daß der natürliche, immer gemischte Zustand aufrechterhalten wird. Wenn wir uns entscheiden müssen, können wir aber nur einige unbewußte Vorgänge in Betracht ziehen, niemals alle: In diesen Fällen muß man sich zumindest für einen Augenblick in einen reinen Zustand bringen. Das Ziel der Distanzierung kann es sein, es der Psyche zu ermöglichen, nicht nur die somatischen Marker selbst, sondern auch die Beziehungen, Verknüpfungen und Ursachen zu betrachten – und auf diese Weise einer rationalen Entscheidung näherzukommen.

Diesem Zweck vermag fast alles zu dienen, was zwischen die somatischen Marker und ihre Ursache geschoben werden kann: das Auszupfen von Blütenblättern, die Projektion von Bildern auf einen imaginären Schirm – alles, durch das wir die Situation in einen Rahmen bringen können, in dem andere „Spielregeln" gelten als die der natürlichen Funktionsweise der Psyche, alles, was der Trennung zwischen Beobachter und Beobachtungsgegenstand dient. *Auch die Logik kann diesem Zweck dienen*, weil sie kein automatisches Mittel menschlichen Denkens ist. Der Rahmen, in den wir die Situation stellen, kann also auch rein rational sein, sogar wissenschaftlich.

Einige Menschen haben ihre logischen Fähigkeiten so hoch entwickelt, daß sie die Regeln der Logik sogar in sehr komplizierten Fällen anzuwenden vermögen und mit schrecklich komplizierten logischen Gedankengängen Probleme lösen, die andere rein intuitiv angehen. Die Fähigkeit, Logik anzuwenden, ist in uns allen zu einem bestimmten Maß entwickelt, um so mehr, als die Schulbildung diese Fähigkeit stark betont. Vielleicht liegt das nicht daran, daß sie für unsere Psyche ein besonders wichtiges Mittel der Entscheidungsfindung ist, sondern daran, daß sie das geeignetste Verfahren darstellt, um Information *eindeutig* zu übermitteln. Wenn also die Logik in einigen wenigen Schritten ein Problem lösen kann (womöglich mit wirksamer Unterstützung unserer somatischen Marker), wenden wir wohl auch – ohne besonderen distanzierenden Hokuspokus – dieses Verfahren an.

Die Distanzierung ist ein im wesentlichen meditatives Verfahren, aber manchmal setzen wir auch die Logik zu diesem Zweck ein, staunen über die keineswegs selbstverständlichen Zusammenhänge in der Welt und versetzen uns in einen Seelenzustand, in dem diese Zusammenhänge unserem Denken als natürlich erscheinen.

Jenseits der Rationalität

Die Rationalität gibt keine Antwort auf die Frage, wie sich ein Problem rational lösen läßt, wenn es nachweislich keine rationale Lösung gibt. Die Form dieser Frage hat große Ähnlichkeit mit den Paradoxien, mit denen wir als Kinder vermutlich alle herumgespielt haben (ohne allzu sehr schockiert zu sein). Kann Gott, so ein Beispiel, einen Stein erschaffen, der so groß ist, daß sogar Er ihn nicht heben kann? Dieses Paradoxon läßt sich auf viele Weisen lösen, etwa so: Man kann etwas erschaffen, ohne es heben zu müssen. Für einen frommen Menschen ist die Frage unwichtig, denn die Antwort hat, unabhängig davon, wie sie lautet, keine Auswirkungen auf seinen Glauben.

Die Frage nach der Rationalität trifft jemanden, der gern an ihre Macht glauben möchte, aufs empfindlichste, weil ja Gödel bewiesen hat, daß eine Frage manchmal im Rahmen der reinen Rationalität formuliert werden kann und trotzdem keine rationale Antwort hat. Nicht weil wir sie nicht finden können, sondern weil es sie nicht gibt.

Die Naturwissenschaft reagiert auf die Herausforderung, die in Gödels Satz steckt, indem sie sagt, daß wir jetzt anscheinend dazu verdammt sind, die Strukturen der Wissenschaft immer zu verändern. Jenseits der Rationalität gibt es eine andere, sogar noch mächtigere Rationalität, jenseits davon wieder eine andere usw. Andere formulieren es anders: Rationalität ist auf einem Gebiet der Wissenschaft nicht genau das gleiche wie auf einem anderen. Nicht weil die Wissenschaftsdisziplinen einander widersprächen, sondern weil sie alle zusammen das menschliche Fassungsvermögen übersteigen. Und die Zahl der wissenschaftlichen Gebiete nimmt unaufhaltsam zu.

Die Natur hat darauf eine andere Antwort gegeben, die sich etwa so formulieren läßt: *Rationalität ist einer eurer menschlichen Begriffe, genau wie Ort und Geschwindigkeit. Sie ist ein guter Begriff, ihr könnt mit seiner Hilfe zu ausgezeichneten Erkenntnissen gelangen. Ich widerspreche dem nicht, aber ich funktioniere nicht so. Euch bleibt die Quasi-Rationalität als Grundlage eures Denkens mit seiner ganzen Vielfalt. Wenn ihr gut genug seid, könnte es euch vielleicht trotzdem gelingen, meine wirklichen Begriffe mit den Mitteln der Mystik zu erahnen.*

Die Spieltheorie hat den Bereich der Probleme deutlich vergrößert, die rationalen Mitteln zugänglich sind. Sie hat die rein rationale Untersuchung von Problemen ermöglicht, die sich der Erkenntnis zuvor streng widersetzt hatten. Ein gutes Beispiel dafür sind die Nullsummenspiele, die mit Hilfe von Neumanns

Satz und den Mitteln der reinen Rationalität schon jetzt analysiert werden können. Wir brauchen die unendlichen geistigen Schleifen wie „Ich denke, daß du denkst, daß ich ..." nicht mehr.

Eine noch bedeutsamere Folge der Spieltheorie war die Neubewertung der Rolle des Zufalls – die Erkenntnis, daß der Zufall ein Mittel der reinen Rationalität sein kann. So konnten wir auch verstehen, wie die quasi-rationalen Denkweisen sich einer Rationalität höherer Ordnung annähern können, beispielsweise einer optimalen gemischten oder einer evolutionär stabilen Strategie. Jetzt können wir wieder denken, daß wir dem Verständnis der fundamentalen Wirkungsprinzipien der Natur näher gekommen sind. Vielleicht ist das so; die Zukunft wird es zeigen.

Die Konsequenzen aus Gödels Satz aber können nicht übergangen werden, und tatsächlich hat die Zahl Gödelscher Probleme noch weiter zugenommen: Es wurde deutlich, daß es mehrere Rationalitätsbegriffe gibt, die sich nicht mit Hilfe rationaler Mittel unterscheiden lassen. Unabhängig davon, welchen Rationalitätsbegriff wir voraussetzen, wird sich herausstellen, daß die Rationalität selbst nur eine unserer vielen quasi-rationalen Methoden sein kann.

Gödels Satz hat in der Naturwissenschaft einen großen Schock ausgelöst, denn durch ihn wurden die gesicherten Grundlagen der wissenschaftlichen Welt selbst fraglich. Es hat Jahrzehnte gedauert, bis Wissenschaftler die theoretischen Grenzen der Wissenschaft mit erhobenem Haupt akzeptierten, und noch länger, bis sie sogar stolz darauf waren, daß sie sie beweisen konnten. Die Entdeckung des Gödelschen Phänomens war für das mystische Denken kaum eine Überraschung, weil es aufgrund seiner Methoden schon immer jenseits der Logik war. Deshalb kann sich mystisches Denken als wirksames Mittel zur Erreichung innerer Harmonie erweisen, genauso wie die Naturwissenschaft die Grundlagen für die Leistungen der Technik legte.

Vielleicht liegt der Gewinn, den die Spieltheorie uns brachte, vor allem darin, daß sie uns half, neue Kriterien der Rationalität zu finden, die wir sobald wie möglich in unsere quasi-rationalen Denkstrategien einbauen müssen – falls wir das Aussterben unserer Art verhindern wollen. Die betrüblichen Ergebnisse der Dollarauktion und des Gefangenendilemmas haben gezeigt, daß menschliches Denken dazu neigt, in Fallen zu geraten, die Tiere ausgezeichnet zu vermeiden wissen.

Möglicherweise ist das für die Tiere wenig vorteilhaft. Soweit wir wissen, laufen in Tieren keine bewußten, sekundären Denkprozesse ab, durch die sie sich mehr oder weniger gut an die unterschiedlichen Arten der Rationalität anpassen können. Entweder passen sich ihre Primärvorgänge an die Rationalität an, die von der natürlichen Auslese begünstigt wird, oder sie sterben früher oder später aus. Wir sind umgeben von Tieren, die nicht ausgestorben sind – kein Wunder, daß sie sich als so rational erweisen.

Die Gegebenheiten, für die die Dollarauktion oder das Gefangenendilemma Beispiele sind, könnten erst vor relativ kurzer Zeit bedeutsam geworden sein. So ist das Problem der Umweltverschmutzung neu, gemessen am Maßstab der Evolution. Wenn eine Tierart in eine solche Falle geriete, wäre sie nicht mehr vor dem Aussterben zu retten, und ihre Nische würde von einer Art besetzt, deren rationale Primärvorgänge der Logik der neuen Situation entsprechen. Sicherlich würde die Kombination von Genselektion und Gruppenselektion im Lauf der Evolution zu einer Art führen, die kooperativer ist als unsere. Dem Menschen – der die Fähigkeit hat, bewußt zu denken und sich selbst zu kennen – ist jedoch die Möglichkeit gegeben, eine Entscheidung zu fällen, die bis dahin benutzte gemischte Strategie zu ändern und auf diese Weise auch in einer sich verändernden Welt zu überleben.

Die beiden Komponenten des Denkens

Eine der Grundthesen des Zen besagt, daß sich nicht definieren läßt, was Zen ist. Aber auch das ist keine Definition, denn sonst wäre Zen ja dadurch definiert. Trotzdem muß der Meister etwas sagen, wenn der Schüler eine Frage stellt. Die Antwort hängt immer davon ab, wo der Schüler auf dem Weg zur Erleuchtung ist. Betrachten wir einige typische Antworten: „Drei Pfund Flachs." – „Oh, der Reisbeutel!" – „Buddha ist genau dieses Bewußtsein." – „Es ist nicht Bewußtsein, es ist nicht Buddha." – „Die Zypresse im Garten." Vielleicht kommt vom Meister ein unerwarteter Schlag mit einem Stock, oder dem Frager wird plötzlich ein Finger abgeschnitten – was immer nötig ist, um dem Schüler einen Stoß zum Satori zu versetzen, mit Glück den letzten.

Es ist, als ob wir eine Reihe von Lehrbeispielen vor uns hätten, die uns den Begriff der gemischten Strategie erklären sollen. Wir haben den Begriff der gemischten Strategie anders eingeführt, denn in diesem Buch verwenden wir die Sprache der Rationalität. Wir sprachen vom Rationalitätsprinzip, von evolutionärer Stabilität und dem kategorischen Imperativ, untersuchten die Arten der Rationalität, die sich mit Hilfe gemischter Strategien erreichen lassen, und fragten, in welchem Sinn eine gemischte Strategie optimal sein kann. Was hätten wir gesagt, wenn das Ziel des Spiels gewesen wäre, die Rationalität total auszulöschen, um den Weg zur mystischen Erleuchtung zu bahnen? Wenn wir das mit rationalen Mitteln analysieren könnten, würden wir wahrscheinlich wieder zu einer Art gemischter Strategie kommen, genau wie die Zen-Meister.

Wenn die Welt im Grunde auf gemischten Strategien beruht, können wir nicht umhin, den Begriff der gemischten Strategien zu berücksichtigen, sowie wir die mystische Einheit mit dem Weltall spüren wollen, selbst wenn wir dazu nicht die Methoden der Wahrscheinlichkeitstheorie und Geometrie verwenden (wie es die Spieltheorie tut). Die mystische Identifikation nimmt *alle gemischten Strategien aller Dinge dieser Welt*, vom Elektron bis zu den Stichlingen, von Unternehmern mit ihren Wertpapierdepots bis hin zu Liebenden, die Blütenblätter auszupfen. Aber das alles sind natürlich nur Worte, die uns von der mystischen Erkenntnis entfernen.

Genau wie mystisches Denken versucht, die Rationalität zu verbannen, unternimmt wissenschaftliches Denken jede Anstrengung, um den Mystizismus auszuschließen. Beide Möglichkeiten der Erkenntnis vollbringen ihre Spitzenleistungen, wenn sie ihre Ziele vollkommen erreichen, aber in jedem Menschen sind alle Arten der Erkenntnis angelegt. Das menschliche Denken wurde von der Natur so erschaffen, daß es eine gemischte Strategie aus diesen beiden radikal entgegengesetzten Methoden der Erkenntnis darstellt. Die Menschheit selbst kann nicht ohne beide existieren. Bei einigen Menschen ist die eine stärker ausgeprägt als die andere. Aber jeder von uns hat beide.

Selbst bei mystischen Meistern tauchen dann, wenn der Zustand der Versenkung vorbei ist, rationale Gedanken auf, und somatische Marker machen sich wieder bemerkbar – obwohl ihre Intuition weiterhin grundlegend von dem geleitet wird, was sie in ihrem mystischen Zustand erlebt haben. Auch die Meister der Rationalität verhalten sich in ihrem Alltagsleben oft bemerkenswert irrational, wenn sie an Probleme denken, die nichts mit ihrem engen Gebiet der Wissenschaft zu tun haben. Tatsächlich verwenden Menschen, die „mit dem Herzen sehen" ebenfalls beide Methoden: Logik und Intuition.

Das mystische Denken könnte eine Komponente unseres Bewußtseins sein, die das Prinzip der Gruppenselektion in seiner Totalität verkörpert, während die Rationalität durch ihre analytische Funktion dem Prinzip der Genselektion entspricht. Auf diese Weise könnten die Leitprinzipien der Natur im menschlichen Denken auftreten, und aus diesem Grund könnten beide Denkweisen unabdingbar zum menschlichen Bewußtsein gehören.

Das Spiel als Gesamtheit

In Kapitel 12 haben wir die Frage offengelassen, warum die Psyche untersucht werden kann, als ob sie eine Einheit wäre, die mehr oder weniger so funktioniert, wie es der Quantenmechanik entspricht. Das Problem ergab sich, weil es trotz der vielen Analogien zwischen den gemischten Strategien der Psyche und den gemischten Strategien der Elementarteilchen doch auch einen grundsätzlichen Unterschied gibt. Nach der Quantenmechanik ist das Verhalten sehr kleiner Teilchen indeterminiert; je mehr wir uns der Makrowelt nähern, um so mehr beginnen sich deterministische Prinzipien zu manifestieren. In der Psyche dagegen sind die einfachen alltäglichen Entscheidungen mehr oder weniger determiniert, während für wirklich wichtige Fragen, die die ganze Psyche betreffen, indeterminierte Entscheidungen charakteristisch sind.

Elementarteilchen sind elementar, weil sie nicht in weitere Komponenten unterteilt werden können. Sobald ein Teilchen gespalten werden kann, ist es nicht mehr elementar – eben deshalb bezeichnen wir Atome heute nicht mehr als elementar. Das Bewußtsein ist ebenfalls eine Größe, die nicht in weitere sinnvolle Komponenten unterteilt werden kann. Wenn das Bewußtsein eines Menschen gespalten ist, halten wir ihn für krank. Die Neuronen des Gehirns, ihre komplexen Verbindungen und Mechanismen der Informationsübermittlung sind nicht Teil, sondern nur Träger des Bewußtseins – genau wie Wasser nicht ein Teil einer Welle ist, sondern ihr Träger. Auch bei Elementarteilchen gibt es so stabile Phänomene wie Energie oder, besser noch, wie die Ladung von Elektronen. Das Teilchen insgesamt jedoch ist in bezug auf globale menschliche Begriffe wie Ort oder Impuls eher indeterminiert. Auch die Psyche erzeugt eher stabile Phänomene, wie es alltägliche Routineentscheidungen sind. Die Indeterminiertheit manifestiert sich dagegen vor allem in umfassenderen, tief menschlichen Fragen.

Unsere Worte, unser Wunsch, eine systematische Ordnung der Dinge herzustellen, können uns leicht wieder in die Irre führen. Wenn wir über die gemischten Strategien von Elektronen sprechen, vergessen wir gern, daß die Elektronen diese Strategien nicht *spielen*. Die Elektronen befolgen keine gemischte Strategie, um ihren tatsächlichen Ort zu bestimmen, sondern *das Elektron selbst ist diese gemischte Strategie*. Deshalb könnten wir sagen, es habe eigentlich keinen Ort. Das gilt nicht nur für den Ort, sondern auch für den Impuls und viele andere seiner Kennzeichen. Eigentlich ist ein *Elektron die Summe all dieser gemischten Strategien*, jedenfalls wenn wir es mit unseren menschlichen Begriffen verstehen wollen. Ähnlich ist es nicht unser Bewußtsein oder die Psyche, die eine gemischte Strategie befolgt, sondern die Summe dieser gemischten Strategien ist das *Bewußtsein selbst*.

Johan Huizinga kam mit den Methoden der reinen Philosophie zu dem gleichen Schluß: „Das Dasein des Spiels bestätigt immer wieder, und zwar im höchsten Sinne, den überlogischen Charakter unserer Situation im Kosmos." In unserem Denksystem bedeutet fast jedes Wort etwas anderes als in Huizingas. Für Huizinga bedeutet *Spiel* eine sinnlose Aktivität – ohne Überlebenswert – in einer begrenzten Welt, während für uns *Spiel* jede soziale Interaktion ist, in der Spieler Spielzüge machen und nach jedem Zug genau bewerten können, wieviel jeder von ihnen gewonnen hat. Ich weiß nicht, was Huizinga meint, wenn er vom *höchsten Sinn* spricht, aber ich bin sicher, daß er damit nicht wie wir gemischte Strategien und auch die aus gemischten Strategien gemischte Strategie meint, die die Natur anwendet, wenn sie Genselektion und Gruppenselektion oder rationales und mystisches Denken nebeneinander bestehen läßt. Ich würde deren Optimum – im Sinn einer (vorläufig noch nicht genauer bekannten) höheren Rationalität – als höchsten Sinn betrachten. Trotz der Tatsache, daß unser Gedankensystem ein ganz anderes ist als das Huizingas, kommen wir zu ähnlichen Schlüssen. Das große Spiel der Natur und das menschliche Erkenntnisvermögen weisen weit über jede Art von Rationalität hinaus, die wir bisher kennen, vor allem über jene ganz besondere Form, die Logik heißt.

Das Nirwana

Die östlichen Religionen beruhen zumeist auf einem tiefen Glauben an Wiedergeburt. Danach ist es Ziel und höchstes Glück des Lebens, Vollkommenheit zu erreichen, einen Zustand, in dem die Seele frei ist von den Zwängen weltlicher Wünsche. Dieser Zustand ist das Nirwana, und das Ziel jeder Seele ist es, ins Nirwana zu gelangen. Nach der östlichen Weltsicht wird die Seele des Menschen vom Erreichen des Nirwana geleitet. Es wäre irreführend, zu sagen, sie sei von dem *Wunsch* geleitet, das

Nirwana zu erreichen, denn die Seele muß sich gerade von allen Wünschen befreien, um das Nirwana zu erreichen. In der Terminologie unseres Denkens wäre es richtiger, zu sagen, daß das Nirwana die Seelen als eine Art Naturkraft lenkt, genau wie nach wissenschaftlichem Denken die Bewegung der Himmelskörper von der Schwerkraft bestimmt wird und die Entwicklung der Arten durch die Evolution.

Wenn eine Seele das Nirwana in einem Leben nicht erreicht, muß sie unweigerlich wiedergeboren werden. Da das Nirwana die Seele beherrscht, sind die Hauptereignisse eines Lebens durch die ethisch ungelösten oder falsch gelösten Ereignisse des früheren Lebens bestimmt, damit sie berichtigt werden können und die Seele so dem Nirwana näher kommt.

In den östlichen Religionen gibt es unterschiedliche Meinungen darüber, was das Nirwana letztlich sei. Ursprünglich bedeutet das Wort das Ausblasen des Feuers oder das Auslöschen einer Lampe. Im Hinduismus bedeutet Nirwana eine geheimnisvolle Vereinigung mit dem Göttlichen, hat also keinen Beigeschmack von Auslöschung. Im Buddhismus meint Nirwana vollkommene Auslöschung. In beiden Religionen gibt es viele Deutungen des Begriffs, denen allen gemeinsam ist, daß das Nirwana *die Befreiung vom Zwang der Wiedergeburt* bedeutet, das Ende des irdischen Leidens. Wenn die Seele das Nirwana erreicht hat, lebt ihr Träger vielleicht noch eine Weile länger auf der Erde, aber er braucht keine Angst mehr zu haben, denn er wird nicht wiedergeboren werden. Deshalb begegnen östliche Psychologen selten Depressionen, die von der Furcht vor dem Tod herrühren, aber sie sehen etwas Ähnliches, wenn der heranwachsende Mensch erkennt, daß es unmöglich ist zu sterben und daß die Wiedergeburt unvermeidlich erfolgt, weil es höchst unwahrscheinlich ist, daß seine Seele das Nirwana gerade in seinem Leben erreicht (der ungarische Psychologe Péter Popper spricht hier von „Lebensangst"). Dennoch muß der junge Mensch sein Leben ganz zu Ende leben, damit in seinem nächsten Leben möglichst wenig in Ordnung gebracht werden muß.

Der Unterschied zwischen den Religionen des Westens und des Ostens ist also groß. Im Westen muß man in einem einzigen

Leben für die Zukunft seiner Seele sorgen, und dabei ist der Glaube unentbehrlich, sonst muß die Seele ewige Qualen erleiden. In östlichen Religionen kann die Seele eines Menschen das Nirwana erreichen oder ihm doch nahe kommen, auch wenn er nicht daran glaubt. Deshalb ist die religiöse Toleranz im Osten so weit verbreitet: Das Nirwana lenkt die Seele eines Menschen womöglich aufgrund seines Verhaltens in einem früheren Leben. Auch die Seele von Meister Eckhart könnte das Nirwana erreicht haben; es ist für östlich denkende Menschen theoretisch kein Problem, daß Meister Eckhart vom Nirwana gelenkt wurde, an einen ihnen vollkommen fremden Gott zu glauben. Im Osten sagt man oft: Es gibt viele Wege ins Nirwana. Auch das Nirwana spielt eine gemischte Strategie.

Eine so profane Aussage ist für Menschen, die in einer westlichen Religion aufgewachsen sind, womöglich beunruhigend, auch wenn sie andere Religionen respektieren, aber sie läßt sich leicht mit einem östlichen Ausblick ins Leben vereinbaren, weil der Glaube an sich dort keinen Wert hat. Wichtig ist einzig, ob man in seinem Leben besser wird, also dem Nirwana näher kommt oder nicht. Ob es einem gefällt oder nicht, das Nirwana bestimmt unsere Seele. In diesem Sinn ist unser Schicksal vorherbestimmt. Ein Mensch kann sich gegen sein Schicksal auflehnen – und da er unvollkommen ist, tut er das gelegentlich auch –, aber es lohnt sich dennoch nicht, denn dann erwartet ihn in seinem nächsten Leben nur um so längeres Leiden, bis die Missetaten gesühnt sind.

Die Seele kann auf viele Weisen zur Vollkommenheit gelangen. Die östlichen Einstellungen schließen die Möglichkeit der Existenz anderer Methoden als ihrer vertrauten, im Grund meditativen Form der Erkenntnis, die auf dem Glauben an die Wiedergeburt beruht, nicht aus und meinen, das Nirwana könne auch so erreicht werden. Es ist am besten, wenn Seelen, die in Europa geboren werden sollen, auch wirklich in Europa geboren werden, weil sie dort das Nirwana am besten erreichen können.

Péter Popper berichtet von den Überlegungen eines indischen Arztes: „Familienplanung und die Verbreitung von empfängnisverhütenden Mitteln haben in Indien keine Chance, denn wir

Inder hindern die Seelen, die geboren werden möchten, nicht an der *Wiedergeburt* oder daran, wieder die Form eines Körpers anzunehmen. (...) Wir akzeptieren sogar jene Seelen, die eigentlich in Europa geboren werden sollten, die ihr aber nicht angenommen habt." Daraus leitet dieser Arzt auch die Tatsache ab, daß viele junge Inder sich zur westlichen Kultur hingezogen fühlen.

Die Rationalität, der Glaube an die Macht der Vernunft, durchdringt die westliche Kultur zutiefst. Nicht nur die Naturwissenschaften, sondern auch die Religion versucht sich rational auszudrücken und definiert ihre Dogmen als jenseits der Kraft der Vernunft. Nach den Forderungen des westlichen Denkens muß alles, was mit Dogmen in Zusammenhang gebracht werden kann, rational verstehbar sein. Damit ist noch nicht gesagt, welche Art von Rationalität gilt, aber darauf kommt es nicht an. Reine Rationalität bedeutet – unabhängig davon, welche Form sie annimmt – eine Art von Harmonie, ähnlich der reinen Mystik. Vielleicht ist es diese reine Harmonie, die es den Naturwissenschaften ermöglicht, zu extrem allgemeingültigen Erkenntnissen zu kommen, obwohl sie immer nur beschränkte Fragen stellen kann.

Die Wissenschaft schiebt die formale Logik zwischen den Sachverhalt, den sie erfassen will, und das Bewußtsein, das die Erkenntnis erlangt. Dieses rein rationale Vorgehen liegt zwar im Wesen der wissenschaftlichen Methode, kann aber auch als eine Art meditative Technik der Distanzierung wirken. Die schönsten Errungenschaften der Naturwissenschaften können einen Menschen in einen *Geisteszustand* versetzen, in dem er die sich erschließende Einheit der Dinge fast mystisch erlebt. Er kann beispielsweise die Spieltheorie kennenlernen und durch schlichte gemischte Strategien, die allein auf dem Zufall beruhen, in einen sinnvollen und stabilen Gleichgewichtszustand gelangen. In diesem Geisteszustand nimmt man die Welt so an, wie sie ist, und entdeckt in ihr eine tiefe verborgene Harmonie. Es führen viele Wege ins Nirwana; einige von ihnen können sogar die eine oder andere Form der reinen Rationalität sein.

Zitatquellen

Berne, *Spiele der Erwachsenen*, S. 148f.
Born-Einstein, *Briefwechsel*, S. 199.
Damasio, *Descartes' Irrtum*, S. 192.
Dawkins, *Das egoistische Gen*, S. 126f.
Jung, *Über die Psychologie des Unbewußten*, S. 57.
Kahn, *Eskalation*, S. 41.
Kant, *Grundlegung zur Metaphysik der Sitten*, S. 421.
Smith, *Wohlstand der Nationen*, S. 17, 369, 371.
Watzlawick u. a., *Lösungen*, S. 103.

Literatur

Axelrod, R., *Die Evolution der Kooperation*, 2. Aufl., München 1991
Berne, E., *Spiele der Erwachsenen*, Reinbek 1997
Capra, F., *Das Tao der Physik*, Bern 1984
Capra, F., *Wendezeit*, Bern 1984
Casti, John L., *Die großen Fünf*, Basel 1996
Damasio, A. R., *Descartes' Irrtum*, München 1997
Davis, M. D., *Spieltheorie für Nichtmathematiker*, München, Wien 1972
Dawkins, R., *Das egoistische Gen*, Heidelberg 1994
Dawkins, R., *The extended phenotype*, New York, 1982
Dennett, D. C., *Darwins's dangerous idea*, 1995
Eigen, M. und R. Winkler, *Das Spiel*, München 1981
Einstein, A. und M. Born, *Briefwechsel 1916-1955*, München 1991
Einstein, A., *Mein Weltbild*, Frankfurt a. M. 1979
Enomiya-Lassalle, H. M. und S. J., *Zen – Weg zur Erleuchtung*, Wien 1960
Feynman, R. P., *Vom Wesen physikalischer Gesetze*, München 1990
Feynman, R. P., *Vorlesungen über Physik*, Band 3, München, 3. Auflage 1996
Freud, S., *Traumdeutung*, Frankfurt a. M. 1981
Freud, S., *Vorlesungen zur Einführung in die Psychoanalyse*, Köln 1935
Hawking, S. W., *Eine kurze Geschichte der Zeit*, Rowohlt 1988
Heisenberg, W., *Der Teil und das Ganze*, München 1971
Hofstadter, D. R., *Metamagicum*, Stuttgart 1988
Hofstadter, D. R. und D. C. Dennett, *Einsicht ins Ich*, Stuttgart 1988
Huizinga, J., *Homo Ludens*, Hamburg 1956
Jung, C. G., *Über die Psychologie des Unbewußten*, in: C. G. Jung: *Zwei Schriften über analytische Psychologie, Gesammelte Werke*, 7. Band, 4. Aufl., Olten 1989
Jung, C. G., *Erinnerungen, Träume, Gedanken*, Olten 1971
Kahn, H., *Eskalation*, Berlin o. J.
Kant, I., *Grundlegung zur Metaphysik der Sitten*, in: E. Cassirer (Hg.), *Immanuel Kants Werke*, Band IV, Berlin 1912–22
Kostolany, A., *Kostolanys Börsenpsychologie*, Düsseldorf 1991
Kuhn, T., *Die Struktur wissenschaftlicher Revolutionen*, Frankfurt 1984

Ledermann, L., *Schöpferische Teilchen*, München 1993
Lorenz, K., *Vergleichende Verhaltensforschung. Grundlagen der Ethologie*, Heidelberg 1978
Meister Eckhart, *Predigten*, Stuttgart 1971
Monod, J., *Zufall und Notwendigkeit*, München 1971
Neumann, J. von, *Mathematical foundations of quantum mechanics*, Princeton 1955
Neumann, J. von und O. Morgenstern, *Spieltheorie und wirtschaftliches Verhalten*, Würzburg 1967
Penrose, R., *Schatten des Geistes*, Heidelberg 1995
Penrose, R., *Computerdenken*, Heidelberg 1991
Piaget, J., *La formation du symbole chez l'enfant*. Delachaux et Niestlé, Paris 1977.
Poincaré, H., *Wissenschaft und Hypothese*, Reprint 1997
Russell, B., *Mystik und Logik*, Wien 1952
Samuelson, P. A. und W.D. Nordhaus, *Volkswirtschaftslehre*, 7. Aufl., Köln 1987
Searle, J. R., *Die Wiederentdeckung des Geistes*, München 1993
Shubik, M. (Hg.), *Spieltheorie und Sozialwissenschaften*, Heidelberg 1965
Sigmund, K., *Spielpläne*, Hamburg 1995
Simon, H. A., *Reason in human affairs*, Stanford 1983
Simony, K., *Kulturgeschichte der Physik von den Anfängen bis 1990*, Heidelberg 1995
Smith, A., *Der Wohlstand der Nationen*, München 1974
Smullyan, R., *5000 B. C.*, London 1983
Smullyan, R., *Tao ist Stille*, Frankfurt a. M. 1994
Suzuki, D. T., E. Fromm und R. de Martino, *Zen-Buddhismus und Psychoanalyse*, München 1963
Suzuki, D. T., *Der westliche und der östliche Weg*, Frankfurt a. M. 1960
Székely, J. G., *Paradoxa: Klassische und neue Überraschungen aus Wahrscheinlichkeitsrechnung und mathematischer Statistik*, Berlin 1990
Ulam, S., *Adventures of a mathematician*, New York 1976
Watts, A., *Dies ist es*, Reinbek 1985
Watzlawick, P., J. H. Weakland und R. Fisch, *Lösungen*, Bern 1979
Weber, M., *Wirtschaft und Gesellschaft*, 1921
Williams, J. D., *The complete strategist*, 1966

Stichwortverzeichnis

A
aktive Wachhypnose 265
alltägliche Entscheidungen 259, 333
Als-ob-Phänomen 189
"Anführer"-Spiel 88, 96
Archimedes 234
Aristoteles 74
Arrow, K. 193, 194, 196, 199, 284
Asimov, I. 276
asymmetrische Spiele 91
asynchrone Entscheidungen 155
Aufrüstung 55, 71
Ausgangssperre 159–161
Axelrod, R. 61–66, 68, 69, 183, 196

B
Berne, E. 310, 311, 313
bewußte Beobachtung 236, 249, 250, 256, 326
bewußtes Denken 27, 297, 307, 308, 326
blinder Zufall 35, 36, 207, 225, 241, 286, 296
Bluff 99–102, 104–117, 128, 135, 179
Bohr, N. 226, 239, 273
Bolyai, J. 228
Born, M. 219
Buridan 257

C
Capra, F. 325
"Chicken" 88–90, 92, 95, 120, 136, 177, 178, 183, 197, 178, 292
Chruschtschow, N. S. 91
"Concorde-Falle" 20

D
Damasio, A. 303–304
Darwin, Ch. 166, 168, 169, 171, 189, 195, 223, 230
Davies, P. 237
Davisson-Germer Versuch 211
Dawkins, R. 171, 176, 177
Debreu, G. 193, 194, 196, 199, 284
Demokratie 19, 203
Depersonalisierung 252
Descartes 303, 304, 306, 307
Distanzierung 250–252, 268, 326, 327, 337
Dogen Zenji 324
Dollarauktion 18–23, 25, 27–28, 29, 32, 36, 37, 40, 41, 69, 70, 92–94, 129, 137, 159, 161, 165, 292, 311, 329
Dominanz 109
Doppelnatur des Lichts 207
Doppelspalt-Experimente 210–214, 217, 218, 220, 236
Drescher, M. 47

E

Eckhart, Meister 322, 324, 336
Eine-Million-Dollar-Spiel 29–45, 56, 79, 85, 94, 115, 277–284, 292
Einstein, A. 205–207, 209, 210, 215, 220, 222, 223, 226, 257, 301, 319
Elektron 205, 208, 210–220, 222, 224, 229, 234, 236, 239–243, 248, 250, 251, 257, 258, 269, 325, 331, 339
Eskalation 19, 20, 93
ethische Gesetze 78, 82, 83, 92
Euklid 128, 217
Everett, H. 237
Evolution 12, 43, 44, 106, 137, 166–169, 174–176, 179–184, 186–192, 200–203, 229–231, 287–291, 294, 329–330
evolutionär stabile Strategie 137, 179, 287, 289, 290

F

Falken und Tauben 165, 176–184
Falle 141, 293, 311, 330
Fermat, P. 221
Flaubert, G. 258
Flood, M. 47, 52, 76, 163
Freud, S. 297, 307, 311
Friedman, M. 189

G

Galilei, G. 210
Gedankenkontrolle 263, 265, 266
Gefangenendilemma
  Definition 47
  iteriertes 59, 69, 161
  logisch isomorph 71
  mit einer Runde 69, 196
  mit vielen Personen 56, 57
  Versuchsergebnisse 67, 70
Gefühle, sekundäre 303, 304, 305
gemeinsames Interesse 31–33, 35, 42, 68, 69, 146, 199, 277, 291
gemeinsames Optimum 126, 191, 198
gemischte Strategie 38–42
Genotyp 82
Genselektion 170–172, 174, 185, 190, 192, 197, 199, 201–202, 230, 330, 332, 334
Geschlechterunterschied 18, 69
Gleichgewicht 25–26, 55, 100, 109, 111–115, 120, 121, 123, 125, 126, 131, 136–138, 142, 143, 177, 179, 182, 183, 190–193, 195–197, 224, 231, 270, 284, 292, 318, 337
Gleichgewichtstheorien 192, 193
Go-Spiel 140–141
Goldene Regel 73–80, 83, 84, 85, 88, 94, 95–96, 139, 163, 197, 244, 293, 294
Gödel, K. 51, 78, 96, 271, 280, 296, 321, 328, 329
Grastyán, E. 313, 314
Gravitation 166, 167, 187, 225, 226, 293, 335
Große vereinheitlichte Theorie 225, 228, 229
Gruppenselektion 168–170, 172, 174, 175, 180, 181, 183, 184, 185, 188, 189, 190, 192, 195–197, 199–202, 230, 294, 318, 330, 332, 334

H
Hadamard, J. 301
Harsányi, J. C. 38, 138
Heisenberg, W. 207, 226, 239
Hieron 234
Hildgard, E. R. 264
Hofstadter, D. R. 29, 30, 32, 33, 209, 281, 282
Huizinga, J. 281, 314, 315, 334
Hypnose 250, 252, 263, 264, 265

I
ideomotorische Techniken 267
individuelles Optimum 76
Intuition 39, 43, 45, 63, 114, 162, 206, 270, 273, 278, 318, 320, 321, 332
Irrationalität 24, 90, 91, 203, 245, 253, 256, 273

J
Jesus Christus 74, 75, 84
Johnson, L. B. 19
József, A. 325
Jung, C. G. 295–297, 307

K
Kádár, J. 251
Kahn, H. 89
"Kampf der Geschlechter" 88, 95, 96, 293
"Kaninchenjagd" 163, 169
Kant, I. 77, 78, 80–82, 100, 294
kategorischer Imperativ 77–81, 84, 85, 94–97, 115, 139, 163, 197, 203, 278, 293, 294, 331
Kelley, H. 153, 154, 155, 158
Kennedy, J. F. 90
Keynes, J. M. 148
"kleinste Einzelzahl gewinnt" 288–291

kollektive Rationalität 286, 291–293
Konfuzius 74
Kooperation 56, 59, 61, 62, 66, 69, 71, 72, 90, 95, 96, 148, 151, 154, 157
Kosmologie 227
Kulturgene 200

L
Ledermann, L. 206, 225, 226
"Liebt mich, liebt mich nicht" 247, 248, 249
Lobatschewsky, N. 228
Logik 11, 49–51, 60, 69, 71, 73–77, 79, 81, 92, 185, 233, 270, 273, 296, 297, 298, 302, 308, 319, 327, 329, 330, 334
logisch isomorphe Aufgaben 71, 298–301, 308
Lorenz, K. 169
Lotteriezahlen-Tabellen 285, 286
Lundsen, Ch. 200
Lüge 99–101, 105, 106

M
Macbeth-Effekt 18
Marsianer 35, 42, 254
mathematische Intuition 43, 45, 272, 278
Maxime 77–82, 95, 100, 101
Maynard Smith, J. 176, 178, 179, 182
Meditation 263, 266, 269, 272
meditative Erkenntnis 252, 269, 318, 324, 325, 336
meditative Techniken 262, 263, 266
menschliche Begriffe 239, 240, 271, 272, 333
Mesmer, F. A. 263

Milinski, M. 66, 186
Mischökonomie 186, 199, 200, 201
mogelnder Wirt 243
Monod, J. 167
Mr. and Mrs.-Spiel 146
mystisches Denken 329, 331, 334
mystische Erkenntnis 322, 325
Mystizismus 325

N
Nash-Gleichgewicht 136, 137, 191, 193, 196
Nash, J. F. 38, 136, 137
natürliche Auslese 24, 28, 34, 106, 165–171, 174, 175, 179, 180, 181, 187, 188, 192, 202, 231, 255, 330
Neumann, J. v. 11, 36, 37, 85, 102, 111, 115, 119–120, 122–128, 130, 134–136, 138, 139, 143, 167, 177, 178, 180, 183, 191, 193, 223, 224, 231, 292, 294, 311
Newton, I. 128, 166, 215, 217, 230
Nirwana 334–337
Nordhaus, W. D. 185

O
Ödipus 251–252
ökonomisches Mischsystem 186, 199, 200, 201
Oppenheimer, R. 217
optimale gemischte Strategie 80, 95, 114–117, 125–129, 133, 142, 224, 241, 242, 246, 255, 256, 260, 278, 279, 296, 308
"Ort" 222, 240, 271, 328, 333

P
"Papier-Stein-Schere" 130–134, 241–242
Pareto-Optimum 193
Pascal, B. 221
Pauli, W. 226
Pendel 268
Penrose, R. 227–228, 237, 238, 309
Phänotyp 82
photoelektrischer Effekt 205
Planck, M. 208
Planwirtschaft 195
Platon 74
Poincaré, H. 301
Poker 37, 99, 101, 102, 107, 112–115, 118, 128, 129, 135, 146
Pokergesicht 99, 106
"Prahlhans"-Strategie 182
Prigogine, I. 237
Primärvorgänge 297, 307
Prinzip der kleinsten Wirkung 230
Problem der Gemeindewiese 57, 278, 292
Puccini, G. 55

Q
Quantenmechanik 206, 207, 217, 218, 220, 223, 227, 218, 230, 234, 237, 238, 239, 242, 248, 258, 259, 332
Quasi-Rationalität 245, 328

R
Rapoport, A. 61, 62, 63, 64
rationales Denken 12, 273, 300, 302, 304, 318
Rationalität 28, 95–97, 138–141, 178, 180, 196,

202–204, 245, 275, 286,
  291–293, 326–332, 337
Rationalitätsprinzip 125–127,
  130, 138, 141, 143, 167, 178,
  180, 197, 203, 243, 331
Rätsel der Sphinx 251
reine Strategie 40, 41, 259
Reinkarnation 257, 336, 337

S
Saint-Exupéry, A. 323
Salomon, König 92
Samuelson, P. A. 185, 188, 194
Sattelpunkt 120–127, 129, 136
Schicksalskontrolle, gegenseitige
  150, 152, 155, 156, 159, 161,
  162
schizophrene Schnecke 120, 127,
  309
Schönheitswettbewerb 148
Schrödinger, E. 162, 215–218,
  239–242
Schrödinger-Gleichung 162,
  215–218, 320
Schrödingers Katze 234–236,
  239–240, 241–242, 250–251
Schwerkraft 166, 167, 187, 225,
  226, 293, 335
Scientific American 29–35, 39,
  42, 56, 79, 115, 277, 279,
  282, 283
Sekundärvorgänge 297
Selten, R. 38
Seneca 74
Shakespeare, W. 18, 154
Shaw, G. B. 77, 84
Shubik, M. 13, 14, 16, 17, 19, 21
Smith, A. 190–192, 194, 196,
  197, 292
Smith, J. M. 176, 178, 179, 182

somatischer Marker 304,
  305–307, 308, 309, 326, 332
Spiele
  der Erwachsenen 310
  gerechtes, faires Spiel 112, 130
  kooperatives Spiel 52, 146,
    147, 163, 164
  Mehr-Personen-Spiel 39, 135,
    137, 192
  Nichtnullsummenspiel 38, 145,
    146, 191
  Nullsummenspiel 38, 120, 124,
    125, 130, 131, 139, 145
  Spiel mit gemischter Motivation 85, 146, 292
  Spiel mit Handikap 139–141
  Spiel mit unvollständiger Information 39
  Spiel mit vollständiger Information 39, 120, 124, 137, 138
  Spiel von Science 84 277–279,
    291–294
  Überflüssigkeit des Spiels 314
  weitere Aspekte des Spiels
    313–315
  wettbewerbsorientiertes Spiel
    163, 164, 332
  Zweipersonenspiel 39, 86, 87,
    94, 119, 135, 139
Spieltheorie 11, 36–31, 47, 56,
  82–83, 85, 90, 92, 96,
  111–115, 117–119, 123,
  126–129, 133–135, 137–143,
  162, 167, 176–178, 180, 191,
  193, 196, 207, 224–225, 229,
  231, 234, 241, 256, 259–260,
  270, 293–296, 311, 313, 314,
  315, 318, 321, 328, 329
Spielverderber 12, 30, 31, 280,
  281, 282, 283
Spielwert 129–130

347

Spiró, Gy. 145
Stabilität 167, 180, 183, 203, 207, 224, 229, 231, 258, 331
Stichling 23, 24, 26, 60, 66, 67, 70, 93, 116, 159, 168, 169, 186, 200, 325, 331
Stimmungen 35
Suzuki, D. T. 324

T
Teger, A. I. 20
Theorie des egoistischen Gens 171, 175, 178, 180, 183, 184, 188, 200
Thorndike, E. L. 151
Thorndikes Effektgesetz 152, 158–162
Tit for Tat 62–66, 70, 93, 152, 159, 161, 183
Tucker, A. W. 47

U
Überleben 23, 24, 44, 45, 63, 82, 117, 165, 168, 170, 171–172, 179, 180, 182, 183, 187, 188, 189, 191, 200, 201, 203, 286, 289, 290
Umweltverschmutzung 59, 188, 194, 199
unsichtbare Hand 190–192, 194–197, 199, 201
Urknall 227

V
verborgene Parameter 222, 225, 235, 236
Vergleich mit dem Frosch 214

versteckte Lotterie 284–286, 288, 291
Vielfalt 35, 37, 45, 79, 290, 318
Vietnamkrieg 19

W
Wahrscheinlichkeitsfrösche 214, 219, 222, 226, 227, 234, 241
Watzlawick, P. 312
Weber, M. 139
Weber-Fechnersches Gesetz 284
Wellenfunktion 217–221, 234
Wertewahl, -präferenz 76, 139, 244
Wettbewerb 19, 52, 61–63, 65, 70, 163, 171, 175, 183, 187, 191, 194, 196, 198
Wettrüsten 55, 71
Wheeler, J. A. 237, 238
Wigner, J. 237, 238, 239
Wilson, E. O. 200
Würfel 31, 35–37, 39, 41, 125, 308

Y
Young, Th. 210, 212, 215

Z
Zeitgefühl 116
Zen-Buddhismus 324, 330, 331
Zohar, D. 237
Zufall 22, 24, 26, 27, 39, 40, 42, 45, 61, 104, 105, 110, 113, 116, 129, 152, 221–225, 241, 247, 260, 279, 281, 282, 287, 296, 307, 308, 329, 337

„Harris ist unbezahlbar."
Scientific American

Der Ruf des Zeichners und Cartoonisten Sidney Harris innerhalb der angelsächsischen Wissenschaftsgemeinde ist legendär. Kein Student, Lehrer oder Wissenschaftler, der seine Cartoons nicht kennen würde. Sie kursieren auf jedem Campus und in jedem Labor, sie sind als Illustrationen in unzähligen Sachbüchern zu finden, und sie sind in vielen renommierten Zeitschriften abgedruckt worden. In den USA sind mehrere Bücher von ihm erschienen, die vorliegende Sammlung ist die erste Ausgabe in deutscher Sprache.

Wie alle Cartoons leben auch die von Sidney Harris von der gelungenen Mischung aus lustiger Zeichnung und witzigem Text. Thema all seiner Witze ist die Welt der Naturwissenschaften. Mit beissendem, häufig typisch angelsächsischem Humor, aber nie hämisch oder verletzend, nimmt er Mathematik, Physik, Astronomie, Chemie und Biologie auf die Schippe, veralbert wissenschaftliche Erkenntnisse und Theorien und macht seine Witze über den Alltag in Forschung und Lehre. Häufig mokiert sich Harris über die Eitelkeit des Wissenschaftsbetriebes und nimmt mit Vorliebe angedichtete oder wirkliche Eigenschaften von Vertretern bestimmter Wissenschaften aufs Korn. Wer immer sich mit Naturwissenschaften beschäftigt, erkennt in seinen Cartoons die großen und kleinen Schwächen des modernen Wissenschaftsbetriebes und wird diese Sammlung mit größtem Vergnügen durchstöbern.

Sidney Harris
Wenn Einstein recht hat...
Cartoons
160 Seiten, ca.150 Zeichnungen
Broschur
ISBN 3-7643-5626-X

In allen Buchhandlungen erhältlich!
Birkhäuser Verlag AG • Klosterberg 23 • CH-4010 Basel • Fax: +41 / (0)61 / 205 07 92 /
e-mail: promotion@birkhauser.ch • hompepage: www.birkhauser.ch

Mathematische Ideen spielerisch nahegebracht

Martin Gardners Kolumnen im Scientific American haben den Standard für mathematische Unterhaltungen und Spielereien gesetzt. Sie gelten schon heute als Klassiker ihres Genres. In diesem Band sind Gardners Kolumnen aus den letzten sieben Jahren seiner Tätigkeit gesammelt, bevor er sich 1986 zurückzog. Wie immer in seinen in Buchform veröffentlichten Artikeln hat er seine Leser in die Darstellung miteinbezogen, indem er auf Leserbriefe und Kommentare eingeht, die er seinerseits wieder kommentiert. So entsteht eine unterhaltsame Sammlung mathematischer Ideen und gedanklicher Spielereien zu den verschiedensten Themenbereichen. In „Die Wunder des Planiversums" lesen wir über A.K. Dewdneys Vorstellungen von einer Welt aus zwei Dimensionen. In der „Geometrie mit Taxis" erläutert der Autor die bizarren Eigenschaften dieser überraschend einfachen Form nichteuklidischer Geometrie. In „Allerlei mit dem Ei" befaßt sich Gardner mit den Methoden des Eier-Balancierens und teilt die originellsten Ideen seiner Leser zu diesem Thema mit. Daneben gibt es auch Geschichten zu echten mathematischen Problemen wie etwa den Primzahlen. Wie kein anderer Autor bürgt Martin Gardner dafür, daß der professionelle Mathematiker wie der Hobby-Tüftler bei der Lektüre auf seine Kosten kommt und spielerisch mit grundlegenden Ideen und Problemen konfrontiert wird.

Martin Gardner
Geometrie mit Taxis, die Köpfe der Hydra und andere mathematische Spielereien
Aus dem Amerikanischen von Anita Ehlers
304 Seiten mit 140 sw.-Abb.
Broschur
ISBN 3-7643-5702-9

In allen Buchhandlungen erhältlich!
Birkhäuser Verlag AG • Klosterberg 23 • CH-4010 Basel • Fax: +41 / (0)61 / 205 07 92 /
e-mail: promotion@birkhauser.ch • hompepage: www.birkhauser.ch

Wer sich für Mathematik interessiert, interessiert sich für Zahlen…

…und wer sich für Zahlen interessiert, findet in diesem originellen Buch alles über alle Arten von Zahlen. Ein einmaliges Werk und ein Muß für jeden Mathematik-Freak.

Die Welt der Zahlen ist sehr viel weitläufiger, als allgemein angenommen wird: Die Mathematiker wissen von einer schier unendlichen Fülle von Zahlenfamilien, Zahlengruppen und Zahlenbereichen. Der scheinbar so klare Begriff der Zahl beherbergt ein umfassendes Forschungsgebiet der Mathematik – die Zahlentheorie. John Conway und Richard Guy, international bekannte Experten auf diesem Gebiet, nehmen in diesem faszinierenden Buch den Leser mit auf eine Erkundungsreise durch den Dschungel der Zahlen. Alle bekannten Zahlen-Stämme werden besucht, alle Aspekte des Themas Zahl beleuchtet. Die Autoren gehen dem sprachlichen Ursprung von Zahlwörtern nach, verfolgen Schreib- und Zählweisen in anderen Kulturen und befassen sich mit figurierten Zahlen, Kombinatorik, Bruchzahlen, Primzahlen, algebraischen Zahlen, imaginären Zahlen, transzendenten Zahlen und vielen anderen mehr.

John H. Conway, Richard K. Guy
Zahlenzauber
Von natürlichen, imaginären und anderen Zahlen
Aus dem Amerikanischen von Manfred Stern
354 Seiten mit 204 sw-, 14 zweifarbigen und 45 Farbabb.
Gebunden mit Schutzumschlag
ISBN 3 7643 5244 2

In allen Buchhandlungen erhältlich!
Birkhäuser Verlag AG • Klosterberg 23 • CH-4010 Basel • Fax: +41 / (0)61 / 205 07 92 /
e-mail: promotion@birkhauser.ch • hompepage: www.birkhauser.ch